2015

New Architecture in China

中国新建筑 上

《设计家》编著

公共空间 居住空间

广西师范大学出版社
· 桂林 ·

图书在版编目(CIP)数据

2015 中国新建筑/《设计家》编著. —桂林:广西师范大学出版社,2015.2
ISBN 978-7-5495-5975-6

Ⅰ. ①2… Ⅱ. ①设… Ⅲ. ①建筑设计-作品集-世界-现代 Ⅳ. ①TU206

中国版本图书馆 CIP 数据核字(2014)第 248137 号

出 品 人:刘广汉
责任编辑:肖 莉 方慧倩
装帧设计:朱 维

广西师范大学出版社出版发行
(广西桂林市中华路 22 号 邮政编码:541001
网址:http://www.bbtpress.com)
出版人:何林夏
全国新华书店经销
销售热线:021-31260822-882/883
上海锦良印刷厂印刷
(上海市普陀区真南路 2548 号 6 号楼 邮政编码:200331)
开本:646mm×960mm 1/8
印张:86 字数:60 千字
2015 年 2 月第 1 版 2015 年 2 月第 1 次印刷
定价:688.00 元(上、下册)

前言

《2014 中国新建筑》是《设计家》编辑部继成功出版《中国新建筑》之后，及时推出的具有专业化视角，关注中国境内最具备创新性、引导性的优秀作品集。全书汇集了中国大陆和港台地区建成的、在建的最新建筑作品 100 多个，涵盖了文化、教育、体育、博览、展示、公共服务、住宅、商业、综合体、酒店、会所、办公、研发基地等功能空间。全书近 700 页的版面除了以详实的文字记录项目的背景、总体规划、设计理念、设计特色，在图片的选择上也兼具美观性和实用性，除基本的实景图、平面图、立面图、剖面图，也通过更多的细节图、节点图给予项目完整的阐述。此外，在编著过程中，也为每个项目作了关键词摘取，以便于读者的阅读。

这些项目来自中国建筑设计研究院、清华大学建筑设计研究院有限公司、华东建筑设计研究总院、非常建筑工作室、筑境设计（原中联程泰宁建筑设计研究院）、张雷联合建筑事务所、姚仁喜 | 大元建筑工场、廖伟立建筑事务所、吕元祥建筑师事务所、SPARK、RTKL、gmp、unstudio、Atkins 等境内外近 60 家设计单位。除收录众建筑师的实践成果，此书也希冀追寻建筑师近期的实践重点和思想轨迹，精选投稿事务所或设计师访谈文稿三十几篇。其中，我们不难看到设计师在行业成长过程中及作品背后的设计理念、构思来源、建筑主张，也有对绿色、低碳理念及新材料的倡导与实践，同时，两种甚至多元文化在设计中的融汇、碰撞更是引人注目。希望此书不但为中国建筑业提供详实、新颖的全景式参考，也使读者感受到多元文化交织下中国建筑设计中的思考。

《设计家》编辑部

目录

访谈录 INTERVIEW

CONTENTS

公共空间 PUBLIC SPACE

博览 文化中心 EXPO & CULTURAL CENTER

教育 体育 EDUCATION & SPORT

休闲 服务 LEISURE & SERVICE

居住空间 RESIDENCE SPACE

访谈录
INTERVIEW

THE DESIGN PERCEPTION OF THE SCHOOL AND HOSPITAL PROJECT

关于学校和医院项目的设计感悟

刘玉龙

同济大学建筑城规学院建筑学学士
清华大学建筑学院工程硕士、工学博士
清华大学建筑设计研究院有限公司董事、副院长、副总建筑师
国家一级注册建筑师
中国工程咨询协会副会长
教育部教育建筑专家委员会委员
中国建筑学会工业建筑分会常务理事
中国建筑学会建筑理论与创作学组委员
中国建筑学会教育建筑学组委员
香港建筑师学会会员
北京建筑工程学院建筑系兼职教授、硕士生导师
清华大学建筑学院设计硕士导师
第七届中国建筑学会青年建筑师奖获得者

我们团队近期完成了不少学校和医院的项目，虽然这两类建筑在使用功能、空间组织等建筑属性上不尽相同，但是从其社会属性上看，都是公共服务设施的范畴。基本公共服务设施的均等化已经成为当前中国实现“人的城镇化”的基本要求，其中医疗、教育资源因为供需矛盾的突出，成为了近年来社会关注的热点问题，同时也是政府、社会各方面资本投资的重要方向。作为建筑师，在面对相关设计任务时，努力去完成一个更加开放、公平、均等的公共设施，是对自己设计能力的一种要求，也是作为建筑师的一份社会责任。

非正式性——作为生活容器的空间

建筑作为人类生活的容器，需要适应复杂的社会活动，所谓明确的功能分区就是试图将复杂问题简单化，形成一个简明、高效的空间环境。这本质上是试图将复杂的人类活动进行抽象，从而排除了生活中的偶发性的、复合性的活动。我们在最近的一些设计中尤其强调“非正式空间”的概念，即一些没有明确属性的“冗余”的公共空间，为人们的活动提供更多的可能性。

在我们的中小学校设计标准里，为学生的学习、生活等不同活动设计了各种分门别类的空间，如教室、活动室、广场、花园等。有统计显示，一方面，学生因为课间时间很短、课程紧张，在校期间有70%—80%的时间是在普通教室楼度过，这就导致活动室利用率不高；另一方面，孩子课间在教学楼里没有空间活动。实际上，教学楼里能有一些非正式的“冗余”空间，比如足够宽的走廊、局部放大的公共空间等，比起某个活动教室来，也许会给孩子们留下更多美好的回忆。

医疗技术的进步使得多数医院对于传染性的控制要求逐步降低，为医疗建筑的开放性创造了条件，当代医疗建筑也逐渐由“治疗疾病的机器”向“关怀病人的建筑”发展。我们在医院设计中，将空间分为诊疗空间、辅助空间和公共空间，其中公共空间是一个集功能性空间、交通性空间、商业空间、休闲空间于一体的复合空间，商业服务设施、咨询区、挂号 / 收费 / 取药处、一次候诊区、家属等候区等公共活动休息空间，中央通廊、上下扶梯、电梯等主要水平 / 垂直交通空间均布置于此。最终旨在整合门诊、医技、住院三大功能空间，构成具有高度识别性的空间形态，以一个多元复合的空间来解决医院内部复杂的活动流线。

合理性——作为现实与理想的平衡

建筑师在做设计的时候，通常会基于一个预设的使用状态来考虑问题，而实际情况跟理想状态或多或少会有一定的偏差。在当下中国这样一个转型中的社会，这种差距会被更加地放大，尤其是医院、学校这类与日常生活息息相关的公共设施，由于资源分配的不均，以及民众对大医院、重点学校的信任，这些导致了各种矛盾的产生。

根据教育布局和发展规划的“原则”，中小学均以就近原则入学，服务半径分别为500米与1 000米，学生应该可以步行上学。国家标准的小学、初中的适宜规模最大为三个年级共30班，高中的适宜规模最大为36班，事实上由于优质资源的过度集中，中小学择校成风，现在一些重点学校的一个年级就能达到20—30班！每到上学、放学时间，学校周边道路上也是车满为患。

就医院而言，相比于患者习惯于预约就诊的日本、中国台湾等地区，中国内地的医院需要更大的面积，好医院也是一号难求。北京晨报有过报道，协和医院日门诊量为12 000人次，加上陪护人员的话，门诊区每天至少会有1.5万到2万的人流量。为了适应巨大的需求，医院的空间组织模式从最早的王字形发展到“医疗街”，以及近年来的“双医疗街”。然而，我们应该意识到，在可以预见的未来，随着公共供给的增加、人口结构的变化，社会公共服务的供需会出现变化，资源将不再紧缺不足，那么，今天我们在设计中，就应该考虑到空间规模与组织的灵活性，在中国特殊的国情下，这也是可持续发展所要关注的重点课题之一。

融合性——作为城市网络的节点

当代的城市公共生活由向心性向网络性发展，一体化的生活模式促进了城市与建筑的高度融合，这也是近年来城市生活综合体遍地开花的原因之一。公共服务设施应该适应社会生活的这种变化，成为城市生活网络中的积极节点。我国现有的社区服务体系不够完善，在医院、学校这类公共设施的建设中，需要打破各自独立、封闭、单一的体系，更多地赋予其城市职能，在空间上与周边城市空间自然融合，在公共服务供给上与城市相互支持，这些在当前的中国社会具有很大的现实意义。事实上，在中国很多城市新区的建设中，优质教育、医疗等公共服务资源已经成为推动快速城市化的重要策略。

近年来，许多城市都在新区建设重点中小学的分校，以提升开发区的地价和人气。出于安全等方面因素的考虑，学校仍然是大院围墙式的封闭管理模式，与周边社区较少互动。实际上通过一些简单的设置就可以解决这一问题。例如，日本很多学校也有围墙，他们会在操场、球场等体育设施周边设置一圈围墙，在放学时间可以将这些设施与校园的其他区域分隔开，以便向社区开放。

中国台湾的长庚医院是医疗设施与城市一体化发展的典型案例，其林口总院的首层及地下一层布置了大量的城市公共设施，如画廊、银行、邮局、便利店、水果鲜花店、医疗用品店、书店，以及风味美食街、茶室、连锁咖啡馆、快餐店等各类餐饮服务设施，美食街更是周边城市区域的一个重要功能节点，成为许多市民消费休闲的目的地。在医院的西北侧，大片绿地以长庚湖为中心，将院区与城市空间自然融为一体，可以经由下沉庭院进入地下一层的商业休闲区域。由此，林口总院在功能、空间、服务等多个层面上实现了与城市生活的高度融合。

ANSWERING SOCIAL PROBLEMS AND MEETING SOCIAL EXPECTATIONS WITH "SPACES"

用"空间"回答社会问题和社会期望

曹晓昕

毕业于东南大学（原南京工学院）建筑系，器空间建筑工作室（第七建筑工作室）主任、主持建筑师，兼中国建筑设计研究院总院副总建筑师。国家一级注册建筑师、教授级高级建筑师、中国建筑学会建筑技术委员会委员、杂志《A+A建筑知识》编委。曾获全国青年建筑师设计设计竞赛优秀奖、中国青年建筑师奖、全球青年华人建筑师奖。个人名录及其作品分别收录在《当代建筑师188》《建筑师自画像》《中国建筑新作品》《中国优秀建筑实例》《中国当代杰出青年建筑师大典》《中国青年建筑师》《首届中国建筑双年展建筑师名录》《北京新城》《创意中国》《建筑中国60年人物传》《20位最具大师潜质建筑师》《中国青年建筑师》等。著有《北京市人民检察院新办公楼》、《有关建筑纯的杂》等书。代表作品有中软昌平总部大楼、北京市人民检察院新办公楼、包头市图书馆、少年宫、北京未来科技城城市设计等。

《设计家》：请谈谈您早期学习和实践的经历。

曹晓昕：我觉得我还是比较幸运的，最早的建筑启蒙教育在东南大学，这是一所很有建筑学传统的学校。这对于我的成长非常重要。

刚进设计院时，我还不像现在的建筑师那么忙于做方案、画草图、出概念。说起来挺有意思，我一开始就连续中标两个重要的方案，但阴差阳错地都没有最终实现。当时我心灰意冷，觉得不如去做做施工图吧！就从最简单的楼梯开始画。深入地做起来才知道做施工图是一门学问，包括下工地，这些对于理解怎么建造房子、怎么通过社会性的秩序和方式来控制建造，都很重要。记得当时，我接连地给一些方案完成了施工图，其中不乏一些规模非常大的项目。建筑师如何去把控项目是非常重要的，尤其职业建筑师首先要跟种种社会层面上的事情接轨。您看，像一些大师，包括贝聿铭一开始都画了大量的施工图，甚至许多大建筑师画施工图一直画到40多岁。

《设计家》：请谈谈您的"器"工作室。在您所在的设计院里，似乎其他人的工作室都以自己的名字命名，而您的工作室有自己专门的名字。这个命名是出于什么样的考虑？

曹晓昕：对。一开始我的工作室是"第七工作室"，只是一编号，后来叫"器"，是谐音的延续，也引申出非常多的意义。"器"是我对设计一个最基本的看法，它剥离掉了"艺"的主观随意性，表明着我们对于功能逻辑和形式逻辑的重视。

我发现，每个工作室的特点跟它的主持建筑师有很大的关系，这位建筑师的成长，或者说社会经验和生活经验、对建筑的判断，往往就是整个工作室最基本的核心价值观。我们自己也是比较坚持自己对于建筑的价值观和方法论，这与我们设计院整套的考评、考核机制没有矛盾。

《设计家》：那您或者您的工作室，关于建筑的价值观是什么？

曹晓昕：应该说，我们的价值观是建立在"空间集成"的基础上，也就是用空间的办法来回答各式各样的社会问题和社会期望——当然，这里说的"空间"包括空间的表皮、结构等。比如说，你可以看到，我们设计的内蒙古巴彦淖尔市学校，就是在试图解决一些矛盾和社会问题。现在的学生，特别是教室在二楼以上的孩子，因为时间和其他一些原因，很多人都没办法在课后下到地面上活动。于是，我们专门创造出了一个内院的空间，让每层都拥有露台，学生们下课后不用通过楼梯就可以到户外享受阳光和新鲜的空气。而且，我们给予这个内院一些交流空间、演艺空间和游走空间等。这些都是对现有的学校建筑模式的一种批判——包括学校宿舍，我们通过设计，避免了北向的宿舍，因为阳光和紫外线照射是一个基本的卫生保障。

以上这些，实际上就是去观察社会、发现问题并给出答案的连锁机制。我觉得，一个真正的好房子，它首先要摆脱形式好恶的纠结，要针对人的行为来回答一些问题，创造出一些更有价值的行为方式。这也算是我们的一个核心价值观吧。

建筑师应该具备两方面的素质：一方面是建筑学科内部的方法论，对建筑系统的理解、了解和运用。另一方面，我觉得建筑师也必须是敏锐的社会观察者，要能够发现个人的行为与空间之间的问题。这是必需的。现在一些形式上的克隆和抄袭，其中最大的问题在于设计者不是一个社会观察者，发现不了问题，不能用相应的逻辑来解决问题，只能纠结于图像上，陷入到小圈子里对图像的讨论中……这是非常形而下的。

《设计家》：您如何看待在公共建筑项目中，建筑师所肩负的社会责任与主观能动性？

曹晓昕：说到真正意义上的公共建筑——我们认为，像图书馆、博物馆、剧院，包括为市民提供的一些场所是公共建筑，本身具有一定的公益性。其实，建筑师有时候就是身在这样一个矛盾里，那就是现在决策机制的问题，公共建筑是由长官意志来判断和决定的。这些项目的生杀大权由建筑外行来掌握，真的是有问题。曾经很多人问我，公共建筑什么时候能上一个台阶？我认为，首先要把现阶段的决策机制、评判机制解决掉，我们的公共建筑才能上一个台阶。你知道，艺术品和房子最大的区别在于，当它是艺术品时，你有了这个点子、画在纸上，它就已经有意义了，而房子盖起来才有意义。房子要盖起来，需要一套评判机制来评判它是行还是不行，所以，当这个机制解决不了的时候，我们去奢谈公共建筑如何跃升，是不太现实的。我曾经在《有关建筑纯的杂》里面写了一部分关于“中国式投标”的内容，后来删减掉了两千多字，可能这些内容还是被认为比较敏感。

《设计家》：那您和您的工作室，在做这一类型项目时，有哪些原则是自我要求必须坚守的？

曹晓昕：我们会给自己设定最基本的底线，强调它真正意义上的公共化和平民化，这是我们基本的立场。当然，会有一些努力以失败告终，但还是要守住底线。对于公共建筑，我们特别有意要提倡它的公民性。公民性，也意味着反权贵化——很多人希望有大台阶、大柱子，我觉得这是我们要反对的。比如北京市人民检察院项目，它坐落在长安街边上。我们想，现在政府建筑太多了，尤其是公检法的办公建筑，形象都很严肃，比如说使用一些大的柱廊……而我们就在想，能否不使用对称、竖向线条、许多立柱来营造此类建筑的形象？能不能不使用石材、铝板？这就是我们给自己的限定和底线，至于其他的，都可以跟业主沟通和磨合。实际上，当这座房子盖起来之后，它也是长安街上唯一一个没有使用铝板和石材的房子。我自己对此感到很欣慰——这样一座北京市一级检察院的办公楼，一座重要的建筑，并不是完全板着面孔的、对称的，它对城市还是有一定的积极性。

《设计家》：回顾起来，您认为自己有哪些代表性的作品？

曹晓昕：我觉得，我的代表作还没出现。一方面，我还是一名年轻建筑师，虽然说 42 岁这个年龄在其他行业里可以被认为是到了成熟期，但作为建筑师我还在成长。另一方面，整个社会也在变化。在这方面，我是一个乐观主义者，我认为社会在不断成熟，机制在不断进化。毕竟，作品的产生需要两个方面，包括建筑师的能力和他成长的环境。所以，我只是希望我和社会一起成熟，不断往前走，每个作品都比前一个做得更好一些。

MY RELATIVE FREEDOM AND QUIETNESS

我一直把自己定位在中间状态

李立

同济大学建筑与城市规划学院副教授，博士生导师。1973年出生于河南省开封市。1994年毕业于东南大学建筑系，获得建筑学学士学位。1997年毕业于东南大学建筑研究所，获得建筑学硕士学位。2002年毕业于东南大学建筑研究所，获得工学博士学位。2005年于同济大学建筑与城市规划学院完成博士后研究。

自2005年执教同济以来，他以自主性的空间研究为支撑，在设计教学、理论研究与建筑实践等方面不断探索。他在设计课教学中发展出以"剖面优先"为特点的旨在提高学生空间认知能力的设计课系列教案。在研究工作中，他继续着对中国社会的基本单元——村落空间认知、解析与优化的长期跟踪研究，并主持着国家自然科学基金等多项课题。他从2007年开始独立的建筑实践，以洛阳博物馆新馆开端，展开了地域广泛的建筑创作，在公共建筑设计尤其是博物馆建筑设计方面取得了重要成果。地域文化、场地特征、公共空间营造以及空间体验是他的主要关注点。

《设计家》：您是因为什么机缘选择了建筑学作为专业？

李立：这是由于我哥哥的推荐。我的家庭比较传统，父母都在机关单位工作，他们认为孩子学理工科比较好。我哥哥1987年上大学，读了物理。到1989年我考大学时他就给我提建议，说你还是学建筑吧，建筑学不错，既有科学技术也有艺术。我其实上学时是数学比较好，但我这个人呢没有自己的意见，我哥说建筑学好，我就在志愿表上全填了建筑。考上东南大学后，我发现自己的优势突然不见了，需要发展形象思维，适应的过程非常痛苦，一直到大三才慢慢调整过来，变得非常喜欢建筑。1993年，学校让我们自己选择是读四年还是五年，我毫不犹豫地选择了五年制。五年下来我就跟着齐康老师读研了。因为我比较踏实，齐老师带着我做了一些大型的工程实践。后来他跟我说，你可以考虑读博了，我也就没有犹豫地去读博了，觉得这是顺理成章的。当然里头也有一点逃避的意思。

《设计家》：那您在同济大学这几年的教学，在方式与内容上有什么样的特点？您对此有什么样的思考？

李立：我2003年到上海来，在同济做了两年博士后，2005年出站之后就开始做老师。当时有点"单打独斗"的感觉，只能自己从实践中摸索，从自己比较关注的一些人的教学去揣摩、去发展自己的教案。影响我的这些人包括顾大庆老师和丁沃沃老师，他们延续了瑞士ETH的一套比较严谨的教学体系又有所发展，我读本科时就上过他们的课。此外还有我的一些比较关注材料、构造等的同事……我自己"剖面优先"的教案或多或少地吸收了他们的长处。

我做教案的一个重要出发点，是站在还什么都不懂的学生的角度，去思考他们需要什么样的建筑学教育。我认为，研究的兴趣点和教学、设计是紧密联系的，建筑系的教师所想的、所做的应该在一条线上，具有逻辑思维的延续性，不可能说你的实践和教学是两回事。我对空间问题感兴趣，所以我的设计和教学活动都与"空间"有着重要的联系。

《设计家》：您是从什么时候开始进行建筑设计实践的？能否谈几个目前为止您比较重要的作品？

李立：我从2007年才开始做第一个项目。之前在东南大学读书时也做项目，但那是老师安排好的，我只是跟着老师做。再往前，大概1992年左右时中国的建筑市场开始腾飞，大量的建筑系本科生都在"炒更"做兼职。主要的工作是什么呢？画表现图。偏偏我的短板就是表现图，我不擅长这个。而且，我是一个很被动的人，习惯被人安排做事情，所以也没有这方面的意识。一直到2007年参与了洛阳博物馆投标，我才开始独立做设计。这个项目是同济大学建筑设计研究院来投的，我是主持设计人。

我和大部分建筑师不一样的地方，一开始就做了个大项目。当然，这样的项目对我来说并不陌生，因为齐康老师给我打下了很好的基础——我跟着他参与过大尺度的纪念性建筑设计，比如说河南博物院。而且我所说的参与，是指从设计、去工地到跟业主打交道，整个过程中的问题我都曾经面对过。我所作的博士论文，也是针对一个宏大的乡村问题。洛阳博物馆对我来说是非常重要的一个设计。第二个是费孝通江村纪念馆，它是个小建筑，坐落在乡村。正好我的博士论文是研究乡村的，对相关的问题也比较关注。纪念馆落成后，有人跟我说，你的设计风格变了嘛！其实，这一大一小两个项目看起来风格不一样，仔细琢磨，它们的思路都是从场地出发的。

今年我还会有第三个、第四个项目落成，其中一个是山东省美术馆，10月12号就将对外开放，这将会是目前国内已建成的最大的美术馆，很快会在那里举办第十届全国艺术节。我们在无锡做的阖闾城遗址博物馆也即将建成。这两个项目，与我之前的那两个设计还是有关系的，比如山东省美术馆就延续了我对空间的看法和基本的设计理念。这个博物馆的规模有5万多平方米，功能多，空间相当复杂。它有很强的展览功能，不同的艺术品需要相应的货运、布展功能和空间。这么大的展览建筑，设计的核心在于建筑师怎样去组织空间，让人们在里面不疲惫、不迷路。解决了这个问题，设计就是成功的。我把整体的空间化解成一大一小两座建筑，一边相对规整，另一边则比较曲折；同时，这样复杂的空间安排有它自己的逻辑，比如你看内部空间的某些结点，它和外部造型是有所呼应的——建筑的内外是有机的关系，这就好比你给它打了一拳，力的作用在它的内部也有所体现。我认为这个项目在空间层次的处理方面，比洛阳博物馆又有了一些推进。

《设计家》：能不能总结一下您基本的建筑主张？

李立： 首先，我认为建筑其实是简单的事，解决的是一些基本问题，我们可能过多地把它的外延给放大了，而不是围绕着本体来进行考虑。不能把建筑设计看得太玄了。其次，我认为建筑设计不能回避地域性问题。中国有着悠久的建造传统，疆域广阔，在建筑上应该有意识地对此作出回应，这样建筑才会呈现多样性的面貌，而这需要自由开放、有包容力的社会环境。第三个，我觉得建筑教育非常重要。教育决定了将来中国建筑是什么样子，今天如果忽视它，将来我们会尝到苦头。在建筑教育里，清晰的价值观的培养还是很重要的。

《设计家》：您和您的工作室现在是什么样的状态？

李立： 我一直把自己定位在“中间”状态，不愿意归附于任何一个群体。我不愿意按常规的方式建立一个工作室，因为那样的话会有经营上的压力。我大部分的项目是依托同济院来做的，设计院也给了我一个房间（工作室），但是对我没有明确的任务——当然，我也不能一年到头都不做项目。就这样，我的状态还是比较灵活的。现在我的工作室，人员构成是以我的研究生为主。我们就像过去的士兵一样，战时打仗，没事儿的时候种田。

《设计家》：那您对接下来的研究方向有什么样的想法？

李立： 如果有时间，我可能会列出一个非常庞大的研究计划。现在不是说没有课题可以研究，在我眼中，课题遍地都是，但是要有时间去做。我现在正好是40岁。都说四十不惑，但我觉得自己现在还没有达到“不惑”。相对于自己的年龄，我还是比较晚熟的。

A COMBINATION OF PERSONAL EXPERIENCE, APPERCEPTION OF LIFE AND ENVIRONMENT AND DESIGN

将人生经历以及对生活与自然的理解与理念融入到设计中

秦洛峰

建筑学博士（德国），STI 思图意象设计事务所设计总监／首席设计师

1989 年 9 月—1994 年 7 月 浙江大学建筑系，获建筑学学士学位

1996 年 9 月—2003 年 1 月 德国斯图加特大学建筑与城规学院，建筑学硕士／博士

2004 年 2 月至今 作为“国家引进人才”回国于浙江大学建筑系任教，同时创建 STI 思图意象设计事务所。设计作品多次在建筑设计竞赛中中标与获奖，迄今为止获得了中国建筑学会建筑设计创作奖金奖 1 项，银奖 1 项，优秀奖 6 项，全国优秀工程勘察设计奖二等奖 2 项，教育部优秀建筑设计奖一等奖 2 项，上海国际青年建筑师设计大赛一等奖 1 项等多项省部及国家级设计大奖。

《设计家》：请谈谈您所秉持的设计理念、建筑主张。

秦洛峰：对我来说，每个建筑都渗透着设计师对文化与场所、环境与技术的理解与主张，也是他生活理念的一种体现。我现在也很幸运能够把自己人生的经历以及对生活与自然的理解与理念融入到我的大部分设计里，这就是我做设计的兴趣和动力所在。

《设计家》：贵所在目前的设计实践中重点关注了哪些问题？产生了怎样的思考？对贵所的设计工作有何影响？

秦洛峰：我们现在在建筑设计实践中的关注最多的还是建筑设计的文化性和地域性的问题，特别是对建筑材料的应用与选择，是我们现在设计最重要的与最为关注的地方，同时因为造价和目前国内建筑技术的发展水平，我们也只能在一定程度上影响与关注建筑结构与建筑技术的进行，虽然我们觉得这些同样很重要。在我们的设计与建造过程中，我们的设计正努力把这些因素纳入其中，在与甲方的沟通过程中，施加设计师最大的影响力和说服力，使得甲方相信这些因素对建筑的品质能产生决定性的影响。

《设计家》：近年来，贵所是否在工作中遇到过困难？又是如何解决的？

秦洛峰：目前国内建筑业的发展水平，甲方的影响与施工人员的素质问题，特别是我们超常规的发展速度，对我们的建筑设计都会产生各种各样的干扰与影响，我想这也是困扰大多数中国建筑师的问题所在。我在设计中只能是尽量提前考虑到这些问题，以免在设计中留下遗憾。当然，我们也应该从另外一种角度看待这些问题，每个设计师都应该庆幸生活在这个时代，而有着更多的机会去实现自己心中的梦想。

《设计家》：请谈谈您近期的重要项目。

秦洛峰：我最近正在设计与建造的大型公共与文化建筑有：浙江科技学院安吉新校区，江苏省宿迁市宿豫大剧院与文化中心，浙江嘉兴市博物馆及图书馆改、扩建工程，以及刚中标的浙江科技学院、杭州小和山文化中心等。大型办公与城市综合体如：浙江期货发展中心，浙江安吉昌硕广场城市综合体，浙江金华建筑业企业总部办公综合体，杭州文化广播电视集团大楼改造，杭州武林广场地铁出口上盖物大楼，杭州滨江中威电子总部大楼以及刚中标的金华网络产业园项目等。此外，还有其他一些规划，文化与公共建筑项目等。

《设计家》：请谈谈接下来您对工作的计划与期许。您希望在设计中更多地实践自己的哪些建筑主张?

秦洛峰： 我现在有非常多的项目正在设计与建造，每一个项目对我来说都非常重要。但是近五六年来，我的设计越来越集中在文化与公共建筑设计领域。我们有更多的机会参与大型公共建筑设计的竞赛与招投标，并且很幸运，中标了一批非常有意义和在当地非常有影响的项目。另外一个方面，我的住宅项目与房产开发商的项目越来越少了，因为我觉得大部分开发商的理念和我们的设计思路和方法有很大的冲突。同时我的设计也主要集中在长三角地区，这样我们可以更好地控制设计与建造的全部过程，并且我更多地希望能够在建筑中融入一些自己对生活的新的理解与理念，能够让我的建筑融入自然，能够融合与塑造当地的文化和生活。

THE CONSTRUCT OF NATURAL SYSTEMS
立足于“自然系统建构”

李麟学

同济大学建筑与城市规划学院教授、博士生导师，同济大学建筑设计研究院（集团）有限公司麟和建筑工作室（ATELIER L+）主持建筑师，国家一级注册建筑师，《时代建筑》专栏主持人。2000年曾入选法国总统交流项目“50位建筑师在法国”（50 ARCHITECTES EN FRANCE），在巴黎PARIS-BELLEVILLE建筑学院学习交流，在法国ODILE DECQ建筑事务所工作实习，2013年获选为哈佛大学高级访问学者。

《设计家》：请谈谈贵工作室秉持的设计理念、建筑主张。

李麟学：创设于2000年的麟和建筑工作室（ATELIER L+），是一个立足于建筑实践与城市研究的建筑师团队，探讨建筑本体要素的现代性以及中国城市背景下的大尺度建造，关注中国大规模建筑建造中的现代性定位，关注基于现实条件与语境的高品质建筑实现，以上这些构成工作室设计实践的基本方向。高度的研究性与实践性构成了设计作品的基本特征。研究，使工作室保持了一贯的开放性与前瞻性，并努力参与到中国建筑当代性的探索之中。实践，使工作室保持了高水准建成作品的持续实现，并获得良好的声誉与专业奖项。

麟和建筑工作室（ATELIER L+）是一支中国当代建筑多样化背景下的活跃团队。从设计竞标，到工地配合、材料选择、整合专业设计等，工作室坚持建筑设计实践的全过程参与，工作室建成与在建的公共建筑项目超过20多项，包括核心的城市地标性建筑、城市工业遗产的再生、以及类型众多的文化、教育、办公、体育、酒店等建筑群落。立足于“自然系统建构”的策略选择，使麟和建筑工作室在中国建筑当代性的探求中，得以获得自己明确的立场定位与话语关注。

《设计家》：您在目前的设计实践中重点关注了哪些问题？产生了怎样的思考？对您的设计工作有何影响？

李麟学：中国年轻建筑师拥有着重新定义建筑学影响力的机会和使命。作为20世纪70年代出生的建筑教学、研究与实践者，个人职业历程中的机遇与责任使我有幸成为中国当代建筑诠释者中的一位。麟和建筑工作室正是基于这样的立场展开其十多年的建筑实践。这一立场决定了设计必须直面一个基于现实的建筑学语境，并将“自然系统建构”作为涉及巨大建造体量、建筑类型与实践状态的基本策略，并在建筑与自然关系的技术性、文化性与诗意性的诠释中获得实践的理论支撑。自然系统建构，使麟和建筑“批判性地介入”现实，并极具耐心地寻找其中的系统机会，力图把建筑师、业主与公众界定在一个对话的姿态，面对从概念到工地与材料的全过程设计实践，通过直觉洞悉与刀锋式切入的行动相结合，把握每个项目独特的资源与机会，跨越从定义一个城市的核心建筑，到现象学触知体验这样巨大的尺度，不回避中国城市化进程中的真实性挑战。这一系统涉及了中国现实、都市虚空、公众开放、自然介入、群簇系统、生态整合、地域想象等关键性话语。麟和建筑通过一系列的实施性作品，从杭州市民中心巨大的都市虚空，到葛洲坝大厦的开放庭院，到四川国际网球中心的建筑群落，再到武汉国际园林艺术中心的开放花谷，在建筑哲学层面对于“虚空”的关注得以不断诠释。我们相信，建筑系统的重新定义不仅来自建筑设计本体的提升，同时来自一个更大范畴的强有力设计立场的重新界定。

《设计家》：请谈谈您近期的重要项目。

黄河口生态旅游区游客服务中心

项目位于黄河口生态旅游区自然保护区入口。设计充分反映这一项目独特的环境区位，在体量、景观、公共空间与流线等多方面，与周边地貌和景观和谐共存。基地用地面积49 000平方米，总建筑面积9 900平方米，建成后将成为集接待、展览、候车、餐饮、办公、会议于一体的综合性服务设施。三个体型平展的建筑错落展开，建筑采用独特的夯土外围护材料，在建筑实践中进行建筑材料从实验到实施的新建造探索。从热力学概念出发，本项目也是对于地域气候的回应，相对密实的外部夯土墙体构成了对北方寒冷气候与东西朝向下的建筑回应，而内部开敞的庭院则提供了气流组织与阳光引入的载体。由此形成的建筑形态将与大地景观融为一体，成为具有诗意的本体建构。

南开大学津南校区一期建设工程学生活动中心

学生活动中心位于南开大学津南校区校园主轴线东侧，南开湖西岸。项目总建筑面积约10 000平方米，占地面积4 900平方米。项目包含一个880座的剧院，一个290座的小型音乐厅。设计以南开大学校花“西府海棠”为原型，由六个大小不等的立方体建筑作放射状排布，围绕中心庭园布置交通空间和公共空间，整体造型如花般绽放，渲染出学生活动中心生气勃勃的氛围。对于自然环境的纯粹性回应以及每个视点建筑体验的精确推敲，是本项目的着力之处。

义乌世贸中心

义乌世贸中心位于义乌市金融商业区，紧邻国际商贸城。项目总建筑面积约480 000平方米，是一个集260米超高层酒店、高级住宅、酒店式公寓、大型综合商业及配套设施于一身的大型城市建筑综合体，为这个具有国际知名度的国家贸易实验城市提供了转型的标志，并以“群簇”的高密度建筑形态确立了自身作为城市空间独特地标的身份特征，设计充分关注热力学意义上的能量议题、功能能量互补，以及尽量大比例的被动式策略运用，探讨日益商业化操作模式下，这一重要的城市集合体建筑类型的创新与突破，以及建筑师在其中话语权的比重与影响力。

《设计家》：请谈谈接下来您对工作的计划与期许。您希望在设计中更多地实践自己的哪些建筑主张？

李麟学：我2001年从法国游学归来，通过这十多年的建筑设计教学、研究与实践，接触了尺度各异、挑战课题不同的建筑项目，希望有机会来一个彻底的停顿，作一些理论的总结与反思，重新界定未来的方向。目前我正在哈佛大学建筑学院做为期一年的高访学者，既参与教学也做学生，与建筑系主任INAKI ABALOS教授一起推动“热力学建筑”的教学研究与实践。它整体建立在对于现代主义以来以封闭环境控制为基础的、强调内外隔离从而丧失建构关系的基本建筑法则的批判性反思之上，希望重新发现生态学家ODUM与建筑大师FULLER等人开启的以“能量流动”为议题的建筑范式研究，重构其理论架构、方法论与设计工具，其中包括了哈佛平台上从建筑师到理论家、历史学家、能量专家、材料设计专家等的强大团队，相当吸引人。这些内容与我工作室之前的建筑实践之间也有着非常多的共鸣。今后我会结合“热力学建筑”的研究，更具目标性与理论性地展开个人的教学研究和工作室的设计实践，希望大幅突破单纯建造意义上的建筑实践，建构一个更有前沿研究与探索性的学术平台，从建筑师的视角针对中国城市化进程中“自然与能量”的议题展开。个人感觉，中国当代建筑与年轻一代建筑师在取得长足进步的同时，经常在对于新技术的肤浅化表现和建筑传统的乡愁留恋中难以自拔，从而丧失了更好地把握中国城市化进程中丰富的、极具挑战性的研究与实践的机会。

TO STRENGTHEN THE INFRASTRUCTURE CONSTRUCTION OF URBANIZATION

城镇化要加强基础设施建设

日兴设计　上海兴田建筑工程设计事务所总经理、总建筑师
天津大学建筑学院兼职教授
日本北九州市立大学特别研究员
当代中国建筑创作论坛召集人
世界华人建筑师协会常务理事
亚洲都市环境协会（日）理事
浙江大学、西南交通大学、厦门大学、湖南大学兼职教授
烟台大学客座教授
国家一级注册建筑师

《设计家》：请结合您的切身体会，谈谈您对中国城镇化建设的总体评价。您认为以往的工作中有哪些需要“革新”之处?

王兴田：在我们发展中国家，城镇化建设中的问题早已存在，只不过是现在开始被政府逐渐提出。主要表现在城市人口集中往大城市流入，大城市生活质量下降，城乡两极分化非常明显。我最近去欧洲考察，特意去了解欧洲的城镇化发展历史，发现发达国家大、中、小城市的差距并不大。但我们国家的城乡差距却十分显著，大城市的规模在无限量膨胀扩张，导致这些城市的资源被稀释。教育资源、环境资源、医疗资源等城市设施质量已经严重下降，不得不开始采取一些行政限制措施。在未来，我们的特大城市还有更多难以预料的问题出现，上海原本属于 1 000 万人口的可控资源发展到现在供 2 500 万人使用，生活质量被大大地稀释，将来夸张地说会让我们连空气都不够用!

我们可以看到，欧洲在一步一步缓慢的发展过程中，整个城市是相对平衡地发展的，城市的规模和差距并不是特别大。法国的里昂，城市人口只有几十万人，但它已经是法国仅次于巴黎的第二大城市了。但是在中国，没有几百万甚至上千万的人口数量根本不可能算得上大城市，北京 2 100 万人，上海 2 500 万人，天津 1 400 万人，重庆 3 700 万人，甚至深圳都有 1 000 多万人。这种持续的两极分化过程，给大城市带来的负担已经远远超过这个城市所能承受的负荷，城市的环境资源、市政设施、教育、医疗、交通等城市优势下降的形势非常严峻。同样，我们的中小城市也在出现这些情况，乡镇农村的人口在往城市人口多的地方集聚，城市规模化的趋势越来越明显。实际上对城市的贡献来说，人口的质量是最重要的优势，而不是人口的数量。深圳，之前由于设立关内关外的限制，城区吸收了许多人才，给城市的发展带来了非常突出的优势，创造出来的人均 GDP 以及平均每平方公里产出的 GDP 在全国都处于领先位置。所以评价一个城市的发展标准不在于人口规模，而在于城市人口的素质、结构，以及城市配套设施、市政管理、运作等。目前许多地方对于城镇化建设的认识和理解仍然存在着误区。我在和一些中小城市的管理层人士接触中了解到，他们还是太过于注重城市表面形象的问题，觉得一定要把城市建设成什么模样、多大的规模。2010 年上海世博会提出“城市，让生活更美好”，带给人们举世狂欢之后，能深入理解这个理念的人却并不多，包括我们的城市管理者，专业人员以及生活在城市里的市民。什么样的城市是我们所追求的？这个问题，一直没有清晰的答案，需要我们大家一起来深刻认识和探讨。

《设计家》：对当下所提倡的“新型城镇化”建设之“新”有怎样的理解？您认为应该怎样去“新”？

王兴田：城镇化建设，对于我们国家可能是新的话题，由于特殊的国情、特定的政策，以及地方的快速建设、发展经验的不足等，迫切需要我们去解决这个问题，但对于发达国家的城市建设和发展史来说，并不是一个陌生的新概念。在欧美、日本等发达国家的发展道路上，也有出现这些集中的诸如环境、交通、市政、医疗、教育等城市问题，他们都会在发展中适时地去实施解决，但如果把城市资源优势拉低，那这些城市的竞争力就无法显现了。欧洲的一些国家，比如德国，规模大的城市人口也就十几二十万，无论走到哪，大小城市都不会有太大差别。再者，发达的交通信息系统和交通体系更是改变了人们生活的时空观，为多元的城市化提供了坚实的基础。

目前，亟待解决的仍是城市生活质量问题，这也是城镇化建设的关键。欧洲保留了许多几百年甚至上千年的中小城镇，这些城镇能够很好地维持地域文化风貌，有山地的，有滨河的，有滨海的，有平原的……都各自按照各地的自然环境、风俗文化来逐步完善和建造，建筑形态适应各地的气候特征，表现出了鲜明的个性。他们崇尚的是蓝天白云、清澈的水与开阔的绿地，以自然环境为重，当然，生活质量也关联到医疗、教育系统的完善，市政的建设与管理，欧洲几百年前的市政规划和管理水平已是十分超前，让人惊叹，可以让后人长期享用，奠定了追求更高城市生活品质的基础。而我们则以有规模的高楼、大型的立交桥作为现代城市发展的标志，而忽略关系城市生活质量的根本，与欧洲的城市概念出入很大。一场暴雨就能使城市公共设施系统瘫痪，常常有“百年一遇”的灾害被我们遇到，其实这些“百年一遇”灾难的发生，影射的是我们脆弱的市政建设和管理，这是我们城市建设中所欠缺的。应该提高市政建设和管理水平，提升对关系城市生活质量本质的理解，追求城市的整体平衡发展。

至于在城镇化建设中采用何种形式，欧洲的城镇化经验也可以借鉴。去年我去西班牙考察，与当地的建筑师进行了深入的交流。西班牙建筑师带我去他们在 Vigo 的建筑工地考察，整个城市大多都是保留了几百年历史的老建筑。老建筑按城市法规完全保持原有状态，但是建筑里面却被改造成具备现代功能的空间，有完善的现代设施，适合现代人办公、居住，并且巧妙地镶嵌着之前留下来的古老装饰材料及用品，留住了城市的记忆，设计得很用心。南欧的意大利、西班牙对文化艺术的保护和追求，在整个欧洲的表现都是突出的。我还去体验了那里多年前建设的地铁等一些公共设施，觉得在设施的使用、设备的改造、环境的保护方面，相比以前都有了大大的改善和进步，但是整个城市的风貌却依然没有被破坏。这些城市有长效而系统的规划，世代延续。而不是新一任领导推翻上一任的规划，把整个原系统摧毁后再重新建立新的体系。欧洲城市的每一届管理者对文化的传承都表现出的积极态度，对自身的生存环境和生活质量逐渐完善的追求，这些都给了我们很大的启示。

而我们的城市，由于市政规划和管理不够完善，在城市更新改造过程中，无法使用一些新的技术和设备，导致建设和使用效率低下，城市生活安全系数降低。像青岛输油管道的爆炸就是因为违背城市建设的科学规律，输油管道与下水管道交错，导致原油进入渗水管线，引燃爆裂造成了重大人员伤亡。这些都是人为原因，设想我们每天都生活在混乱甚至恐怖的城市中，安全都无法保障的话，更别提追求城市的生活质量了。所以，我们对市政建筑的计划性，对隐蔽设施的管理还有很多需要改进的，我们希望的城镇化建设应该落实到这些实质性的问题上，而不仅仅是一些形象工程。

《设计家》：“新型城镇化”被提出来后，您有没有和一些城市管理部门、开发单位进行过这方面的沟通和交流？

王兴田：我曾和一些城市管理方沟通交流，但他们与我的观念不是很吻合。他们觉得把钱投在公众看不到的地方，好像不是很有意义。观念还停留在做标杆性表面形象的层面上，打着城镇化的旗帜，表现性的目的较为强烈，离我希望的理想城镇化建设还有一定的差距，尚且还不能为城市居民的生活质量等的本质问题落实具体的工作。目前我的业务主要以一些建筑设计为主，涉及城镇化这块的项目比较少，所以就没作过多的深入沟通。我觉得城镇化这个概念的提出是科学的、正确的，但是落实到具体的操作实施层面可能就变味了，出现了一些比较难控制的因素，有一定的推进难度，因此实现真正的城镇化目标，需要先转变城市管理者的价值观念。

《设计家》：请从一位建筑师的角度，谈谈建筑设计与“新型城镇化”建设的关系。

王兴田：主要是城市建筑与地域特性的关系。现在中国的城市千城一面的现象非常严重。我拍了很多城市的照片，有广西的、广东的、江西的、河北的、山西的……我把这些城市的照片拿给我的同事朋友们看，让他们辨认区分各个城市，结果他们都无法分辨这些城市，甚至南方、北方也说不清楚，因为这些城市都失去了自身的地域特征，连城市在地域的气候条件下产生的基本建筑特色都没有，这需要我们去深刻地反思。很多人认为可以人为地去控制一些自然因素，只要天气热就开冷气，天气冷则装暖气。其实建筑设计与我们的地球变暖问题是息息相关的，城市建筑二氧化碳排放量几乎占到总排量的 50%，现在中美的谈判也谈到气候问题，这已经上升到了影响全人类生存的高度。适宜地域条件的建筑是做出以自然为根基的适合环境的建筑空间形态，是可以解决空间舒适度的 40% ~50%，同时辅以现代技术和科学设备的运用，达到完善，这样就会大大降低二氧化碳的排放量。我之前去新加坡访问，它处于热带，非常炎热，但是那里的人们却不怎么使用空调，我很好奇为什么这样的热带地区空调使用率这么低，后来发现他们把建筑的每一个细节都考虑得特别到位，比如居室里的通风、阳台的设计等。他们在靠阳台的墙顶部的阴角开了一条小缝，因为空气受热上升以后集聚在板底的顶部，这股热流如果不排出，会导致室内热量上升，所以设计师就开细缝来让热气排出，这样把阳光遮蔽掉，室内只需开电扇就可以让人感到舒适。像这样生活中积累的智慧世代相传，不是靠建筑师一人想出来的。我们的城市发展过程中，建筑空间、形状肯定有南方与北方的差异，山地与平原的区别，要适合自身的地域特性，实实在在地去深入考量建筑空间与自然环境的关系，去思考城市建筑的内涵。

《设计家》：实际项目中，您如何理解和处理项目与所在城市环境、区域“文脉”之间的关系？

王兴田：最近完成的深圳隐秀山居酒店项目，就是以营造建筑与自然和谐关系，尝试地域特征为理念的现代建筑。刚开始建的时候，建设方对这个项目不是很有信心，担心这种思考方式是否可行，但是当项目建成运营后，酒店吸引了很多的客户，社会效应非常好。这个度假型酒店的造价并不高，只有通常五星级酒店造价的七成，但客流量却远远超过了周边的酒店，这很大一部分原因在于始终以自然的理念深入在设计的每个细节中。我们把酒店做得很低调，尊重自然、回归自然、享受自然，将高尔夫球场与当地自然景观结合，运用了许多物美价廉的环保材料。人们当下对生活质量的追求也在改变，已经不再是沉迷于追求豪华的材料、富丽堂皇的大堂设计，其实自然才是人类最本质的渴求与向往。这个酒店并没有做过多的宣传，都是人们自发地来光顾，可能他们觉得身在深圳却可以远离城市的雾霾和喧嚣，自然才是最可贵的。

SOLVING URBAN PROBLEM
做建筑还是要扎扎扎实实解决一些城市问题

筑境设计董事副总建筑师，上海公司副总经理
中国一级注册建筑师，高级建筑师
中国建筑学会青年建筑师奖获得者
中国建筑学会建筑理论与创作学组委员
上海市建筑学会建筑创作学术部委员
东南大学博士候选人、同济大学建筑学硕士
德国柏林工业大学城市设计学位、重庆建筑大学建筑学学士
东南大学企业硕士生导师、东南大学建筑学院本科课程答辩委员、重庆大学硕士课程客座讲师
《中国建筑文化遗产》编委、《城市建筑》客座主编、《建筑评论》学术指导

《设计家》：请介绍下筑境设计上海的团队。

薄宏涛：我是 2006 年进入程泰宁先生的团队在上海开始工作的，现在上海团队有一百多人，综合工种齐全，可以独立承接比较多类型的项目。

团队规模在初期的五六年，都只有十来人，坚持不增长或微增长。但是后来发现这种模式对下面的同事在某种程度上是套了一个紧箍咒，初始的几个核心成员，大家是比较容易达成一致的，但对于再进来的新人，还是需要通过团队的增长来看到成长的机会。

我一直很纠结团队的规模，主观上希望团队不超过二十人。这样自己能够真正参与到每个项目中，对每个项目有直观的感知和管控，能和每个业主进行交流。但是，现在的情况是如果团队不达到一定的规模，有些项目就很难操作，尤其这几年比较大的商业综合体也做了不少，这更需要集群作战。现在的很多团队规模就和高速增长的 GDP 一样，裹挟在狂飙的洪流中，被迫推到一种虚高的状态。

上海也有些独立事务所，规模控制的比较严格，有清晰的设计原则、不媚俗于商业利益，也做出了不少好的作品，我对他们充满敬佩。

在我们具体操作的商业项目中，也希望能做出一些文化品质，体现设计师的审美诉求。事实上，试图平衡商业价值和审美价值是有较大难度的，两者之间摇摆的状态也决定了我们完成的作品有很多局限性。

《设计家》：请谈谈你们主要的项目类型。

薄宏涛：2012 年前，政府项目在业务中还占相当比例，目前已经较多聚焦于城市综合体、商办、酒店类的商业项目，这种项目反而是能较多地反应城市的多种诉求。做城市综合体这样的项目，从纯美学角度设计师不一定能得到最大的满足，但是如果处理得好，可能会对城市有着更大的贡献。一个综合体动辄十几万、几十万平方米，涉及到城市空间的复合多样性，承载生活方式的多意性、交通组织的便捷性、功能业态组合的活力及落地性，还有最重要的人在其中的生活工作模式等等。在大的城市区域内是否能解决其对应的城市问题，挖掘出片区未有的城市活力并为未来城市的发展带来一些创意和动力，寻求和创造这样的价值是建筑师的一种非常重要的社会责任。一个商业项目，或许在造型语汇、材料成本等方面可能会受到业主的限制，但是如果能扎扎实实解决一些城市问题，建筑师还是会非常有成就感的，比玩一些手法层面的小技巧更有意义。

《设计家》：请谈谈你们的代表作品。

薄宏涛：客观来讲，自己也没有很成功的作品，可能教训多过经验。

最早在上海完成的项目是安亭的汽车博物馆和会展中心，那时候我还在一个德国事务所作中方代表。这两个项目的完成度都还不错，项目最后也得到了业主的高度认可。但从那个公司出来之后，业主对自己的态度有了很大的转变，信任度降低了好多，自己从洋语境进入了本土语境，每种语境有其对应的完全不同的操作模式。

前期几个项目做得比较轻松，回想起来是因为有外方公司和中方设计院两个大的平台来支撑这些项目，这个时候个体力量其实有被放大，沟通成本也相应降低了很多。

后来在自己独立完成的一些项目中，如上海华师大科技园、上海西站站房、无锡云蝠大厦、无锡侨谊实验中学等，更加深了对团队平台之于项目重要性的理解。比如有一个 700 多平米的小项目，从公司到基地有两百多公里的路，我至少跑过几十次。即便如此，项目最后的完成度也不好，内装的居然把外立面给改了！虽然屡次和业主沟通交涉，仍是无果。这个时候你就会发现整体的平台和团队的价值，平台的高度、团队的话语权对业主的影响力对一个项目成败的重要性。建筑师和业主积极有效的沟通比设计师纯粹的技术要重要的多。

《设计家》：如何评价一个项目的优劣？

薄宏涛：手法是次要的，建筑对于场地的理解和它所传递出来的精神气质是最重要的。现在还是有很多官员、业主停留在手法层面上的讨论，缺乏对城市和社会公共性的理解。

我认为每个从业者要有自己的评价体系、评价底线。对我而言，目前中国更多的问题是城市问题，而不是建筑问题，建筑的评价体系要基于对城市的多样性、空间的秩序性的贡献来做整体性评判。我们读书的时候，相对而言，国内的新建筑还缺乏形式的表现力、创新力，后来渐渐发现，所谓标志建筑尤其是集群建筑往往不是表现力不足，而是过了。过犹不及，不和谐对城市来说就是负面的影响，这是一个大的判断的基础。至于单体建筑，即或形态做的比较夸张，如果在城市中相对和谐，对于城市公共空间有贡献，那也可以接受。我们现在大部分城市面临的是千城一面下的混乱和无序，可能有的时候我们也在做一些添乱的工作，至少我希望，尽量少添乱。

《设计家》：您前面谈到了平台的问题，那您认为中国业主对程老师公司，以及对境外事务所的话语权更认可么？

薄宏涛：话语权是个很复杂的问题，很难一概而论，不过总体是这样的，虽然我们的团队是大师团队，但是并没有特殊的话语权。

境外事务所的话语权还是相对特殊的，或者说这种特殊是生生被很多有洋奴心态的决策者惯出来的。比如最近上海天文馆入围的两个方案就都很奇怪，虽然创意还算是有的，但很明显是附会上去的。这样的设计居然获得好评，居然能入围，这样的现状也只能让人无语以对。有时即便功能逻辑、空间逻辑上不成立的境外方案，决策方也会用一种宽容的心态去评价：“不错，很有想法”。至于功能层面上的问题，他们会认为甩给国内设计院搞定就好了。

形态和功能这两者之间存在着必然的因果关联，一个建筑不能金玉其外，败絮其内。一个好的建筑设计，从室外到室内到建构的完整、逻辑性的完成才是对场地最真实、最忠诚的解答。

比如有的境外事务所的建筑在屋顶加一组翅膀，增强了鸟瞰效果图的可视度，领导好评如潮，一举中标。但那些翅膀什么作用也没有，建筑为形而形，讲穿了就是个大雕塑。这样的评价代表了一种倾向——仅仅基于视觉审美的评价体系倾向。建筑真正的大美在于空间审美，这是一种城市行为，是一种能为城市带来活力，为居住、生活带来空间塑形的美。像万神庙那样室外看起来很不起眼的建筑，真正的美在于其内部纯净的空间之美，这样的空间可以陶冶人的情操，教化人的行为，这种力量，远远不是一种简单的视觉审美可以比拟的。

我们并不希求拥有什么特殊话语权，即便有时程先生亲自出马，形势也未必会有所改观，也无法做到彻底地扭转。对我们而言，无非希望得到一种对等的尊重。面对业主的时候，我们就是一个本土公司，一个本土的设计师，我们需要做的，就是在职业操守范围内把自己力所能及的事情做到最好。

《设计家》请谈谈对公司未来的规划。

薄宏涛：现在公司更强调整体运营和团队建设，摸索搭建建筑、室内、景观、规划一体的工作平台。提供全产业链的服务，业主收获的是一种方便，设计则获得项目的高完成度。这是未来几年筑境设计很重要的发展道路，希望提供全方位的服务，以无缝的技术对接来提高完成度。

当然，对我而言这也是回归设计起点的路径。建筑、结构、室内甚至家具本就都是由建筑师来负责的。行业过度细分化的趋势在建筑、规划、室内之间界定了清晰的界限，这其实就剥离了建筑师对城市生活和人的生活的感受，这种专业剥离的建筑不是真正的建筑，是被阉割了活力的形而上的伪建筑。

建筑还是要回到原点，顶尖的建筑师关注点其实非常朴实——建筑怎么让人用起来更加舒服，建筑怎么让城市能与之轻松和谐地相处。国内总体来说对这些关注不足，这是背离行业初衷的。找到设计的原点，这是我本人也是团队最大的期望，少点矫情多些实干，扎扎实实做一些建筑师该做的事情。

《设计家》：作为一位“七零后”建筑师，您如何看待自己以及年轻建筑师所面对的机会与挑战？

薄宏涛：客观讲，70后相对80后、90后是既得利益者。

我刚毕业时，设计院还是事业单位，有种衙门朝南开的感觉，这样的心理优势会让人更从容的成长。在自己最青涩的时候，行业还没有很苛刻的要求，允许年轻人犯错误；在经济实力很差的时候，房价还没有没影的虚高，不会造成心理恐慌；等到要承接相对大的项目的时候，也已经积累了一定的工作经验，不至于那么手足无措。这就是我们这一拨70后成长的利好吧。

当下的行业工作机制和社会评价体系已经进入到相对成熟的模式，它要求你进入这个行业就要拿得出成熟的作品。虽然我也经常和团队的年轻人沟通，提醒他们要保持良好的心态，把眼光放长远些，以五年为单位给自己做职业发展计划。但必须承认现在年轻人的压力，来自生活中可望不可及的房价和市场的不许犯错的苛刻等等。做到心静如止水，实在很难。

建筑总是清晰反映出其建设和存在的时代背景，没有哪个建筑师可以像纯艺术家那样超然物外。以“入世”的姿态去积极参与城市实践，顺应而不盲从，有自己对专业的一份坚持，这是我们应持有的工作态度。

最后，还是要回到“热爱”这两个字。面对这个行业目前的现状，从快的离谱的工作节奏到完全不对等的评价体系，如果缺乏了对专业的热爱，工作就难免变成了一种煎熬。所以无论成长在哪个年代，闻道的先或后不重要；重要的是是否能做到一直满怀热爱，行走在自我追求卓越的路上。

GOOD ARCHITECTURE IS A MATTER OF DIALOGUE AND EXCHANGE

好的建筑是对话和交流的结果

斯特凡·胥茨

合伙人，建筑师、工程硕士。1966 年出生于杜伊斯堡，2006 年成为冯 · 格康，玛格及合伙人事务所合伙人，gmp 柏林、北京、深圳分部负责人。代表作品有魏玛新会议中心、柏林新娱乐中心、北京海淀基督教堂、北京中青旅大厦、青岛大剧院、北京中国国家博物馆、深圳大运会体育中心。

《设计家》：贵司目前在中国设计实践中重点关注了哪些问题？产生了怎样的思考？

斯特凡·胥茨：近期我们在中国的工作重心在一些大的公共项目以及一些私人投资的高品质的项目。项目的大小对我们来说并不是重点，业主的承诺——建筑的特殊性以及无误性才是最重要的判断依据，所以我们的每个项目并没有预定的风格，我们更倾向于在与项目所在地人们的沟通中衍生出建筑的风格。

《设计家》：近年来，贵司在中国的工作中遇到过哪些困难？又是如何解决那些问题的？

斯特凡·胥茨：坦白说，从一开始在中国工作到现在，我们必须在每天的生活中去了解和学习当地的文化和传统。我举一个列子，在中国设计的过程中，建筑师和客户经常面临到无法预料的问题。在欧洲，业主会不定期检查建筑师是否会犯错误以及应该来由谁为其负责，但是在中国错误这个问题是次要的，这里首要的问题是怎么解决问题。中国文化重在交流，人们也会彼此认真聆听，但是如果事情作出决定，即便有着很好的理由和更好的解决方案，也很难去质疑它或改变它。北京、上海、深圳办公室的成立是我们在中国发展的很重要的一步，因为和中国同事一起工作是理解这个国家的关键。

《设计家》：以上这些思考对贵司的工作有何影响？

斯特凡·胥茨：对中国文化的理解使得我们在中国的工作更有效率和价值。即便我们对建筑和城市的理解和中国的业主有所差别，我们也已经能理解他们的想法和意图，因为我们已经在这里工作 15 年多了。再举一个列子，早期我们在中国被邀请参加城市设计竞赛时，我们提出了欧洲典型的城市规划理念，即大的城市区块包含中心街区，我们坚信解决城市结构可以创造更好的空间同时可以对公共空间、半公共空间、私人空间加以划分，我们确实不能理解中国人为什么不接受这样的理念而是坚持要建筑面向南。但当我在北京住过一段后我马上理解了这个问题。当时我住在一个朝东的公寓，在炎炎夏日的早上就能感受到它非常热。当然，我第二次在北京选择公寓时也选择了朝南的。

《设计家》：请谈谈贵司近期在中国的重要项目。

斯特凡·胥茨：除了北京的国家博物馆，我们在中国完成的项目还有青岛大剧院、天津大剧院以及深圳大运会体育中心和上海体育中心，还有一些大型的基础设施，比如天津西站和新的杭州南站。

我认为建筑作为一种艺术是使用者和建造者以及其他相关人士长期交流而得来的一个结果。建筑师需要有坚定的态度来展示他的设计理念，但与此同时，他也需要去聆听其他人尤其是这些建筑的使用者的想法。好的建筑是交流和对话的结果，而不是一个仅仅令自己愉悦的独白。

《设计家》：请谈谈接下来贵司在中国的工作计划与期许。

斯特凡·胥茨：中国的建筑在过去十年已经变得更加成熟。以我现在的工作和十年前相比，当时我们的业主对于标志性建筑以及建筑的形象要求非常强烈，现在这种情况已经有了很大的改变。中国目前的建筑正在趋于更加的理性化、功能化以及逻辑化，这些正是我对建筑的理解。我也真切地希望新理性主义在中国的建筑界会更加地成熟以确保建筑以更加合理、健康及持续的姿态发展。

ARCHITECTURE IS AN ART WHICH CAN CREATE SPACE
建筑是营造空间的艺术

许桦

1985年于清华大学建筑学专业毕业后，获教育部奖学金赴法留学，并获得法国国家建筑师文凭及建筑学博士学位。1990年至2011年就职于荣获建筑界最高荣誉普利兹克奖的法国包赞巴克事务所，任设计室总监。2012年加盟Atkins上海，任设计董事。

《设计家》：贵司在目前的设计实践中重点关注了哪些问题？产生了怎样的思考？对贵司的设计工作有何影响？

许桦：中国的建筑文化一贯是以空间和意境的营造为核心，“凿户牖以为室，当其无，有室之用，故有之以为利，无之以为用”。中国的城市和建筑都是以基本建筑单元的排列组合形成各种性质的空间序列，空间内涵所表达的意义远远胜于建筑的外观，儒雅内敛的中国的哲学精神无处不在。

而处在经济上升期的中国的决策者和业主，往往更多地追求门面而非内涵，无论城市建设还是建筑设计，都追求大而炫，各个项目都争当地标，空旷冷漠，鲜有尺度宜人的公共空间，城市处处透着霸气外露的浮躁。

我们希望以我们的设计重新拾回中国文化中的人文精神，营造尺度适宜、有亲和力的城市空间。以恰当的尺度，差异化的、丰富的空间序列，给使用者以舒适贴心的体验。

《设计家》：近年来，贵司在工作中遇到过哪些困难？又是如何解决的？

许桦：在国内做设计与在国外最大的差异首先是业主对自己的产品缺乏清晰的定位，建筑师要同时扮演策划者的角色，花大量时间帮助业主定位产品；其次是产品最终的决定权不在开发商而在政府的手中，开发商的利益和政府要求的形象问题往往是互相矛盾的，结果设计条件和设计方向不得不反复作修改；而设计时间又短之又短，几乎没有潜心深入进去研究推敲的时间。

建筑和城市是百年大计，建筑师的责任无疑是十分沉重的，不仅要满足业主和决策者的利益，而且更要处处以使用者的长远利益为着眼点，以对城市生活环境的优化为目标。

因此无论是城市规划还是建筑设计，我们设计的焦点始终是营造宜商、宜居、便民的空间环境。虽然这样的做法往往不够吸引眼球，尤其是比较难以受到那些追求高大宏伟城市面貌的官员的青睐，但令我们欣慰的是现在越来越多的业主和官员已经能够欣赏这种人性化的设计了。

《设计家》：请谈谈贵司近期的重要项目。

许桦：这次登载的东阳木雕博览城项目与一般商业文化建筑略有不同，业主要求一定要有中国的地方特色，我们没有使用中国建筑的大屋顶或斗拱等形式符号，而是借鉴了中国造园术中的空间序列与渗透的手法，以镂空的阴雕手法形成环绕内院的博物馆，对应以拼叠的阳雕手法合成的会展中心，一虚一实，相得益彰。将庞大的体量化解为容易接近的亲人的空间序列，也符合观展的流线。

《设计家》：请谈谈接下来贵司对工作的计划与期许。

许桦：从大尺度的城市到小规模的建筑单体，建设宜人、舒适、便利的生活空间，提供差异化的精致的生活体验是我们不变的设计目标。

THE THOUGHT OF GARDENIZE
对园化建筑的思考

张万桑

1968 年生于北京，瑞士籍华人，瑞士联邦建筑师协会 A 级注册建筑师，现任瑞士 Lemanarc 建筑及城市规划设计事务所首席设计师，合伙人。上世纪 80 年代末就读于瑞士洛桑联邦高等工业学院（EPFL）建筑系，并以第一名的成绩从日内瓦大学建筑及规划研究所（IAUG）硕士毕业，曾在瑞士多家著名建筑师事务所任职。他是瑞士历史上第一个成为瑞士联邦 A 级注册建筑师的华人，同时担任瑞士联邦建筑师及工程师协会的理事及驻华首席代表，也是瑞士外交部顾问。

《设计家》：在建筑学领域您有哪些比较认同的主张？

张万桑：从我个人的经历来看，作为学生首先是看到很多大师级的人物及其作品，然后会理解其中一部分，但仍有一部分处于未知的迷茫状态。看得越来越多，到后来慢慢就会形成自己的看法和角度。这是一个调查的过程。如果去总结欧洲的建筑流派，这个话题可能会比较大，我觉得最终、最主要的主张和观点，还是我自己的看法。比如说，巴塞尔在 19 世纪 30 年代的城市重建运动被视为一次对城市的规划。而从我的角度看来，从 19 世纪 30 年代至今，它产生的影响是这座城市成为了花园城市，它非常“花园化”。我与瑞士同行分享了这一看法，他们很吃惊，因为他们之前根本没有注意到这一点。

我在日内瓦大学所受的教育给我最大的启发是：他们会把多学科多国家的看法都移植过来，这种移植产生的张力和冲突由学生自己去分析。我看出了“花园化”，就是因为洛桑被誉为花园城市，每四年就有景观设计节在此举行。它给我一个信号——景观学是建筑设计的火车头，是带动者。

单纯的营建本身的目标是什么？经过逐步总结，我发现我的作品有一个共性，我将其称之为“园化建筑”，英文译作 gardenize。在我看来，内部世界和外部世界之间的空间就是花园，在东西方文化的碰撞中可以看到两者对“园化”非常强烈的一致性。围合会给人一种安全感，是基于内部世界和外部世界之间的一个孕育世界。实际上这个空间就是将来的外部世界还未形成，又是在内部世界之间的空间，这与花园给我们的感觉是一致的。我们中国的古典园林就讲究围合，无论是皇家园林还是苏州园林，甚至是普通人家的阳台也要装饰成花园。如果家中没有花园，就缺少了家的感觉。

西方人也有相似的概念，从构词法来看，garden 中的 gar 意为“围合”，也有孕育的意思，西方画作当中，描绘圣母玛利亚怀孕的画像往往背后都是一个花园。但是他们更加大胆，直接住在“园”里面。因为他们是狩猎民族，对园有信任感，园就是他们狩猎的场所。所以我觉得家和园是密不可分的。这一发现给予我很大的启发，我会不断地在设计思考和实践中寻找“园”，会思考如何把园带入到建造的每一个环节，让它成为我们心灵居住的地方。

《设计家》：这是您回到中国做设计的感受，还是刚开始在瑞士实践时就有这样的想法？

张万桑：也是阴差阳错。在国内读书时，因为东南大学离苏州很近，我就专门做过苏州园林的专题研究。去瑞士之后，我们在建筑社会学方面有一个研究课题，我也选择了园。看来我对园还是有一些偏好的。

总的来说，这些实践给我带来三方面的启示。第一就是“园化建筑”，这是我非常明确地提出来并加以思考和实践的事情。第二是东西方文化的碰撞与对话，任何一个项目、课题和主题，都能通过不同文化间的审视和互相对话，继而产生碰撞，得到一些新的思想。比如在古琴和钢琴的对比中就可以看到音乐标准化的时代里个性被泯灭的场景。中国现在的音乐全部被“进行曲化”了，在标准化里面套入了民族传统，所有的国乐都成了唢呐声声的民乐，这本身就是民乐的沦陷。建筑也是，都在讲究标准化，造成的结果就是所有建筑都变得一模一样，没有区别。在这个讲究个性的时代，恰恰我们丧失了原有的个性。

所以，第三就是要寻找个人身份，即作为一个单体把自己的价值表现出来。西方人的红酒越深化到个人就越有价值，而我们就是归一大类——比如农民种植茶叶是很有个性的，现在全部集中起来，种出来的茶都称为龙井，打包在一起卖。是这种匿名的价值能够长远，还是个人价值的回归才会长远呢？所以我做设计的时候会竭尽全力地去追求独有的价值性，其本质不是一个创作的过程，而是一个寻找的过程。

《设计家》：您能不能谈谈南京市鼓楼医院这个作品？

张万桑：这个项目是一个非常有意思的医疗矩阵。按照传统来说大家去医院，往往会碰到这样的困难：我们要去这个楼看门诊，门诊看完了以后再去另一个楼里做检查，然后再回到原先看门诊的那个楼继续做检查，这很浪费时间。鼓楼医院这样的一个医疗矩阵，让每一个人可以以他的方式来使用医院。它是一个无风雨的联系体，每一层楼都可以注册挂号。它的功能体块，上下左右都有矩阵关系，每个人可以根据自己的求医需求，就近来做自己的事情，我希望这种体验能成为每个人个性化的体验。

此外，这个医院有其独特的身份，它是 1893 年中国最早的教会医院之一，所以我想把它做成一个像教堂一样能给人心理上的安慰和宁静的医院。我的第一个思考就是它是否够宁静。现在去看，无论是外表、庭院还是内部的大厅，人们都能感受到一种宁静。

考虑到项目是鼓楼医院，鼓楼是中国传统建筑，我就把明代鼓楼的轴线重新找回来。项目在选材上多数为玻璃，中国传统建筑的室内光线非常柔和，古代人选用窗纸，而不是玻璃，讲求自然的光线，医院里面用了大量的半透明玻璃，把光线过滤到房间里来，不管是光线最强的房间还是最暗的房间，光线都非常柔和。

THE CLOSE CO-EXISTENCE OF PEOPLE, ENVIRONMENT, ARCHITECTURE AND LANDSCAPE

人、环境、建筑、景观的亲密共存

廖伟立

台湾注册建筑师，大陆一级注册建筑师。台湾东海大学建筑硕士，美国南加州建筑学院（SCI-ARC）硕士。2001年在台中成立“立。建筑工作所（AMBi Studio）”，试图从台湾的特定社会背景及多样性生态、地景与复杂的常民力量的观照、挑战中去实践和思考，展现出台湾建筑多元差异中的生猛能量，并且与环境、人的活动相融合。

《设计家》：台湾触口游客服务暨行政管理中心这个项目设计的最初立意是什么？是怎样形成的？在长达十年的设计与建造过程中是否进行过一些修正？

廖伟立：设计一开始以“地景交织、漂浮、动线穿梭”为主要概念，来自于对基地风土自然的观察。基地位于山、河、平原与道路的交界处，是阿里山风景区的起点，而阿里山最著名的就是小火车围绕在山林中盘桓前进向上的意象。所以，设计意图使游客中心成为旅客的桥接点，从快速的移动道路，借由抬高建筑而创造的中介风雨广场，让旅客穿梭其间，将前后不同的地景自然融入、交替，建筑量体呈现水平、轻盈的漂浮感，与舟船、河水、送往迎来的旅游心境谋合。最后的结果与一开始的构思在形式上或有些许调整，但概念仍保持初衷，且达到了想要的效果。十年的奋斗过程，其主要原因：一是在公部门的审核机制烦琐费时，法令上需通过开发计划、水土保持、环境影响评估、山坡地杂项许可、建筑许可等层层关卡，有时后一道程序的修正意见，必须回到前一道程序再办理一次变更设计，如此往来数回合后才能完成。二是发包机制以最低价标办理，容易引来经营质量不良的营造厂削价竞争，而如此特殊的建筑，以价格决定营造厂，其专业度若不足将无法妥善施工以达到建筑师想要的水平，最低价标的制度在质量要求上可说是事倍功半。

《设计家》：设计师在构思这个项目的方案时，曾对当地的哪些自然及民俗、文化特质专门给予了关注与研究？这些工作是怎样影响设计的？

廖伟立：在设计构思阶段，除了想要整体意象与当地空间氛围的特性一致之外，阿里山的自然气候、特殊景观、农产以及当地原住民——邹族的文化习俗等，也都希望可以融入设计中，创造只属于当地的建筑。因为河阶地有许多卵石，就以原地开挖的石头用在外墙面及用作景观材料。植栽选取上也以当地的樱花、茶、杉木等为主体，并将邹族原住民建筑、神话故事以及阿里山森林火车的之字形与8字形铁轨的特殊性等带入景观设计中。

《设计家》：能否谈谈本案如何使建筑、室内及外部景观设计几个方面恰到好处地形成良好的互动关系？

廖伟立：一楼挑高的风雨广场是个多孔隙的空间，解决了台湾多雨炎热的气候问题，也可容纳大量游客进出并举办各式活动。游客从停车场、正门广场自由自在地往来于前、后院之间。停车场设计的一道大阶梯引领着人们漫步到二楼的游客中心。二楼主要为展示空间及多媒体室。南侧的玻璃砖墙面，开设有大小高低不同的窗口，可使大人小孩在不同视角，对应到窗外景致，成为展示场内的一幅幅框景。建筑中有三个圆桶形量体，在一、二楼分别是电梯、信息亭、贩卖部等功能，局部挑空的空间变化及天窗应用，使室内、外成为一体，天、地也连成了一块。

《设计家》：请以本案为例，谈谈您对于游客中心这样的旅游建筑（设施）之设计要点的理解。

廖伟立：阿里山游客中心主要有两个功能，一是管理处的办公场所，一是提供游客基本服务的旅游中心。在游客未上阿里山之前，提供信息解说、展示、餐饮、如厕、纪念品贩售等服务。旅游建筑在设计上对公共性、开放性、私密性及管理性都要顾及。长途旅程中，提供一个放松身心的场所尤为必要。本案在通风、采光及视觉景观上，希望给人以身心上的舒适感。空间的尺度、明暗、层次及动线上也颇多变化，使建筑成为让人惊艳的景点之一，并与当地的故事性连结，令人记忆深刻、回味无穷。

《设计家》：您最近在工作中有哪些思考和心得？

廖伟立：观察全球的建筑师执业样态，可归类为“游牧型”及“在地农耕型”，有人在世界各地做一样的建筑，有人只在一地做专属于那个地方的建筑。近期我以“在地力”为题，对台湾的地景、信仰、文化及日常生活作了各种软硬件的观察，并结合了自身成长的记忆来创作属于台湾的“浑建筑”。倘若建筑是生活与文化的载体，我想它是很难脱离其所在的土地，变成只是形式的输出。

PEOPLE FIRST
以人为本

吕元祥建筑师事务所副主席。美国纽约康奈尔大学建筑学学士，香港注册建筑师，香港建筑师学会会员。曾在纽约工作，2000年回港加入吕元祥建筑师事务所。吕元祥建筑师事务所建基香港超过三十五年，服务世界各地，以创造国际水准建筑及室内设计为宗旨。吕先生负责事务所的项目及策略发展，是公司内部设计检讨小组的成员，并参与发展研究、规划及设计许多大型项目。在他的带领下，事务所由120人发展成今天5个办事处、拥有500余人的专业团队，项目获选多达50个香港及国际奖项。他还参与多个非牟利及专业组织，致力于对社会及业界做出贡献。

《设计家》：您出生在建筑师世家，这和您后来选择学习建筑有没有关系？

吕庆耀：我父亲对我的影响是很深。记得在幼儿园的时候，老师让每个小朋友画一画自己的房间，其他同学画的效果都好像照片一样，我就拿了一支黑色的笔，在纸上画了一些线条。老师看到后觉得这个小孩一定有问题，于是打电话叫我妈妈过来谈。我妈妈一看，就笑了，因为她看得出来我画的是平面图。

我坚持进入这个行业，确实是因为父亲的影响。我父亲1976年开始做自己的公司，所以我从小就对建筑师的生活感受很深：父亲经常都是早上和客户碰面，晚上在家画图，那时候我就会跑到他身边，然后他会很细心地给我解释这个符号是什么，门怎么画，窗怎么画……晚上一家人吃晚饭的时候，父亲会讲公司里的一些问题和挑战，所以我从小到大听了很多不同的故事——当然，大部分都是反面的、不愉快的。那时候对工地的管理还没那么严格，周日我常常会和父亲一起到工地上去。从小我就体会到建筑对一个社区和每个人生活的影响，所以，我一直以来的梦想，就是去做一些对每个人、对社区、对社会有所贡献的事情。

《设计家》：能总结一下您对设计的一些主张吗？您觉得应该坚持的原则是哪些？

吕庆耀：以人为本。这当然不是一个很空泛的口号，我们觉得做设计的时候必须要考虑这个建筑对社区和周围环境的影响。现在的建筑物，我们希望至少要用到60年、70年，之后还有更长远的生命。这是从环保的角度出发来考虑，好作品也应该能有这样长的生命。而且，建筑既然要服务社区这么长的时间，在设计上就必须做得更细致一些，不只是追求一个形象或一些肤浅的想法。所以，我们一直都在追问，建筑是不是能够为市民、为所在的区域做得好一些？比如说，我们的香港公司有60%以上的项目还是在香港。这也是我们建筑师的坚持——你的作品，应该在你自己所生活的区域里产生影响，你要直接面对它——这个建筑建成之后将来是行还是不行？建筑师的工作应该跟他的生活有密切的关系。从这个角度来说，近年来我们一直在内地发展，就强调要“落地”，培养自己的建筑师具备国际性的视野和能力，但也有本地的区域特色。我们不能单纯去说“香港的模式是对的，你按照这个来做”，这样肯定是不行的。我们主张分享香港的经验，在理解当地文化之后，在设计中形成当地特有的文化和生活方式，对它原有的因素有所改善。这就是我们“以人为本”的想法。

《设计家》：您在内地做项目最深的体会有哪些？

吕庆耀：我觉得内地，每3年的变化都很大。2000、2001年我们第一次在上海做项目时，业主可能只出过一两次国，在与国际接轨方面有些问题。但是10年之后，我们的业主已经很国际化了。所以他们对我们的要求也很不一样了——以前我们可能只是做一个概念，业主不要求涉及实施层面的工作。现在大家做事都很专业，很好。这是很正面的。另外，我们得到的项目也越来越好。别人觉得我们是很国际化的公司，而不是一间单纯的本地的建筑公司。现在我们的项目规模很大，比如说一些城市综合体，项目对社区、城市的影响越来越大。

《设计家》：在内地快速城市化的过程中，很多国外的建筑师被吸引过来，同时内地本土的建筑设计单位成长得也很快。作为一家香港的公司，你们也面临着与他们的竞争。对此您有什么样的体会？

吕庆耀：我也看过许多国际公司在内地做的项目，有一些是成功的，但很多都不是很成功。所谓的“不成功”不是单方面，并不是因为建筑不行，而是在文化上出现了问题。其实，如果针对写字楼，文化背景可能不是那么重要，但是针对住宅、购物空间等，中国人的生活方式其实和老外不太一样。因为我们也是中国人，对于相应的文化传统比较了解，所以有一些优势；其次，国内的人口密度非常高，外国的建筑师比较少处理这么大的面积。做设计的时候，建筑师的生活环境对于他去理解人们怎样生活、并设计出更好的空间和环境很重要。许多外国人生活在低密度的城市里，他们不能理解城市化所带来的一些问题。而香港建筑师就生活在高密度的环境里，能够理解其中的种种情况，比如环保、城市与交通问题。香港的铁路网络和公共交通很完善，我们的生活与地铁关系紧密。这是很环保的。日本也是如此。我觉得，内地一直保持高速增长，城市化进程更加明显，城市也是要朝着环保的方向去发展的，否则大家都堵在路上——像北京，真是不得了。具体在城市综合体方面，香港在生活、购物、娱乐等结合的生活模式上已经发展了很长时间，城市综合体与城市交通也结合得很好。所以我们在这方面是很有把握的。此外，香港的房价很高。比如我们做过一个住宅项目，是全亚洲最昂贵的住宅，一个单元（600多平方米）的总价就高达七八个亿。当房产的价格高时，卖家对于空间、环境和其中的细节、节点要求都是很高的，他们的要求不只是局限于建筑的形象，而是与生活有关的方方面面。这方面的经历也是香港公司的宝贵经验。相比而言，内地的一些建筑师虽然也做得很好，但在某些方面的经验没有我们那么多，这也给我们提供了生存的空间。我想，我们还有很多东西可以与内地的同行交流，大家相互学习。

《设计家》：对于企业将来的发展您有什么样的规划？

吕庆耀：希望我们能够在内地发展得更好一些。我有一个梦想——让公司在国际舞台上得到更大的认可。之前在美国读书时，我所在的学校也是非常有名的，同学们的能力我也很清楚。回到香港工作后，我感觉香港毕业的同事不一定比我之前的同学差。但是，为什么过去香港公司较少得到重点项目？因为我们还需要更多的经验和机会。现在内地的发展，正好给我们提供了这样的平台。现在好公司里好的设计师很少是中国人，所以我很希望将来更多中国人的公司在国际上受到尊重。希望公司在未来有机会发展成这样的公司。机会还是有的，大家把目标放得长远一点，想办法去把握机会。这个梦想，希望在退休之前能实现。

SOLVE SOCIAL PROBLEMS
解决社会问题

石林大

株式会所日本设计上海代表处副代表，日本国一级注册建筑师，中国一级注册建筑师。九州大学大学院人间环境学府建筑系硕士毕业，大连理工大学建筑系学士毕业。

《设计家》：贵司在目前的设计实践中重点关注了哪些问题？产生了怎样的思考？对贵司的设计工作有何影响？

石林大：解决社会性课题。在建筑是生活中不可或缺的组成部分这一点上我们很容易达成共识。但是从更加宏观的角度来看，每一栋建筑的产生、存在与消亡均应从解决社会课题的高度来进行评价。当前的世界无时不面临着广泛而深刻的社会问题，在中国我们经常会提到环境的恶化、城市人口的膨胀、文化传承的中断等社会性的课题，作为建筑师，事实上这些都无法与我们每天的工作脱离干系，大多数的思考也应基于日常的工作之中。

在一个项目的设计过程中，建筑师以建筑的形体和外观为思考起点，同时要做到对环境和文脉的思考，但是项目不应仅仅终止于社会和客户对其的认同；建筑的平面也不一定是仅仅为了满足任务书的使用要求而局限在用地红线以内；随着自己的专业性不断地得到认可，建筑师也可以尝试作一些更深层次的思考，而不仅仅限于与政府相关部门及客户的沟通，同时在设计方案不断的完善过程中保持自信。例如，我们要经常使用屋面绿化和垂直绿化的技术，要与设备工程师进行更密切的沟通以达到节能环保方面的统一认识，也会利用当地传统的建筑材料来构思立面；当然，有时候我们也尝试局部突破红线与周围的其他功能用地，利用架高连廊和地下空间相连等。虽然不见得每一次尝试都能够在社会评价和客户评价方面获得高分并得以变为现实，但解决社会问题这一方针与其说是信念，更可以理解为建筑师顺应时代发展潮流的必然生存之本。

《设计家》：近年来，贵司在工作中遇到过哪些困难？又是如何解决的？

石林大：通过交流确立共同的价值观。一家境外的设计公司在设计中如何通过交流来确立共同的价值观始终是重要的课题。相对而言，日本设计作为大型的组织型设计公司，拥有各种不同类型的设计师，因此在针对不同客户的设计服务时更希望能够展现相对灵活的价值观。但即便如此，在中国市场发展的早期阶段，由于语言和文化的差异，与客户的交流也产生过一些困难，好在我们的客户都能够以开放的心态理解和尊重设计师，同时伴随着业务量的增加，我们也有更多的机会不断改进我们的服务，使得这一差异逐渐得到磨合。现在我们也经常能够感受到客户的成长，更多的客户在逐步具备全球化视野的同时，对自己所追求的价值观有更加清晰的认识，这对建筑师而言意义深远。

《设计家》：请谈谈贵司近期的重要项目。

石林大：无锡中央车站所处位置为原来的无锡火车站北广场，伴随着交通大动脉沪宁城际铁路2010年的开通，此项目致力于实现沪宁城际铁路、原有普速铁路以及长途汽车等组成的对外交通和由地铁1号线、3号线、近郊公交、市内公交、出租车、社会车辆组成的市内交通之间的综合性“零换乘”，成为无锡市崭新门户的同时，也代表着无锡现代化的新形象。

在得到无锡市政府的委托后，我们与无锡市规划局、无锡市交通产业集团共同开始了本项目的规划设计工作。首先从城市规划入手，通过各地块功能的合理再分配以及周边路网的梳理，解决了长年存在的车辆交通拥堵问题。同时，在更加宏观的城市尺度下，我们借鉴了国外已有的成熟经验以站前广场为中心打造立体步行系统，将周边几块用地连接起来的同时，实现了人车分离的设计目标。在此基础上两块用地也进行了建筑设计，使各种交通资源与便利的商业资源在符合前期规划的原则下得到了最优配置。

除无锡中央车站外，我们在上海、天津、广州、沈阳、宁波、长春、威海等地也有多处大型综合体项目已建成或在建，使我们有更多的机会将国外的成熟发展经验与中国的实际现状相结合，在不断的实践中更快地成长。

《设计家》：请谈谈贵司一贯秉持的设计理念或建筑主张。

石林大：株式会社日本设计（Nihon Sekkei Inc.）成立于1967年9月1日，是以设计日本第一栋超高层建筑而起家。日本设计的主要设计业务包括建筑设计、结构设计、建筑与环境设备设计、室内设计、室外景观及城市景观设计、城市规划、城市设计、环境影响评估等。公司规模和年间业务量规模均占日本国内设计同行的前位，是日本最大的综合性设计事务所之一。公司的设计质量及社会评价为顶级设计事务所。在每年一度的日本全国最佳设计评选中占据多数的大奖。

作为日本最著名的综合建筑设计事务所，设计了日本唯一的CBD新宿商务中心区，它拥有丰富的城市中心设计经验以及各个专业的设计师，可以提供最完善的配套设计。同时上海分公司作为日本设计在国内的窗口，具有丰富的本地支援经验，可以在最优时间提供及时的服务。东京本社设计资源与国内的本地支持赢得了国内众多业主的好评。

公司以设计创新与综合技术为基本、以较强的业务综合及组织能力为业主提供最优质的设计服务。顺应时代和社会潮流的发展，尽可能提供具有较高实用性和可行性的设计。21世纪是与环境共存和共生的世纪，在营造城市与建筑空间的同时注重生态与环境的创造是我们设计理念的坚实基础。

DESIGN A PLACE, A KIND OF MEMORY

设计一个场所、一种记忆

1998 年香港皇仁书院毕业之后，就读于美国密歇根大学及哥伦比亚大学，分别获得建筑学学士及硕士学位。曾在欧洲多个国家工作，包括 David Chipperfield Architects 德国分公司、西班牙 Josep Lluís Mateo Architects、挪威 Space Group Architects 建筑设计事务所。其间，参与捷克布拉格国家艺术馆入口广场国际竞赛（一等奖）及挪威奥斯陆 kern 地区规划国际竞赛（一等奖）。2007 年来到中国，先后任职于朱锫建筑事务所和美国 Chiasmus Partners 建筑事务所。2010 年与顾云端在北京成立空格建筑。目前在清华大学攻读博士学位。

《设计家》：请谈谈贵工作室一贯秉持的设计理念、建筑主张。

高亦陶、顾云端：我们认为材料运用、形式表达等元素服务于空间营造，一切物化作为表象，最后都归于空间内核。我们为大众设计建筑的同时，也是设计一个场所，设计一种记忆。

《设计家》：贵工作室在目前的设计实践中关注了哪些问题？产生了怎样的思考？对设计工作有何影响？

高亦陶、顾云端：近期我们在思考的问题是“这个地方需要什么，建筑应该起到什么作用，建筑可以达到何种目的”。

这其实是一个建筑师与业主、使用者不断交流磨合的过程。作为没有建筑专业知识的业主 / 使用者，看待问题的方式往往比较片面，而建筑师则需要帮助他们整合问题、平衡关系，找到最合理的解决方式集中处理。

可以说，正是这种对待项目的态度，让我们每次都会从颠覆业主提供的任务书开始思考设计的目的和意义，找寻最合适的建筑解决方法。

《设计家》：请谈谈近期贵工作室重要的项目。

高亦陶、顾云端：我们近期刚刚完成一个学校的风雨操场改造，还在进行中的也是一个住宅改建项目。今年 4 月初，空格建筑为一个拥有 50 年历史的意大利玻璃品牌以“山水”为概念设计的家具刚刚完成样品的制作，并在米兰设计周上展出。

国家一级注册建筑师，于同济大学获得建筑学学士。曾于法国AS建筑工作室及美国Chiasmus Partners建筑事务所担任建筑师。任职期间，组织过多次国际设计竞赛，并完成了中华世纪坛剧场改造及方家胡同46号艺术中心改造等项目。2010年与高亦陶在北京成立空格建筑。

《设计家》：请谈谈贵工作室接下来对工作的计划与期许。贵工作室希望在设计中更多地实践哪些建筑主张？

高亦陶、顾云端：我们希望在实践中找到适合中国方式的建筑理念。这个目标对于一个年轻事务所来说可能有点夸张，但这的确是我们一直在思考的问题。有设计理想的建筑师们都会有相同的困惑：除了复古、学习西方、追寻乡土这三条道路之外，什么才是适合我们的建筑方式？所以我们想尝试更多不同类型的建筑介入，在实践中不停总结经验。（撰文：高亦陶）

公共空间
PUBLIC SPACE
博览 文化中心
EXPO & CULTURAL CENTER

QINGDAO WORLD HORTICULTURAL EXPO 2014 THEME PAVILION

2014 青岛世界园艺博览会主题馆

项目地点：山东青岛
项目进度：2014 年建成
建筑面积：35 000 平方米
建筑设计：UNStudio
资料提供：UNStudio
摄影：Edmon Leong

关键词
铝制面板
立面灯光布置

项目概况

2014 年 4 月至 10 月世界园艺博览会在中国青岛举行，预计将会吸引国际游客 1 500 万人。此次博览会以“让生活走进自然”为主题，旨在促进文化、科技和园艺的交流。

设计将物流学、空间组织、专业类型学、未来的灵活使用性、功能规划、外观、使用的舒适性及可持续性等专业知识运用到了主题馆的设计中。通过分析这些层面的因素以及以使用者为中心的设计理念，旨在为游客打造一个独特的博览会体验。

面积为 28 000 平方米的主题馆包括主大厅、表演厅、会议中心和媒体中心。主题馆的设计平面图借用了青岛市市花“月季”的形状。内外通道将四个馆区，或者说“四片花瓣”连接起来，在中间形成了一个广场，成为参观者的“舞台”，一个被周围不同高度的视角环抱的动态焦点。

01

设计特色

立面设计

主题馆作为举办每月、每季活动的平台，汇集了丰富的植物及园艺，象征着春花、夏荫、秋实、冬绿。

融入周围环境的“彩虹丝带”提供了世博会的通道和基础设施。颜色的理念也进一步运用到了主题馆垂直闭合的铝制面板外观中。在不同的视角下，四种主题颜色绿、黄、橙、蓝在垂直面板上若隐若现。夜晚或日光昏黄的时候，柔和的彩色灯光融合在外立面上，不管在什么天气，建筑立面都能呈现出生动的气息。核心绿色光源的应用是为了突出生态、绿色能源及环保意识的重要性。

主题馆既突出于周围景观又能和谐地融于其中。精心设计的馆顶象征着高原，每一个区域都有着不同的倾斜度和阶梯状构造，组合在一起呈现出一幅与周围风景融为一体的全景图。

可持续性

世界园艺博览会后，景观艺术世博会主题公园将成为生态旅游的新聚点，将青岛旅游业的核心从观光旅游转为休闲旅游。设计由此也考虑了通过将主题馆改造成酒店、会议室和教学区等，灵活地将其转变为生活圈的一部分。作为设计的重要部分，主题馆未来的实用性已渗入设计的核心。

02

01 整体鸟瞰图
02 铝制面板的外立面

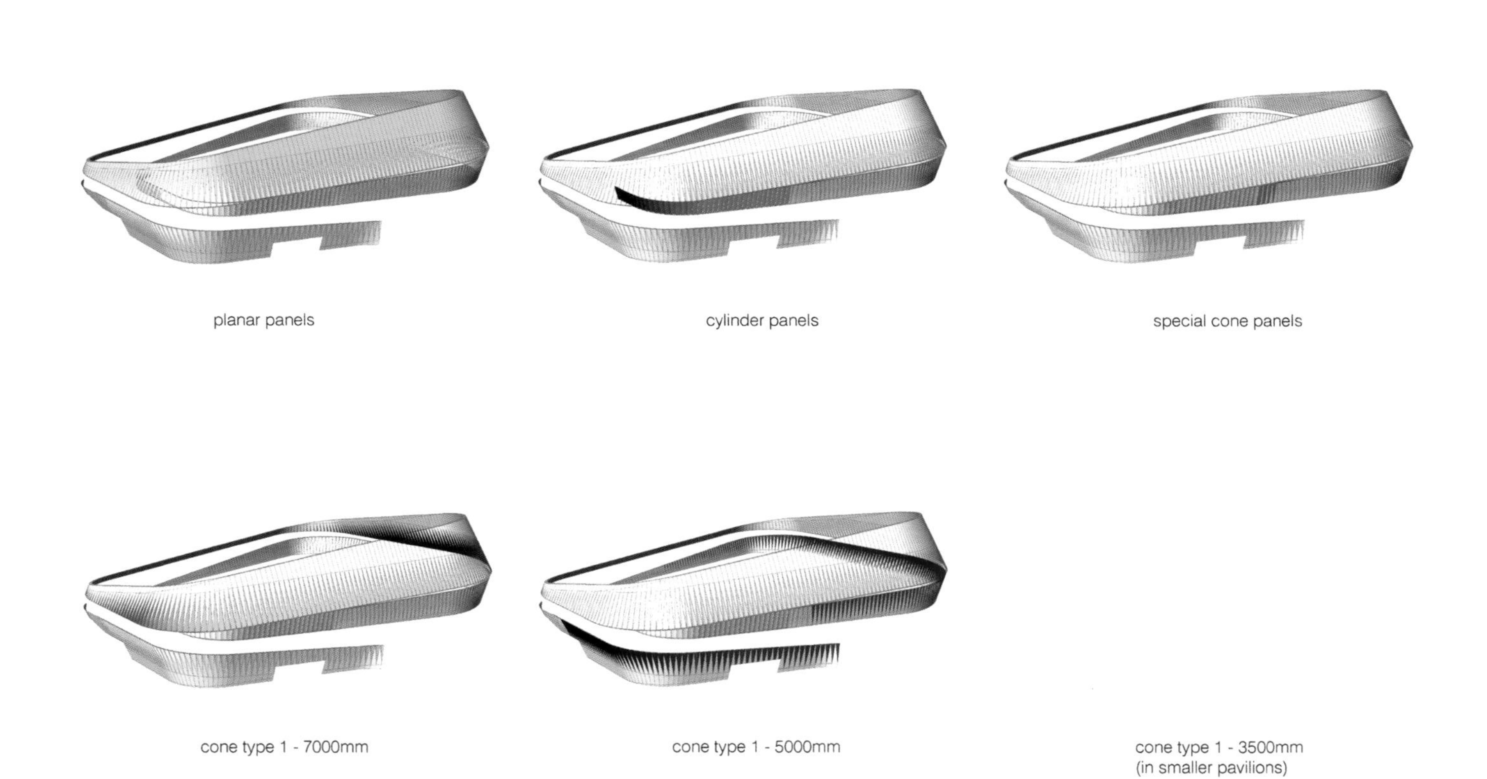

立面分析

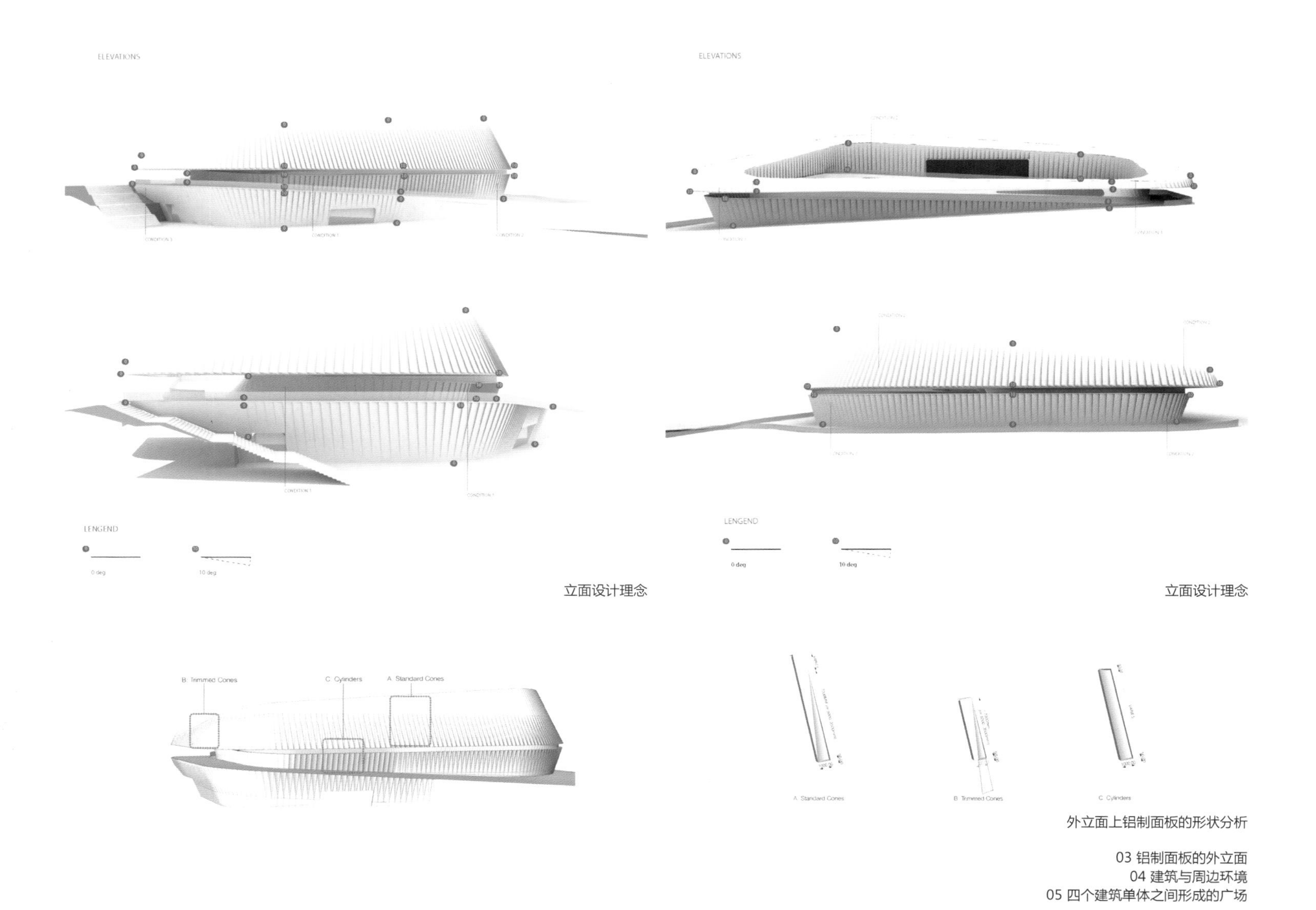

立面设计理念

立面设计理念

外立面上铝制面板的形状分析

03 铝制面板的外立面
04 建筑与周边环境
05 四个建筑单体之间形成的广场

03

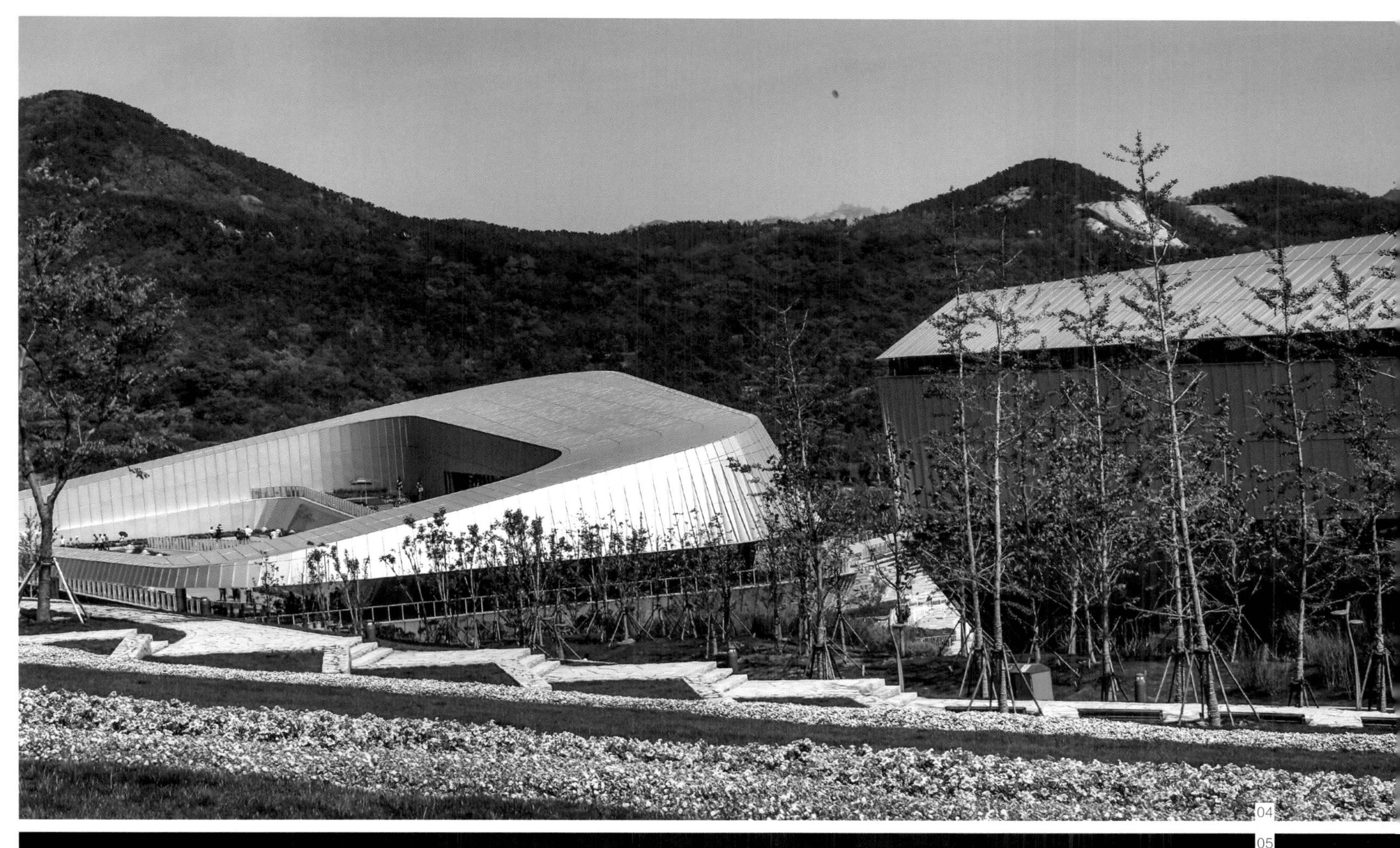

04

05

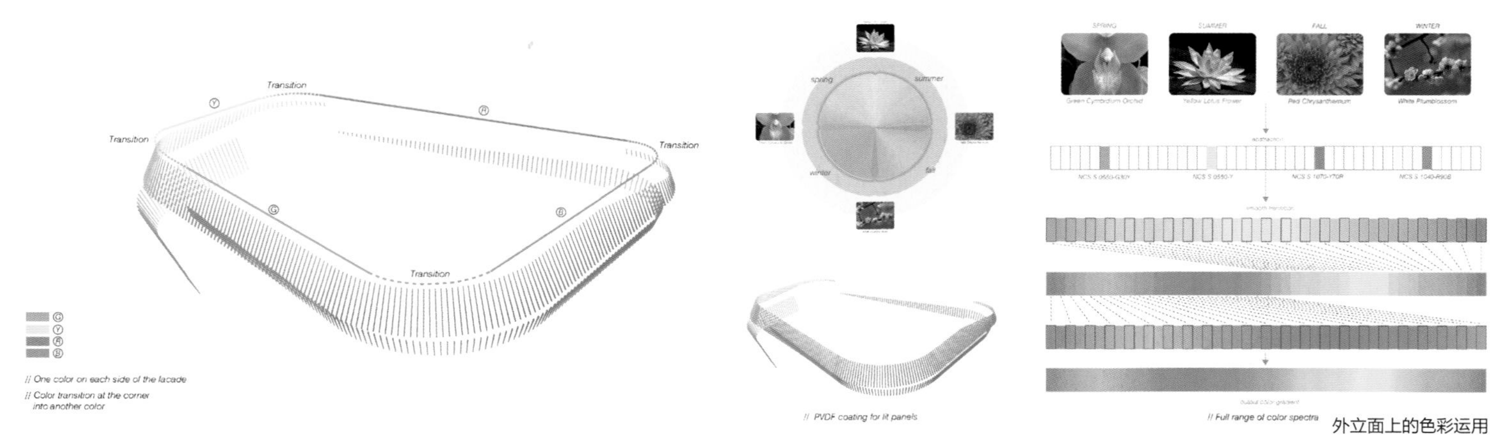

外立面上的色彩运用

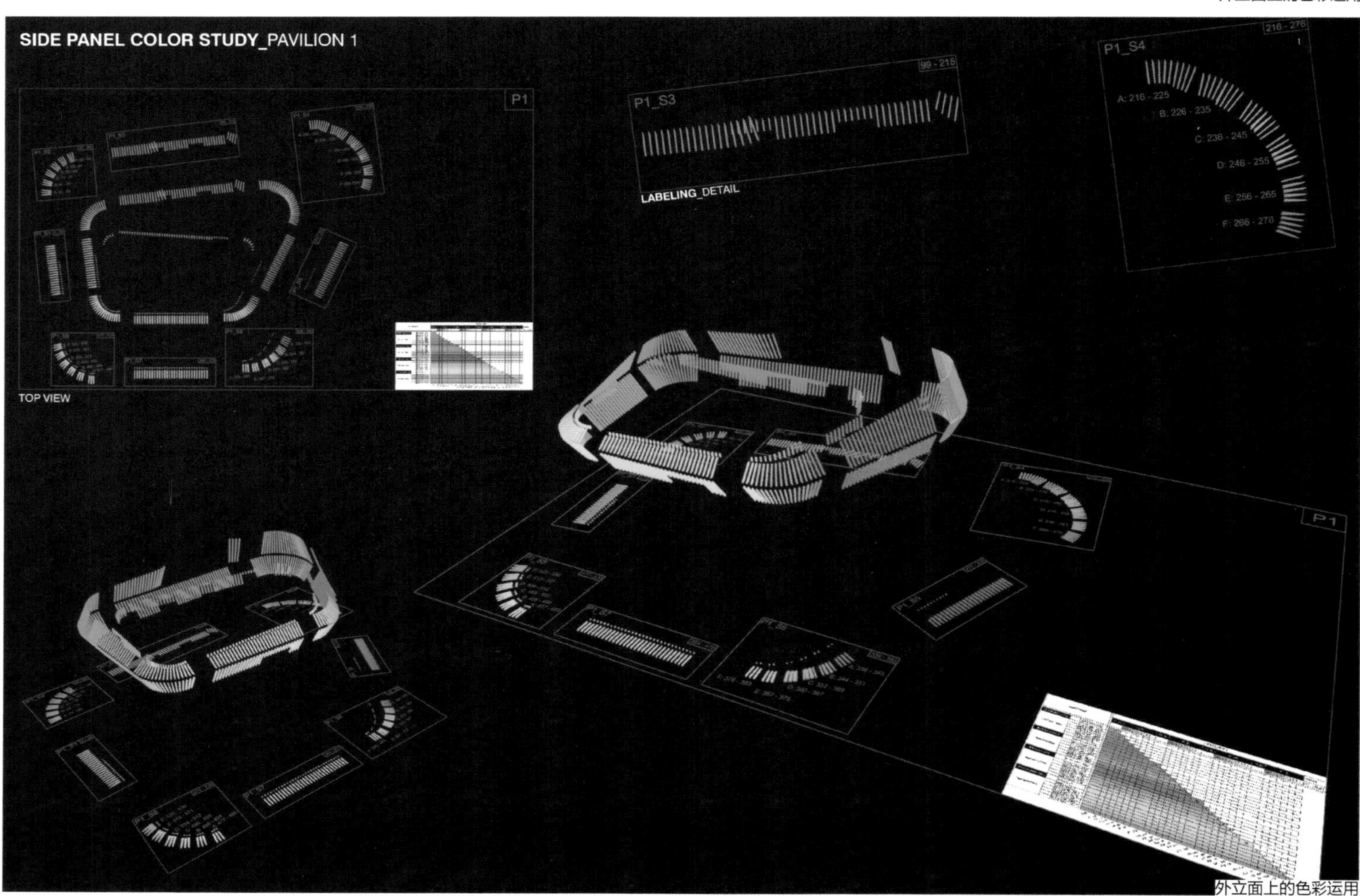

外立面上的色彩运用

06 阶梯走道
07 走廊
08 绿色调的外立面
09 蓝色调的外立面
10 黄色调的外立面

06

07

08
09
10

NANJING MUSEUM PHASE TWO
南京博物院二期工程

项目地点：江苏南京
项目进度：2013 年建成
建筑面积：84 655 平方米
建筑设计：筑境设计（原中联程泰宁建筑设计研究院）
设计团队：程泰宁、王幼芬、王大鹏、柴敬、张朋君、应瑛、杨涛

关键词

改建
补白
整合

项目概况

项目位于中山门内西北侧，其前身系蔡元培等人于1933年创建的国立中央博物院筹备处。因抗战爆发，当初规划的自然、人文、艺术三馆仅建成人文馆（历史馆），由梁思成先生设计，后在 1999 年新建了艺术馆。

整个工程总建筑面积 84 655 平方米，其中地上建筑面积 50 631 平方米，地下建筑面积 34 024 平方米。二期工程要求对整个院域范围内的所有建筑、设施、道路、环境进行整体规划设计。设计对历史馆仿辽式大殿按文物保护原则进行修缮，对文物库房拆除重建，对艺术馆的立面进行改造，同时新建特展馆、民国馆、非遗馆以及数字化博物馆，在此基础上还要整合文物库房、科研与武警综合楼以及停车设备机房等功能。

设计理念

本方案新建、改建建筑力求在自身整体化的基础上与老馆在尺度、材质、色彩以及空间与形式上取得和谐统一，同时赋予南京博物院历史文化气息和强烈的时代特点。

金、玉文化在我国历史悠久，其质高贵典雅，其形鬼斧神工，其文化源远流长。南京博物院藏品相当一部分为青铜器、金器和玉器。设计对金、玉器物原形、材质、颜色加以分析、提炼、融合，最终赋予新建筑“金镶玉成，宝藏其中”的设计理念。

01

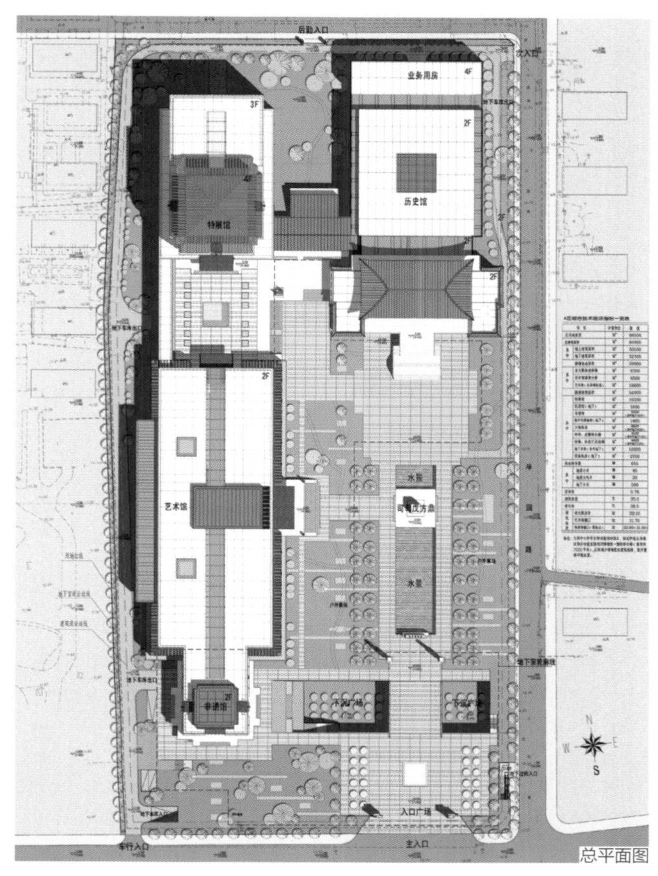

总平面图

01 草图
02 全景

02

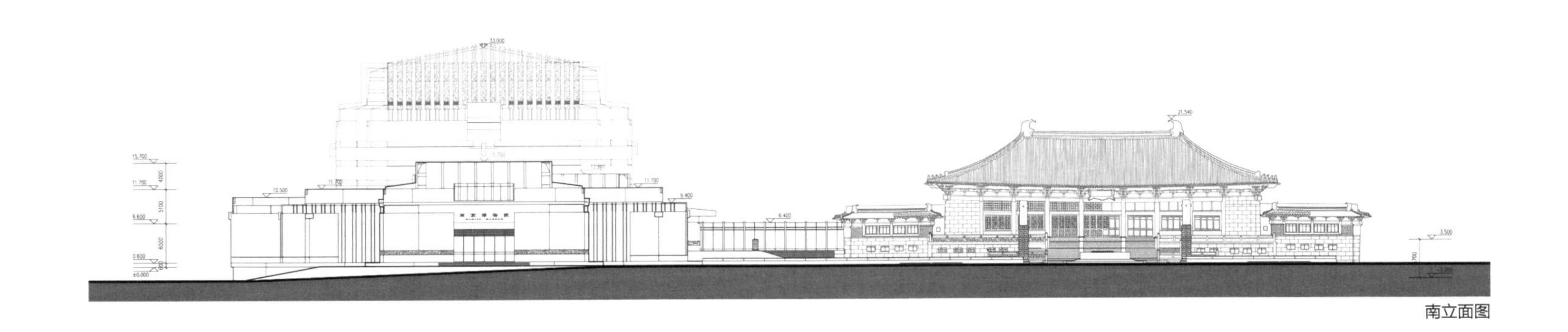

南立面图

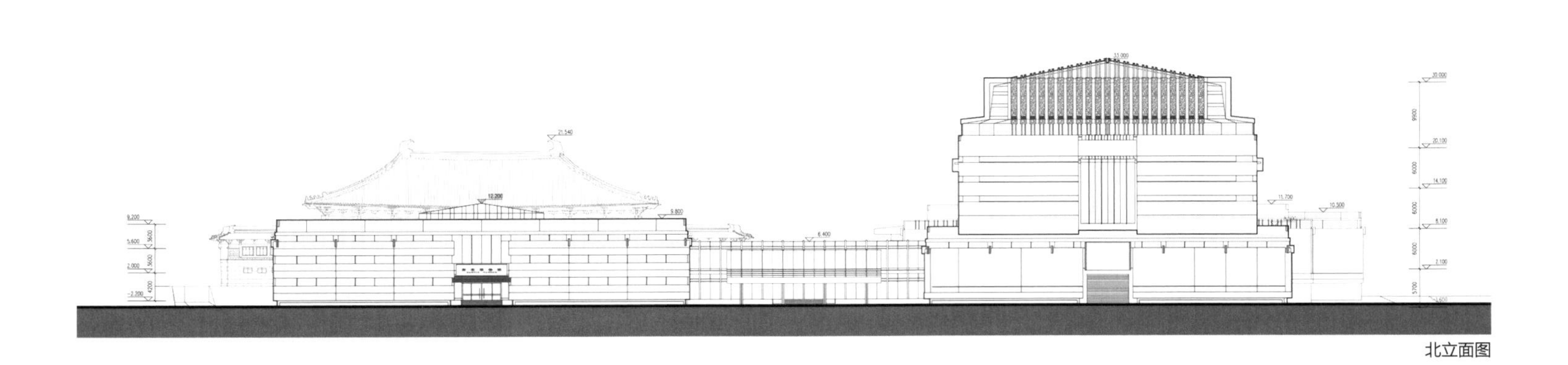

北立面图

03-04 日景

03

04

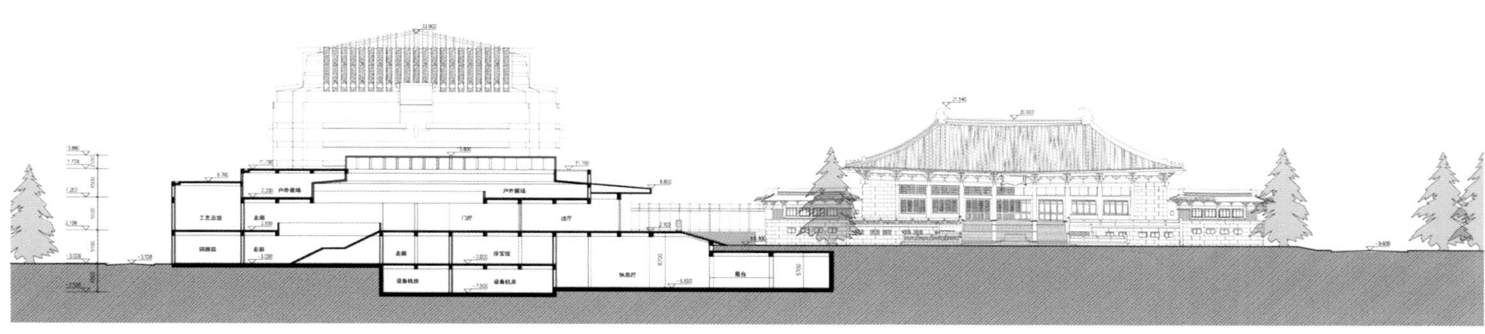

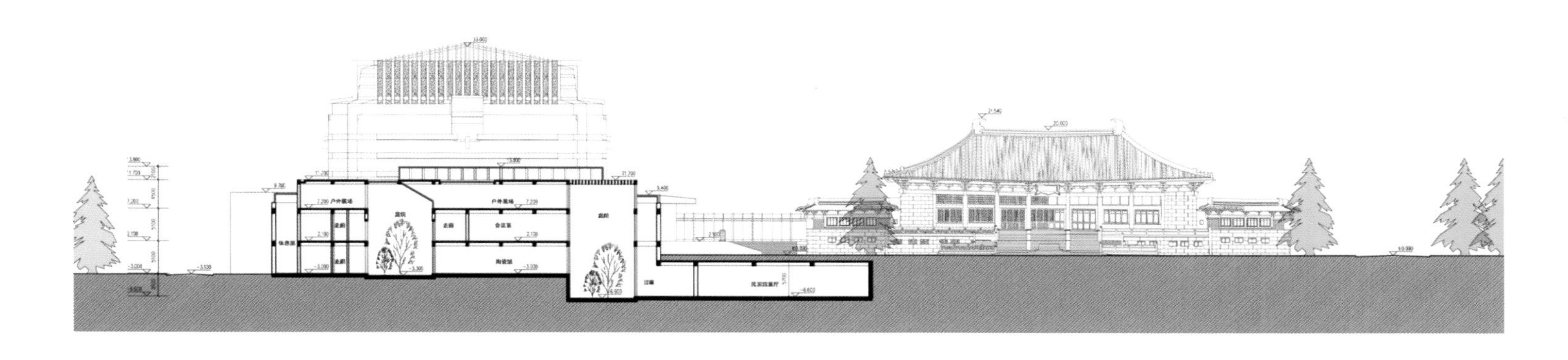

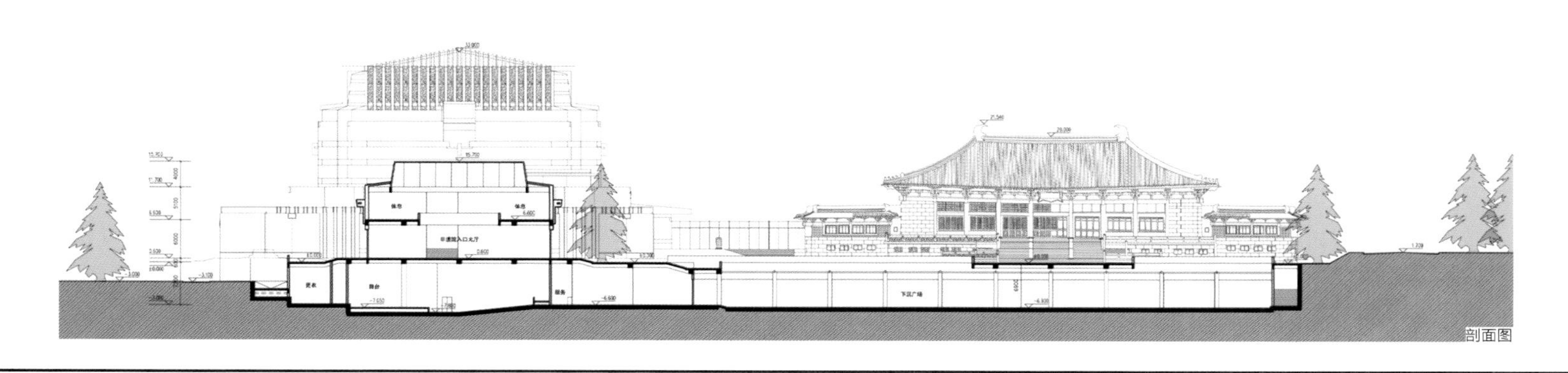

剖面图

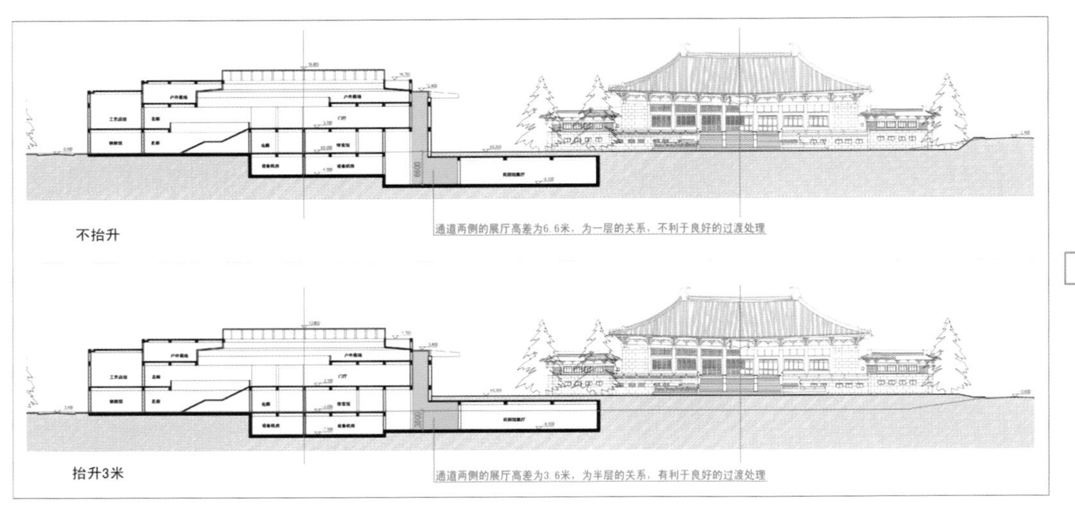

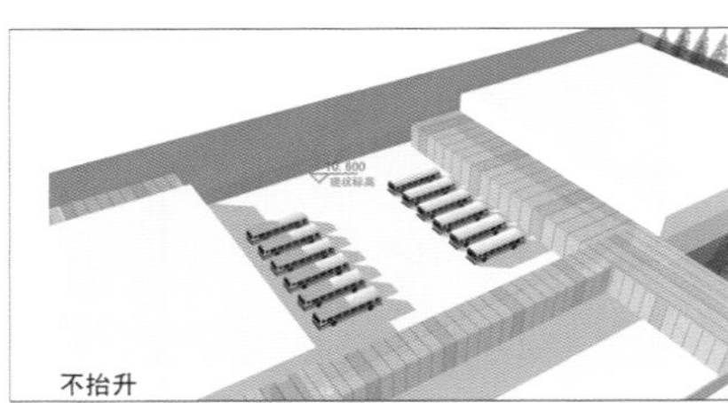

大巴车停靠在地面广场上，对环境破坏大。

大巴车直接到达架空层停靠，对基地环境影响基本没有。因为地形南北和东西方向都有高差，大巴车停车场处的入口道路保持现有标高，与抬升的广场的高差有5.8米，满足净高要求。

货车从入口道路到位于负一层的库藏区有近3米的高差，文物搬运便利性低，装卸安全性低，且占用较大面积地面来解决高差问题。

货车从入口道路到位于负一层的库藏区基本没有高差，便于文物搬运，装卸安全性高。因为地形南北和东西方向都有高差，库藏区的入口道路保持现有标高，与负一层库藏区标高基本一致，货车可以直接开入库藏区。

05

06

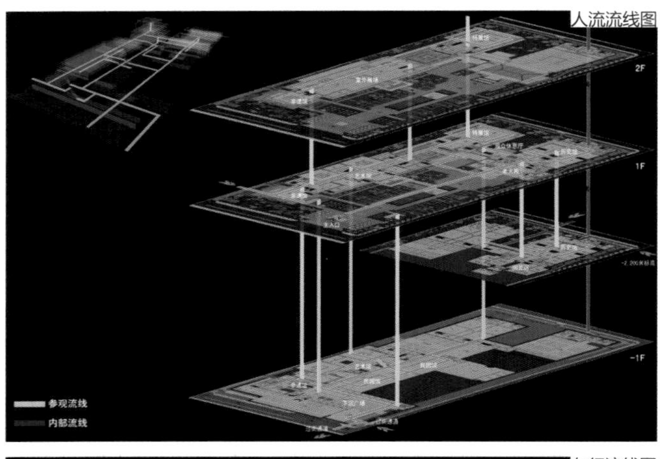

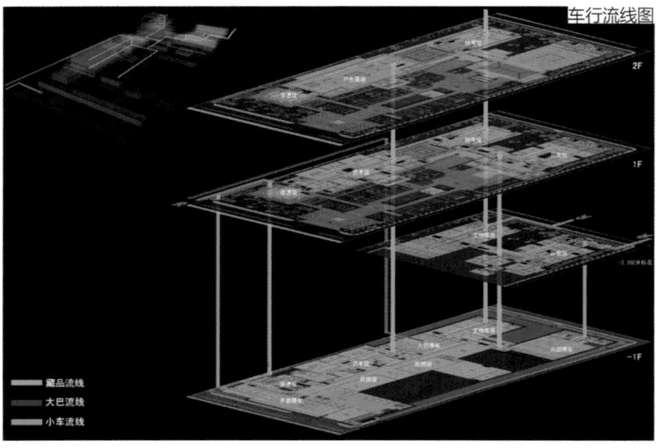

07

05 抬升分析
06 建筑局部

07-09 室内空间
10 通过室内看到的外部建筑

08

09

10

SHANDONG ART MUSEUM
山东省美术馆

项目地点：山东济南
项目进度：2013 年建成
建筑面积：52 138 平方米
建筑设计：同济大学建筑设计研究院（集团）有限公司
主设计师：李立

关键词
自然光
结构技术

项目概况

山东省美术馆新馆位于济南东部的山东文博中心，是济南城市向东发展的重要空间节点，规划定位是未来的城市公共活动中心，项目是我国新建的规模最大的现代美术馆，也是一座具有深刻文化内涵、功能完备、技术先进、节能环保的现代化美术馆。

设计特色

开放融合的城市设计

美术馆建设用地为梯形，受到周边文博中心已有建筑群的形态制约，如果南向组织主入口将会非常局促，并且会增加对南侧经十路的交通压力。设计将美术馆主入口西向设置，与博物馆前广场连成整体，在区域内创建安全、连续的步行空间，强化文博中心内部的空间整合。发挥馆前广场地下空间联系东、西地块的枢纽作用，将其商业、停车空间作为区域资源共享。

完善的功能设计

本建筑地上五层，地下一层。依据大型美术馆的复杂功能要求完善功能配置，各种公共服务设施配套齐全。尤其是代表大型美术馆特点的货运设施、流线安排、备展空间以及照明设施的设计周详，很好地满足了各种不同艺术展览的需求。

01 远景
02-03 模型
04 主入口

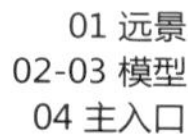
01

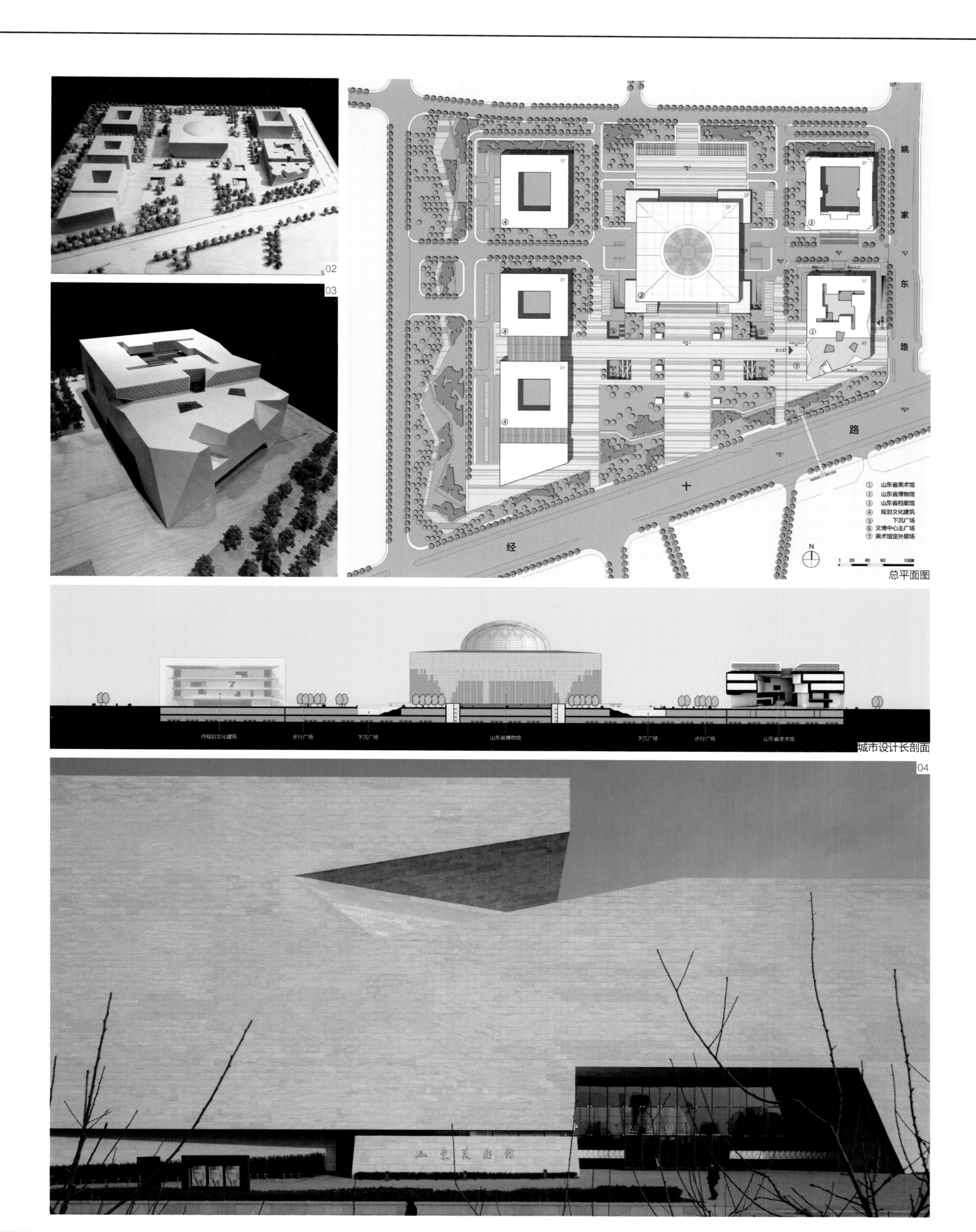
02
03
姚家东路
经十路
主入口
N
① 山东省美术馆
② 山东省博物馆
③ 山东省档案馆
④ 规划文化建筑
⑤ 下沉广场
⑥ 文博中心主广场
⑦ 美术馆室外展场
1 20 40 60 100M
总平面图
待规划文化建筑
步行广场
下沉广场
山东省博物馆
下沉广场
步行广场
山东省美术馆
城市设计长剖面
04

05

06

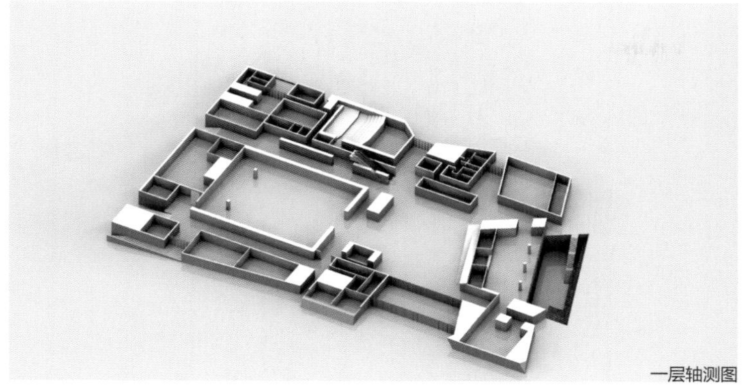

一层轴测图

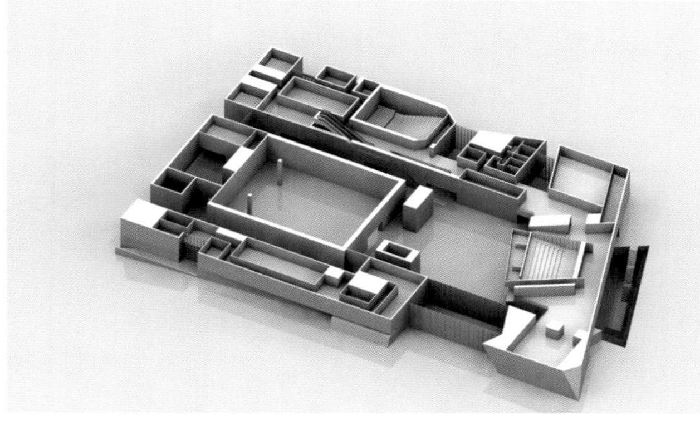

二层轴测图

特色鲜明的自然采光设计

将自然采光作为展馆设计的重要特色。公共空间围绕中央大厅及二层大厅组织自然采光，并成为空间转折与流线组织的重要手段。通过特殊的剖面设计使光线分布均匀，在改善参观舒适度的同时极大地节省了日常运营费用。

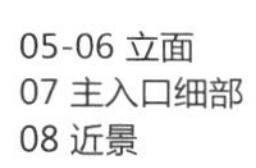

05-06 立面
07 主入口细部
08 近景

07

08

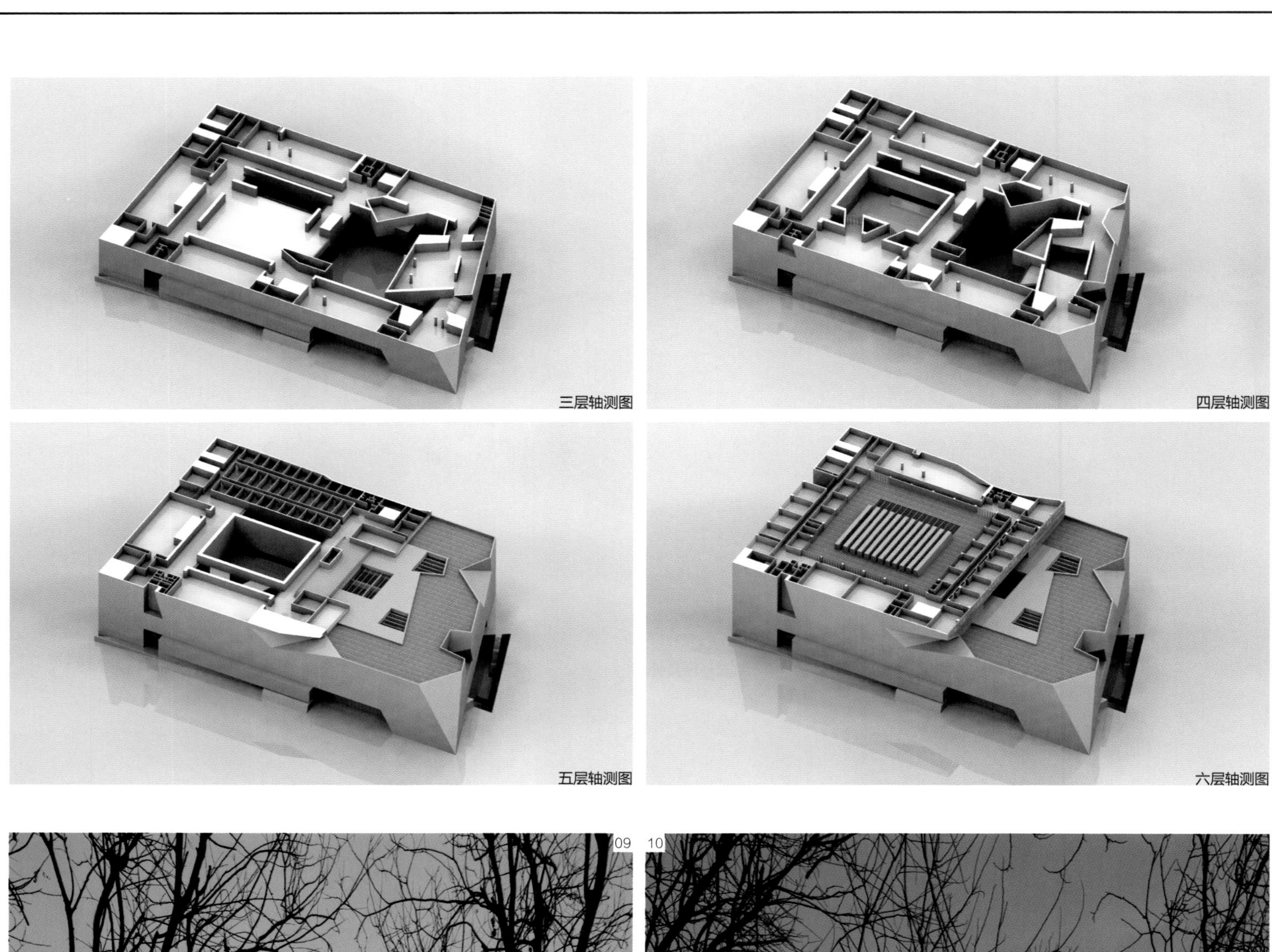

三层轴测图

四层轴测图

五层轴测图

六层轴测图

09

10

结构技术的集成整合

本工程属于超限复杂高层建筑，设计使用年限为 100 年。为了满足复杂的建筑功能要求，结构多处部位出现大跨度、大悬挑以及转换构件。其中，楼层间的大跨度转换使用了型钢混凝土桁架体系；局部的大空间采用空间钢桁架和钢梁体系；在结构顶部需要大跨度与悬挑的部位，选用钢桁架体系。通过精心调整结构的整体布局，使各种结构形式巧妙结合并成为有机的整体。

宏伟独特、内涵丰富的建筑造型与空间设计

建筑创作根植于特定的场地条件和齐鲁大地深厚的历史人文内涵，以相互交融、对比统一的建筑布局巧妙回应了复杂的功能要求。美术馆场地南部的泰山余脉在此与城市平缓交接，构成泉城济南的重要地理特征，于是，建筑形体呈现为正在渐变中的形态——“山、城相依”，具有山型特征的建筑形体逐渐过渡到方整规则的状态是对济南的风土地理特征最恰当的诠释。内部空间设计是建筑概念的延续，以“山”为主题的中央大厅和以“城”为主题的二层大厅和谐共存。为完善空间寻路特征，内部空间设计以视线分析为基础，空间界面层叠错落展开。自然采光与空间布局紧密结合，打造出完美的现、当代艺术展示空间。

11

12

09-10 建筑与周围环境
11-12 室内空间

HEBEI MUSEUM
河北省博物馆

项目地点：河北石家庄
项目进度：2013 年建成
建筑面积：33 100 平方米
主要材料：石材、玻璃
结构形式：现浇钢筋混凝土框架抗震墙结构
建筑设计：清华大学建筑设计研究院有限公司、河北省建筑设计研究院有限公司
主设计师：关肇邺、刘玉龙、郭卫兵、韩孟臻、胡珀

关键词
和而不同
玻璃连接体

设计理念

和谐

河北省博物馆工程位于石家庄市中心区域，新建博物馆位于现有博物馆的南侧，老馆与新馆通过共享空间连接成为一个整体。如何与历史文物建筑相协调，进而延续城市中心区的文化活力，保持区域的生命力是本项目所需解决的主要课题。该类项目也是目前国际上可持续发展、有机更新中最受重视，且有研究价值的课题。“君子和而不同，小人同而不和（孔子）”正是中国历来最核心的价值观，强调事物均应在和谐的状态下存在，同时又在此前提下表现个体的特性。这不仅表现在人与自然的关系、社会成员间的关系，也表现在建筑物与其环境的关系、相邻建筑间的关系、以及建筑局部与整体间的关系等。

创新

本项目的创新体现在对于“尊重文物建筑，延续城市文脉”的探索中。河北省博物馆新馆作为现有馆舍的扩建，面临着如何与旧馆协调，并一起在城市中发挥更加积极的文化地标作用的难题。建于“文革”时期的旧馆具有当时遍布的毛泽东思想馆的典型外观，它凝聚了特定的社会意识，同时也为市民所熟悉和喜爱，现为省级文物保护单位。新馆与旧馆占地大致相同，体量相近，难分主次，呈现出二元对立的状态。本项目创造性地通过在两馆之间设置体量高大的玻璃连接体，将两者统一为有机的整体，确立起老馆—休息大厅—新馆的轴线关系。体现出追求“和谐”的核心设计思想。

01 主入口

设计特色

设计中对于因设置高大连接体而带来的建筑流线、消防、结构及机电设计难题一一加以综合解决。在空间关系上，休息大厅顶部的水晶体形突出于天际线，自然成为整个建筑的中心，对平缓的整体建筑轮廓线起到统领作用。内部空间中丰富的树状结构体系也在一定程度上加强了表现性。连接体挡住消防车道的问题通过下沉庭院北侧的坡道得以解决，在紧急时刻，消防车可以经坡道穿过连接体大厅进入扑救。连接体结构体系分为竖向承重体系和抗侧力体系。其中四个树状柱是设计的重点，体现了力学与美学的统一。针对连接体大厅的高大空间，采用了消防炮系统，和机械排风、排烟合用系统。

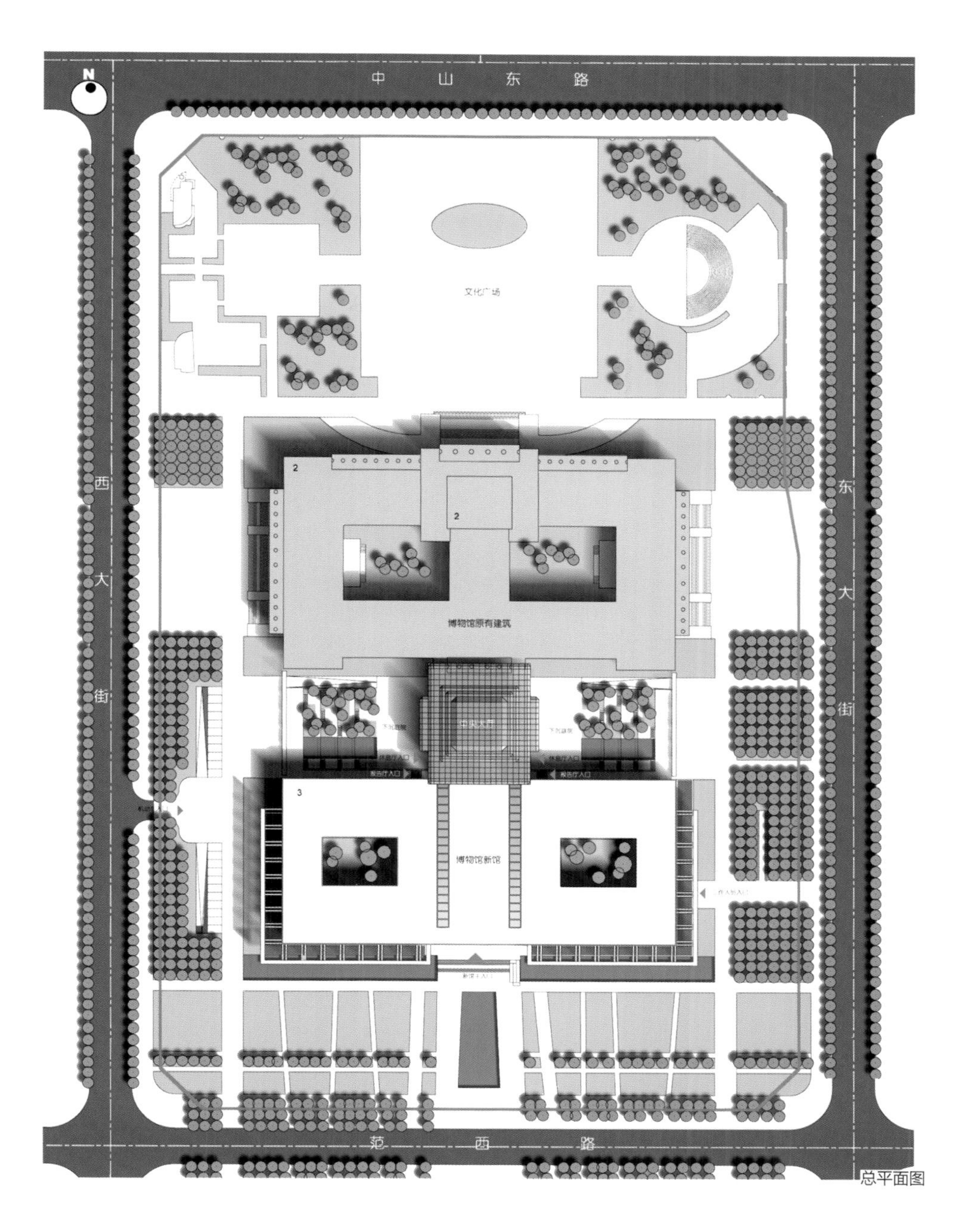

总平面图

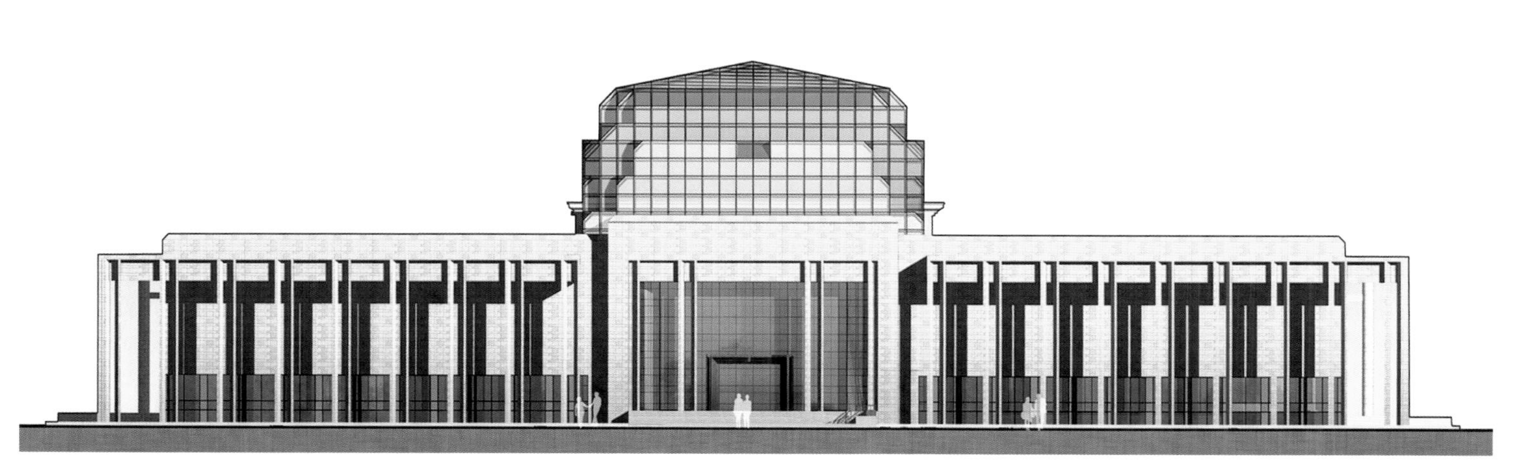
立面图

02

02 主入口
03-04 新老馆关系

03

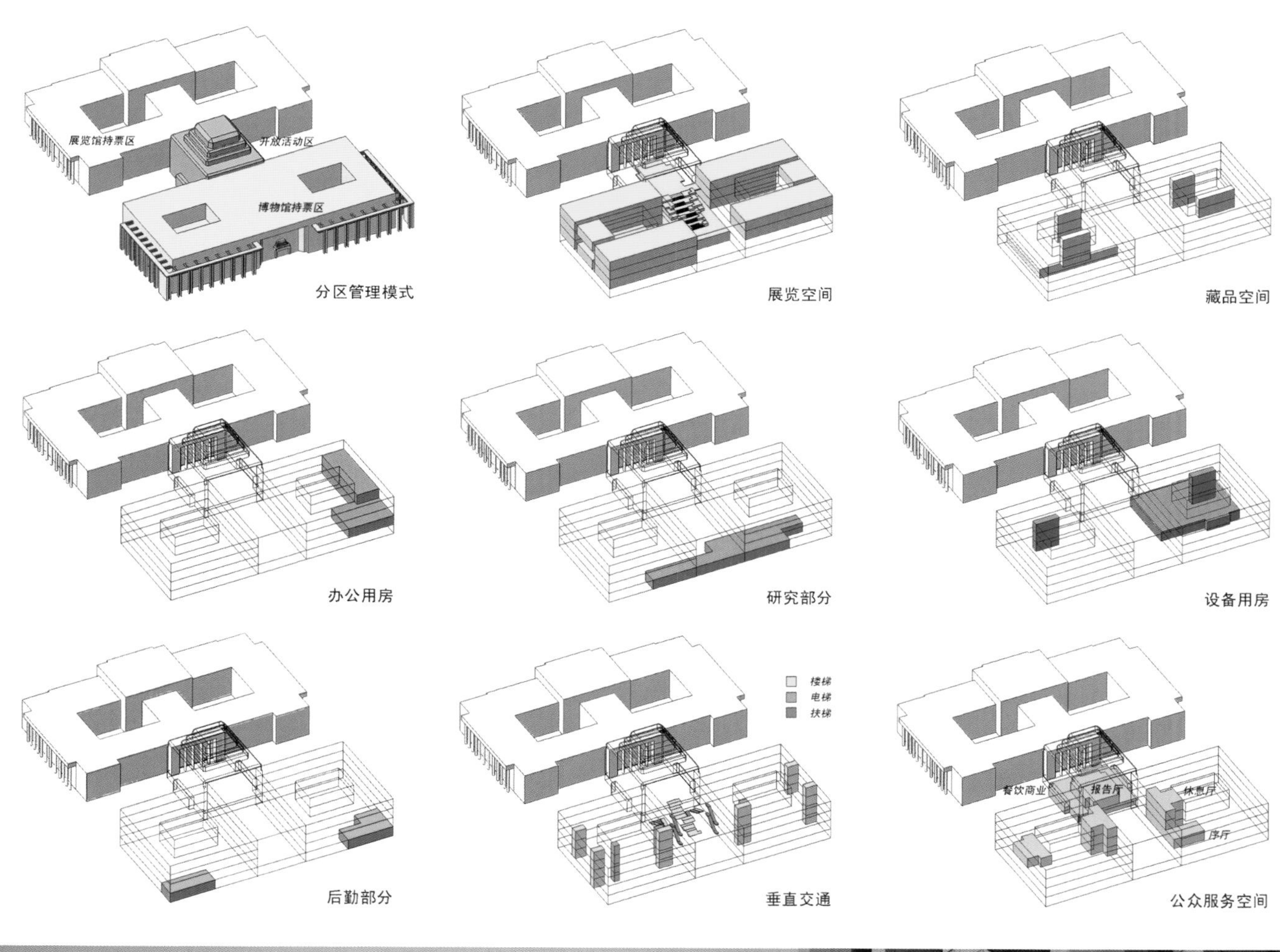
展览馆持票区
开放活动区
博物馆持票区
分区管理模式
展览空间
藏品空间
办公用房
研究部分
设备用房
楼梯
电梯
扶梯
后勤部分
垂直交通
餐饮商业
报告厅
休憩厅
序厅
公众服务空间

功能布局

04

05-06 下沉庭院
07 大厅

08 新老馆间连接体
09 展厅

YANGSHAO CULTURE MUSEUM
仰韶遗址博物馆

项目地点：河南渑池
项目进度：2013 年建成
建筑面积：4 800 平方米
主要材料：拉毛混凝土、玻璃
结构形式：现浇钢筋混凝土框架抗震墙结构
建筑设计：清华大学建筑设计研究院有限公司
主设计师：关肇邺、刘玉龙、韩孟臻、王彦

关键词
序列空间
自然要素

总平面图

项目概况

仰韶文化是我国新石器时代的文化之一，1921 年其遗址首次在河南渑池发现。仰韶文化博物馆建于河南省渑池县仰韶村田野考古遗址的北侧，用以展示中国新石器时期的开创性考古发现。建筑设计以“序列空间”与“自然要素”作为媒介，建立当代观众与远古文物之间的桥梁。

设计理念

师法自然

人类进化的过程就是一部不断地学习自然、改造自然的历史。效法自然、“天人合一”也是中国传统文化的精髓之一。仰韶文化博物馆应该是一座“从环境中生长出来”的建筑，契合内在的文化意蕴和外在的物质环境，体现此时此地此景，延续自仰韶文化以降，中国人对自然的热爱与不懈追求。同时，也体现了当代社会可持续发展的要求。

延续文脉

老子在《道德经》中写道：“埏埴以为器，当其无，有器之用。凿户牖以为室，当其无，有室之用。故有之以为利，无之以为用。”在参观中让观者体会到建筑与器物之间的这种联系，将有助于建立“仰韶文化”中最具代表性的彩陶与博物馆建筑的联系，从而使人一看到博物馆建筑即可联想起仰韶文化，确立起该建筑特有的标志性。建筑的形式很重要，但事物之间的关系才是最重要的，希望参观者在建筑中能够经历一次独特的空间体验。

人本主义

仰韶文化博物馆将是该地区重要的文化中心之一，也是公众交往的重要场所。博物馆不再仅仅是一个冷冰冰的展示场所，而是可以提供更多的互动参与空间，更加灵活多元，参观者可以进行无障碍的交流与活动，它是一处具有开放性、共享性与个性特色的民众生活空间。在这里，人成为博物馆这一文化殿堂的主角。

01

02

03

01 前庭空间与建筑入口
02 全景图
03 主广场

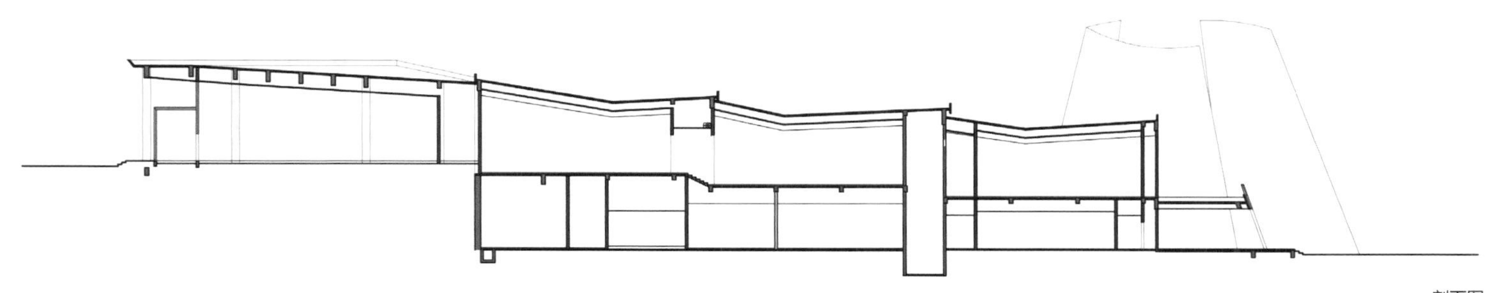

剖面图

04

05

06

设计特色

“空间”是本建筑与新石器时期陶器（主要展品）之间的共通点。博物馆具有一系列富有戏剧性的序列空间，包括引导人流至北端高地的坡道空间，可向北远眺韶山的前庭空间，室内门厅、公共走廊兼休息厅，展厅，以及作为高潮的冥思空间。

在各公共空间的设计中，亘古不变的“自然要素”被作为空间体验的核心，以削弱观众对史前文物的陌生感。诸如前庭空间中的韶山与原野，走廊空间中的直射阳光，以及最后冥思空间中的天空、光影，乃至风雨。

设计通过简洁、抽象的几何形体，自然、质朴的拉毛混凝土材料，在取得与大尺度田野的空间对话的同时，力图使观者联想起在时间维度上遥远的史前文明。以冥思空间为例，设计抽象自仰韶文化代表性的彩陶器皿，并进一步切割、错位，形成围合感强烈的室外空间，再辅以陶片裂缝般的开洞处理，类似彩陶质感的暗红色拉毛混凝土材料，营造出原始、神秘的空间体验。

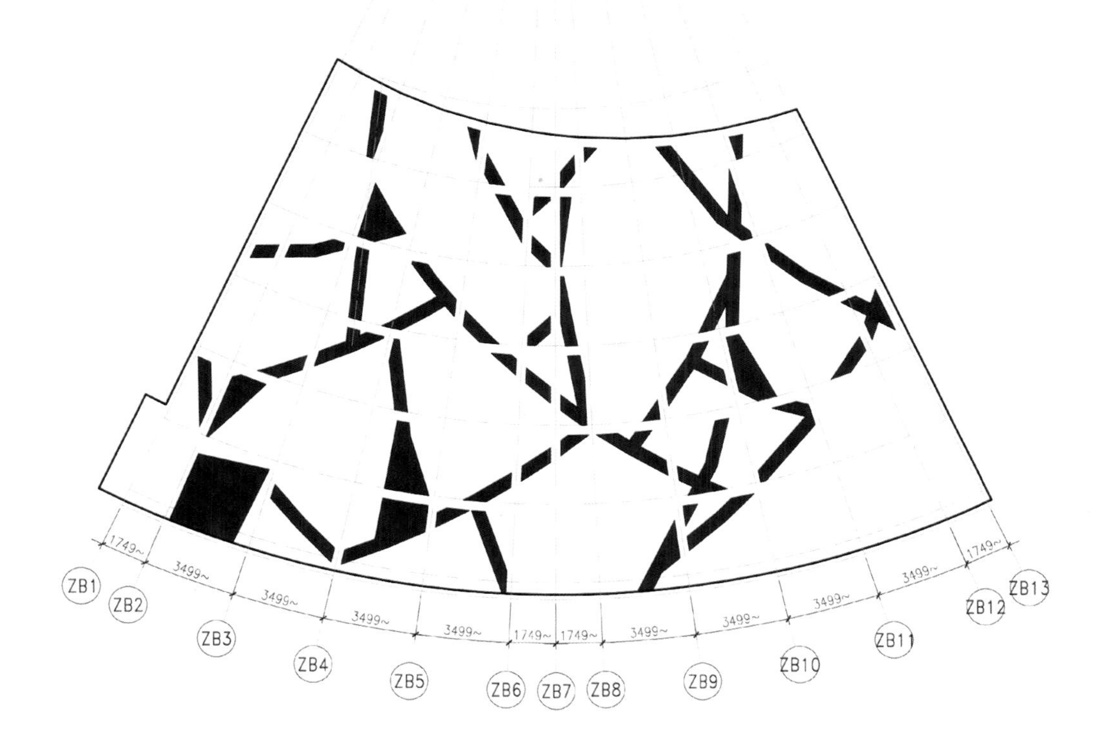

冰裂纹

04 报告厅
05 全景图
06 绿化庭院
07 冥思空间
08 冰裂纹

07

08

NANJING LUHE URBAN PLANNING EXHIBITION HALL

南京六合规划展示馆——茉莉花馆

项目地点：江苏南京
项目进度：2013 年建成
建筑面积：7 250 平方米
主要材料：冲压铝板
建筑设计：张雷联合建筑事务所
设计团队：戚威、苏欣
施工图设计合作：南京大学建筑规划设计研究院有限公司
摄影：侯博文

关键词
通透的冲压铝板表皮
庭院空间

项目概况

茉莉花馆位于南京市六合区龙池湖北侧，毗邻六合区政府，项目总用地面积 11 300 平方米，总建筑面积 7 250 平方米。

设计理念

名曲《茉莉花》采风于六合，传唱海内外。方案以茉莉花为造型设计概念，将不同体量以花瓣赋型，在不同功能独立分区的基础上，实现各部分景观朝向的最优化配置。建筑体量外围由一层通透的冲压铝板表皮包裹，丰富造型的同时，于内侧形成宜人的庭院空间。茉莉花馆集规划展示、市民活动、会议培训等功能于一体，是六合区提升城市形象、完善城市展示功能的标志性建筑。

01 远景

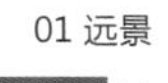

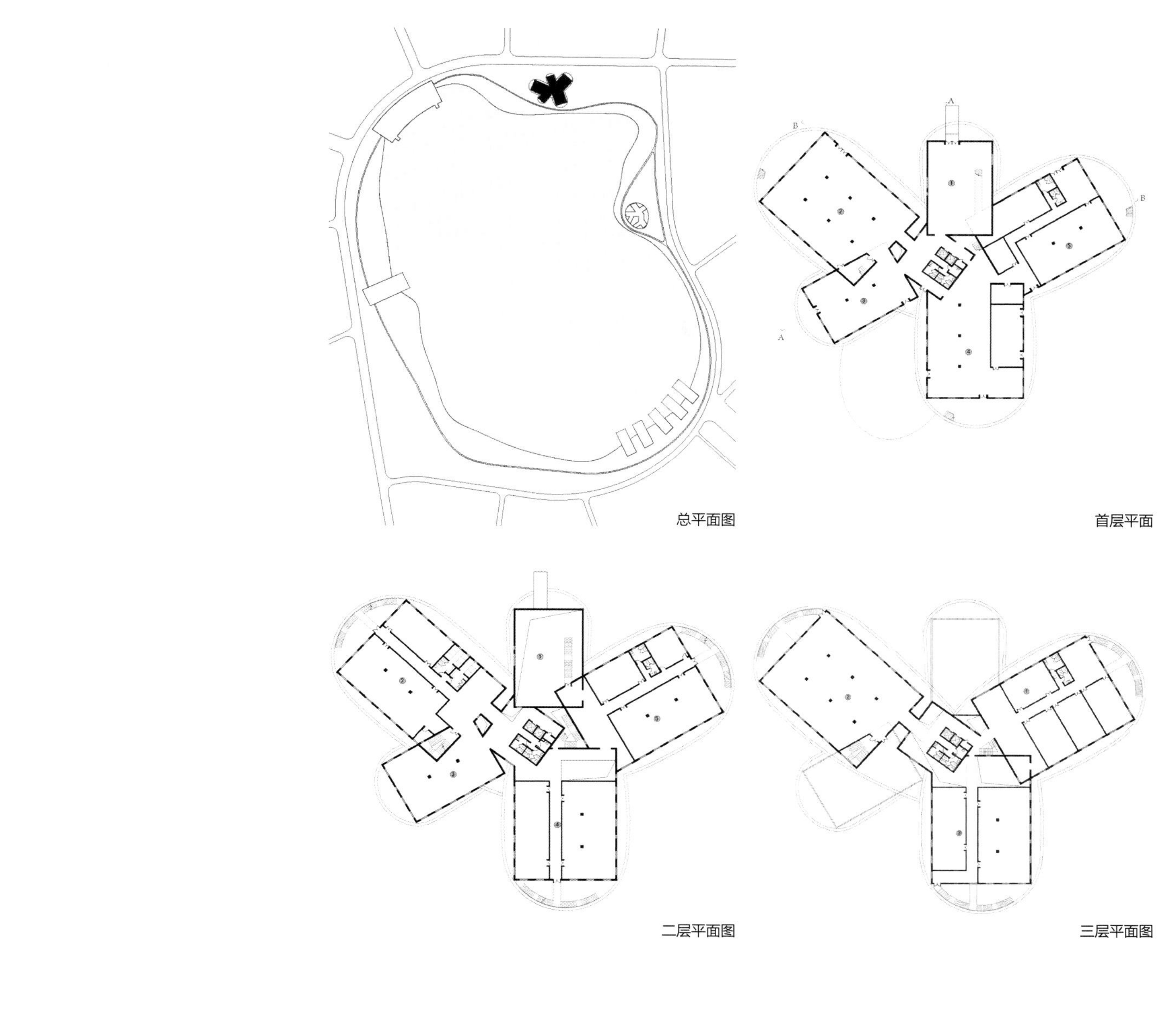

总平面图

首层平面

二层平面图

三层平面图

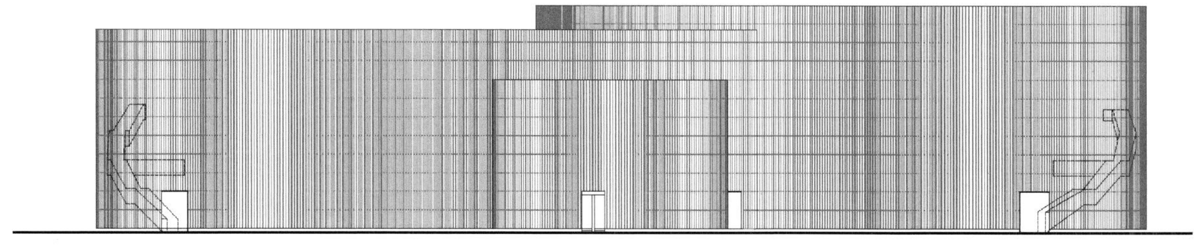

北立面图

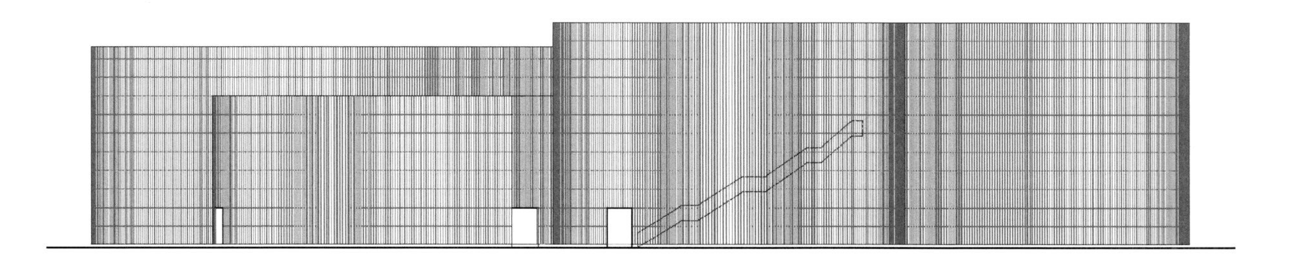

南立面图

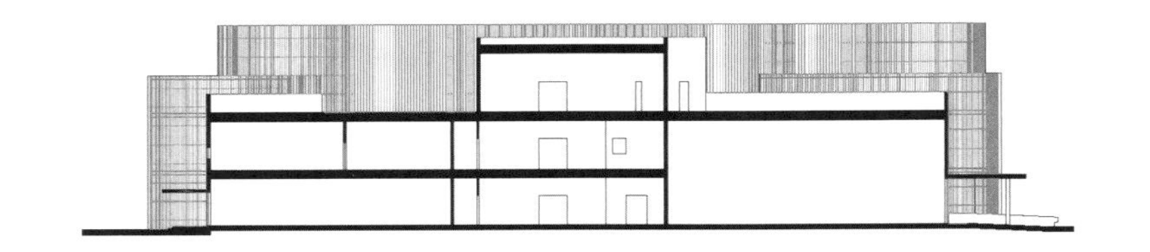

A-A 剖面图

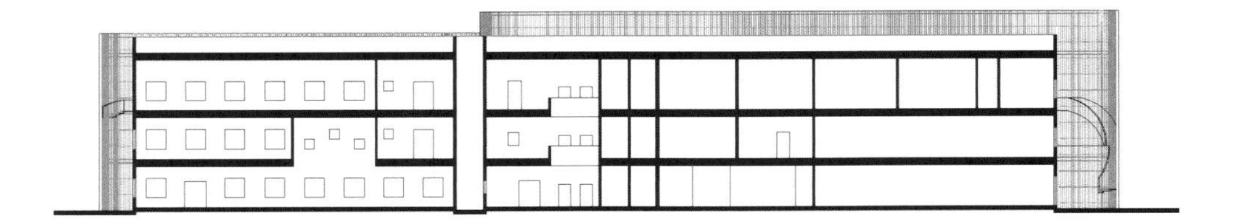

B-B 剖面图

02-04 外景
05-06 室内

02

03

04

05

06

WUHAN OPTICAL VALLEY ECOLOGICAL ART EXHIBITION CENTER

武汉光谷生态艺术展示中心

项目地点：湖北武汉
项目进度：2013 年建成
用地面积：18 649.6 平方米
建筑面积：18 821.68 平方米
主要外装修材料：预制混凝土挂板、玻璃幕墙
主体结构形式：钢框架中心支撑结构
建筑设计：华东建筑设计研究总院

关键词
绿色建筑技术

项目概况

武汉光谷生态艺术展示中心（又名“花山生态艺术馆”）是湖北省首个获颁国家住建部“三星级绿色建筑设计标识”的公共建筑。该建筑节能率达到 61.15%，非传统水源利用率达到 41.1%，可再循环建筑材料用量比达到 15.0%，光伏发电可提供 2.04% 的建筑用电量。

项目所处的武汉花山生态新城，是湖北省为加快推进武汉城市圈的综合配合改革实验区建设、探索“资源节约型、环境友好型”城市化模式而兴建的重要示范项目。

展示中心是花山生态新城首个落成的公共建筑。建筑作品本身就是一个超尺度的核心展品，同时结合室内首层公共空间和独立展厅，构建全国首个两型社会展示体验平台，二层以上是生态新城开发建设单位的研发基地。

设计理念

项目设计发展并坚持了可称为“环境应答式”的绿色建筑创作方法，构建了同场地环境密切结合的适宜性绿色建筑理念和绿色建筑技术集成体系，并营造了同山水地貌契合一体的建筑造型及空间品质；创造性地实施了光伏能源场地循环水冷屋面系统，并系统性地形成了绿色建筑表皮系统的集成展示。

01

01 全景图
02 立面图

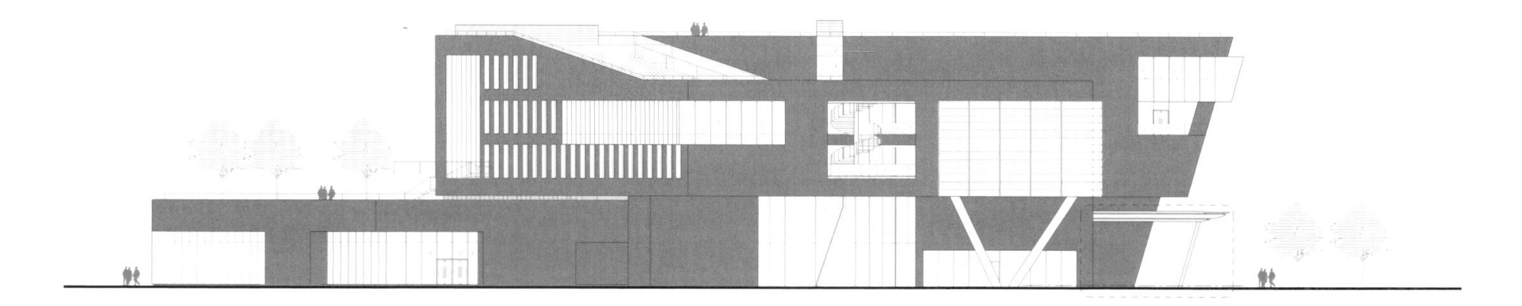

立面图

立面图

03 东南向人视
04 架空的空间
05 南立面主入口

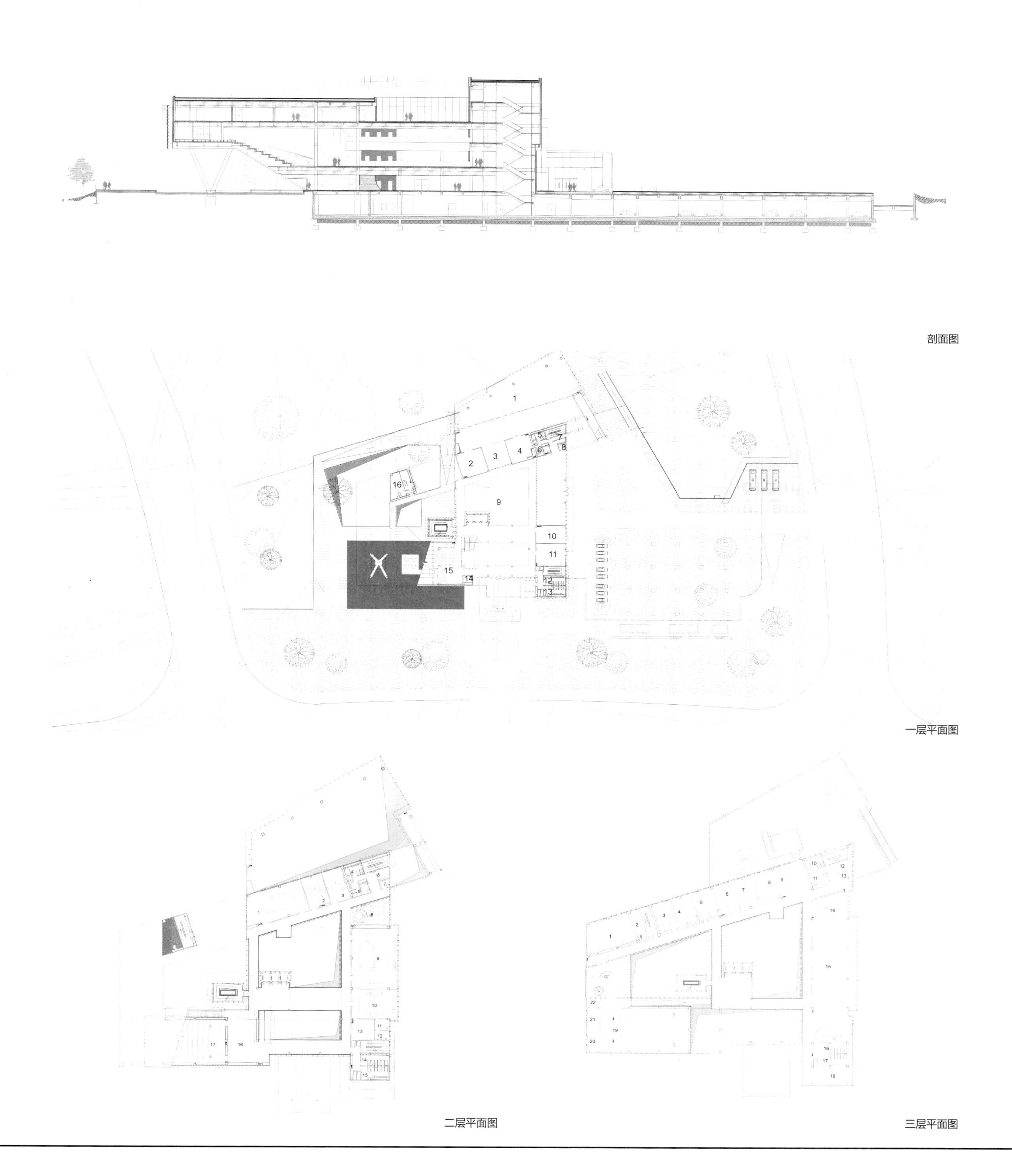

剖面图

一层平面图

二层平面图

三层平面图

WUZHEN THEATER
乌镇剧院

项目地点：浙江乌镇
项目进度：2013 年建成
基地面积：54 980 平方米
建筑面积：6 920 平方米
主要材料：青砖、玻璃幕墙、实木格栅
结构形式：钢筋混凝土、钢骨结构
建筑设计：姚仁喜｜大元建筑工场
主设计师：姚仁喜
设计团队：沈国健、王馨慧、刘文礼、孙建钧、张建翔、林佳宪、朱文弘、应斐君、郑乃文、许梣译、巫奇升、姜妮
合作设计院：上海建筑设计研究院有限公司
摄影：郑锦铭

关键词
外立面
青砖
玻璃幕墙

项目概况

项目位于江南水乡梦境似的古镇——乌镇。乌镇管理者将乌镇设定为国际重要戏剧节的活动据点。设计的最大挑战在于剧院的两个背对背剧场：1 200 席的主剧院及 600 座的多功能剧场，既满足现代剧场机能却又不显突兀地融入这片古典精巧的水乡。

设计理念

设计应用代表吉兆的“并蒂莲”的隐喻，将这个寓意祥瑞蓬勃的形象转化为一实一虚的两个椭圆量体，分别配置以两座剧场，重叠并蒂的部分则为舞台区，舞台可依需求合并或单独利用，以创造多样的表演形式。

由于兼具戏剧节表演与观光的双重机能，剧院将满足不同形式的使用需求，提供包括传统戏曲、前卫表演艺术、时尚舞台秀、婚宴喜庆等活动的空间。

访客搭乘乌蓬船或经由栈桥步行到达剧院。多功能剧场位于建筑右侧，一片砌上青砖的斜墙，宛如花瓣层叠展开，包围剧场的前厅空间；西侧的大剧院则以清透光亮的体量形成对比，折屏式的玻璃帷幕，外侧覆盖一圈传统样式窗花，在夜晚泛出的幽幽光影反射在水面上，为如梦似幻的水乡增添另一番风情。

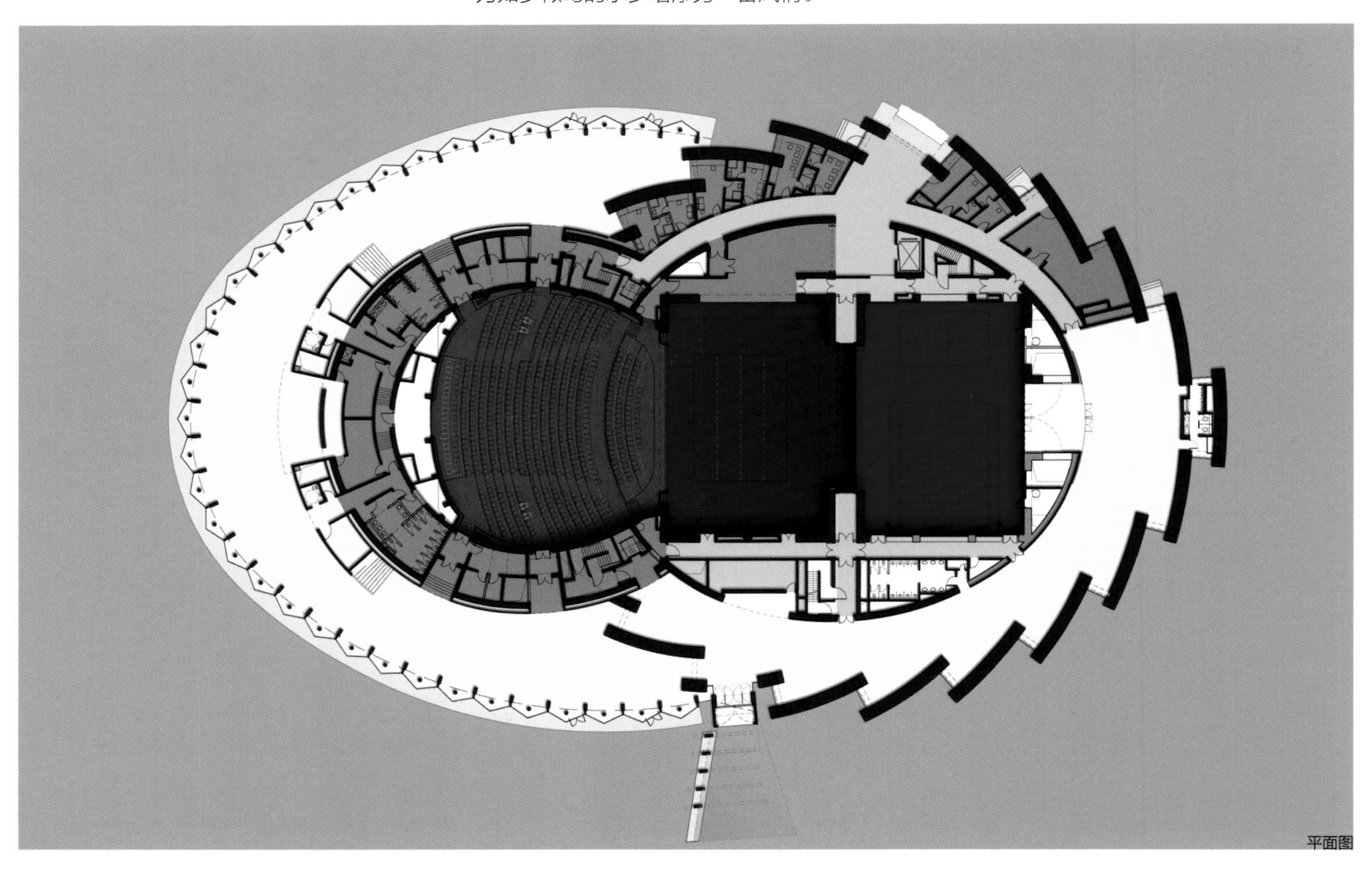

平面图

剖面图

01

01 模型
02 夜景

02

03 夜景
04-06 建筑及周围环境
07-08 主剧院折屏式的玻璃帷幕

07

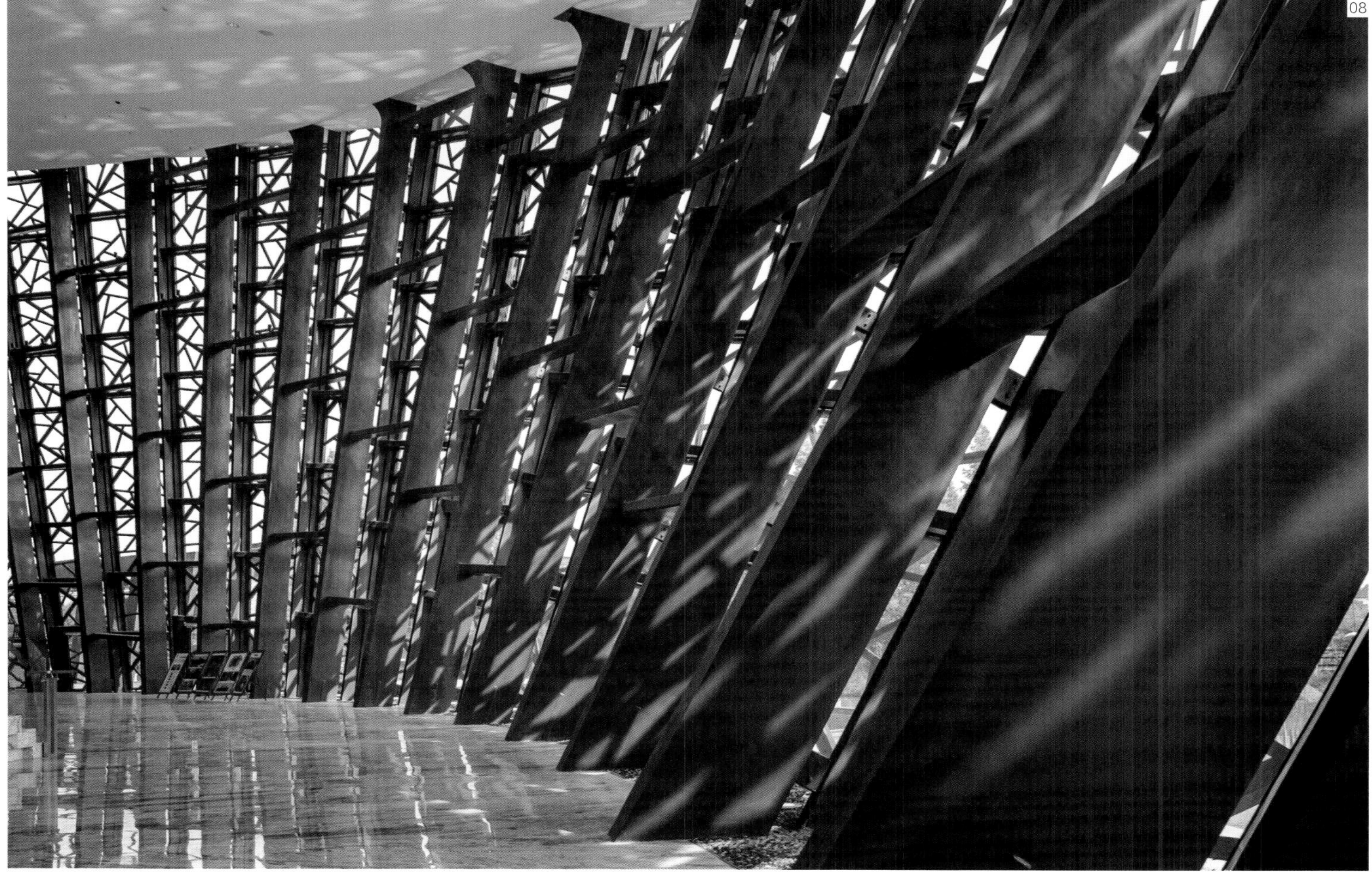
08

09

10

11

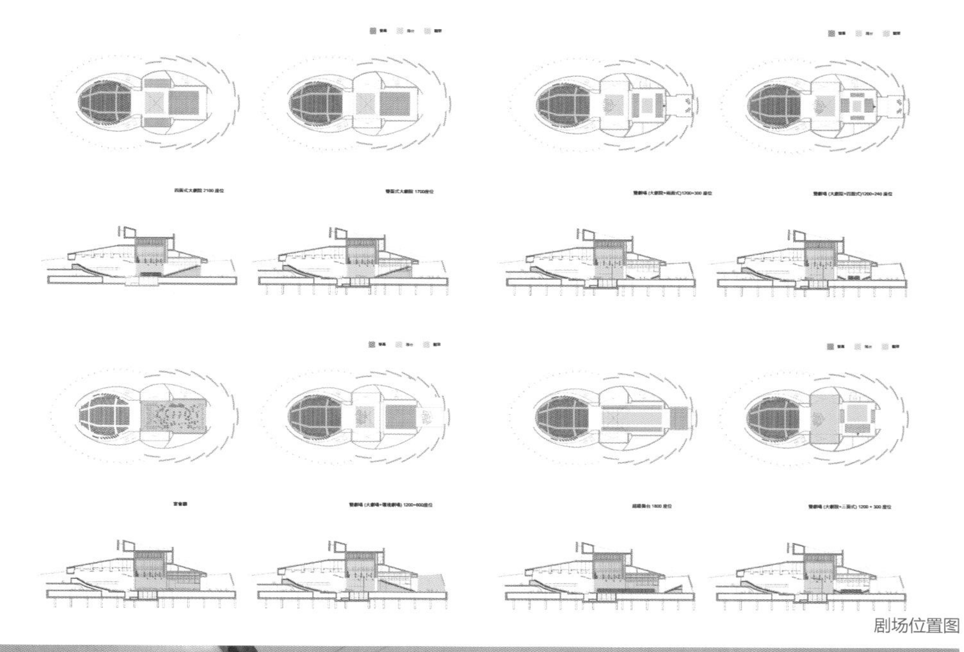

剧场位置图

12

13

09-11 多功能厅的青砖斜墙
12 室内走道
13 剧场室内

TREE ART MUSEUM
树美术馆

项目地点：北京宋庄
项目进度：2012 年 9 月建成
占地面积：2 695 平方米
建筑面积：3 200 平方米
建筑设计：大章建筑事务所
主设计师：戴璞
设计团队：戴璞、冯静、刘毅
幕墙：北京多尔维幕墙工程公司
摄影：舒赫、夏至

关键词
弧形展墙
庭院
屋顶开放的台阶式广场

项目概况

项目位于北京宋庄，位于一条主公路的路边。这里原有的村落景观逐渐消失，被大尺度的适合车行的地块取代。虽然这里有艺术村的名声在外，但没有当地朋友的引荐，你还是很难在这一区域停留，对艺术氛围有深入的探访。因此，设计最早的想法是在基地上创造一个不同于周遭环境的，适合人们在这里停留、约会以及交流的公共艺术空间。

设计理念

设计希望人们一开始被项目友好的形象吸引，视觉和身体可以不自觉地跟随弧形的楼板线进入到美术馆的内部。人们可以选择从入口倾斜的楼板首先进入二层，也可以选择被第一个庭院的水池吸引，经过平静的水面过滤掉外界的心绪，进入一层的展厅。天空也被映射到地面上来，让人不经意间忘掉外界的环境。

第一个庭院由一堵暴露的混凝土墙体将外界的马路、灰尘隔离开。在这里人们可以选择坐在庭院的树下聊天，或是给水池里的鱼儿喂食，透过巨大的幕墙可以看到室内的艺术品和人在室内的游走。在裸露的混凝土墙体的内部是一个曲率微妙变化的走廊，可以作为书廊或者展示一些绘画和小型雕塑。

01 弧形的楼板

第二个院子为后面的展厅和二层的大会议室提供了采光，同时把公共和私密的需求隔离开。第二个庭院的弧形展墙可以自然地将人们引向另一边的展厅，引向屋顶开放的台阶式广场。在那里人们可以坐下来晒太阳，俯瞰一楼的池塘，或者和一层庭院的人聊两句。

2 695 平米的用地上一共有 6 个半院子，除了展示区的 2 个，后面的 4 个隐藏在空中。其中两个院子为后面的设施提供静谧的氛围和阳光，同时为下面的展厅提供天光照明，另外两个更小的院子位于顶楼向天空开敞。

美术馆的设计希望透过真实的材料应用，纯净的空间表达，为当地和外来的参观者提供一个与自然光、绿树、水体以及当代艺术互相对话的场所。

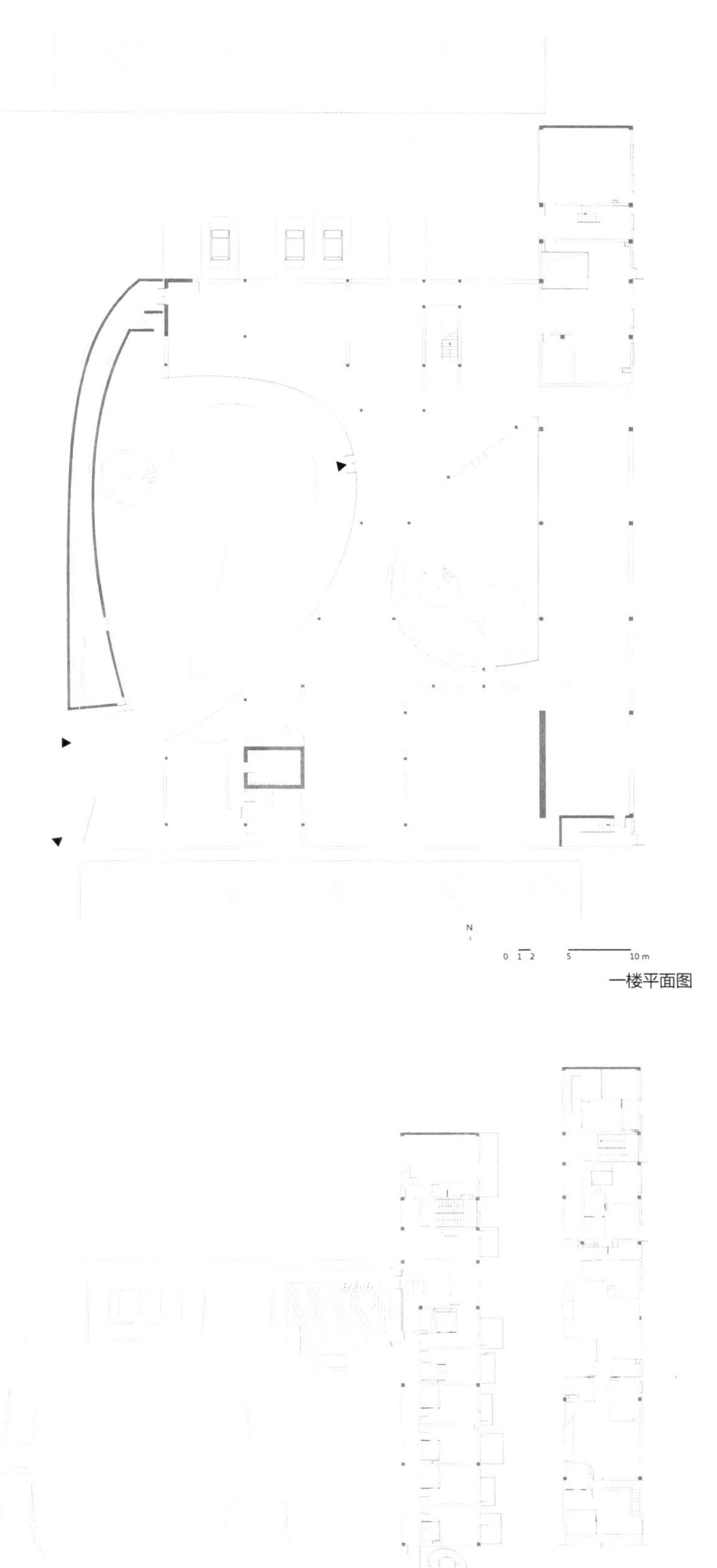

一楼平面图

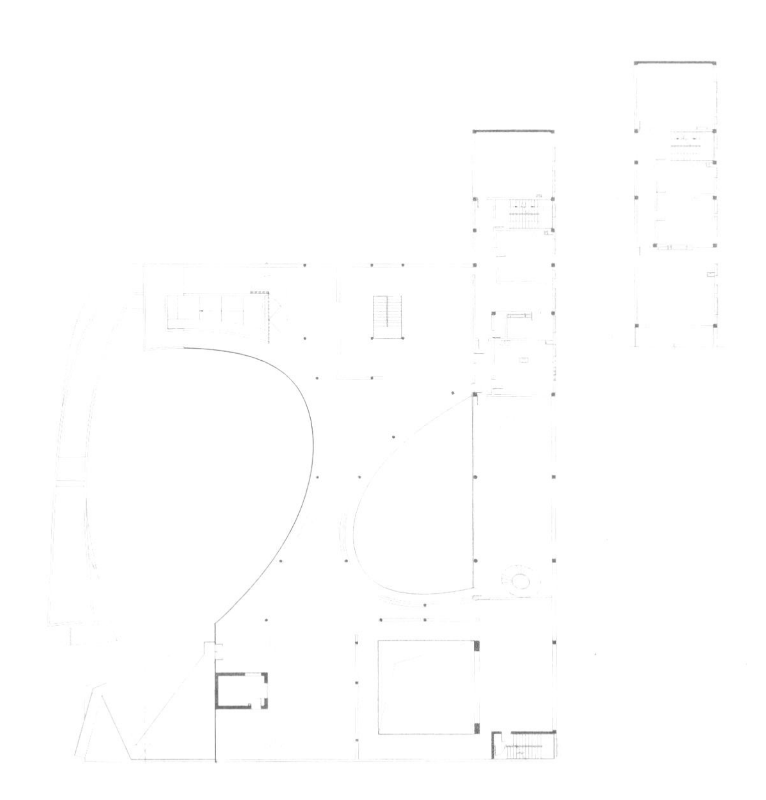

二－三楼平面图

四－五楼、屋顶平面图

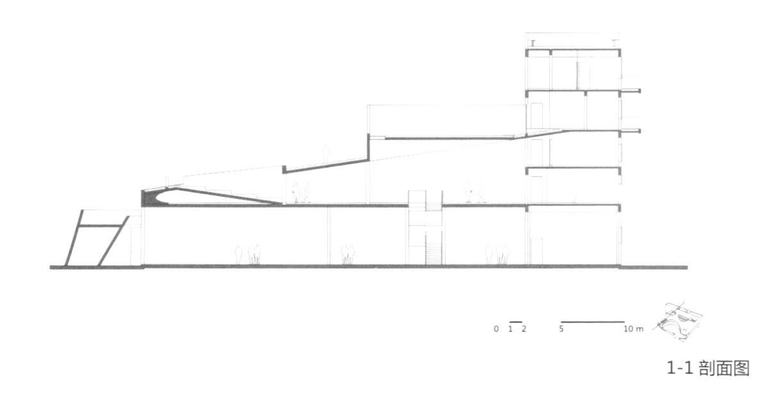

1-1 剖面图

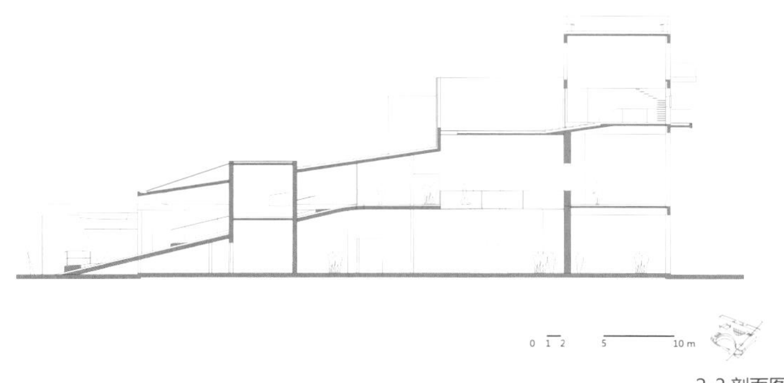

2-2 剖面图

西立面图

02 庭院弧形展墙
03 弧形展墙及庭院夜景
04 第一个庭院的水池
05 第一个庭院

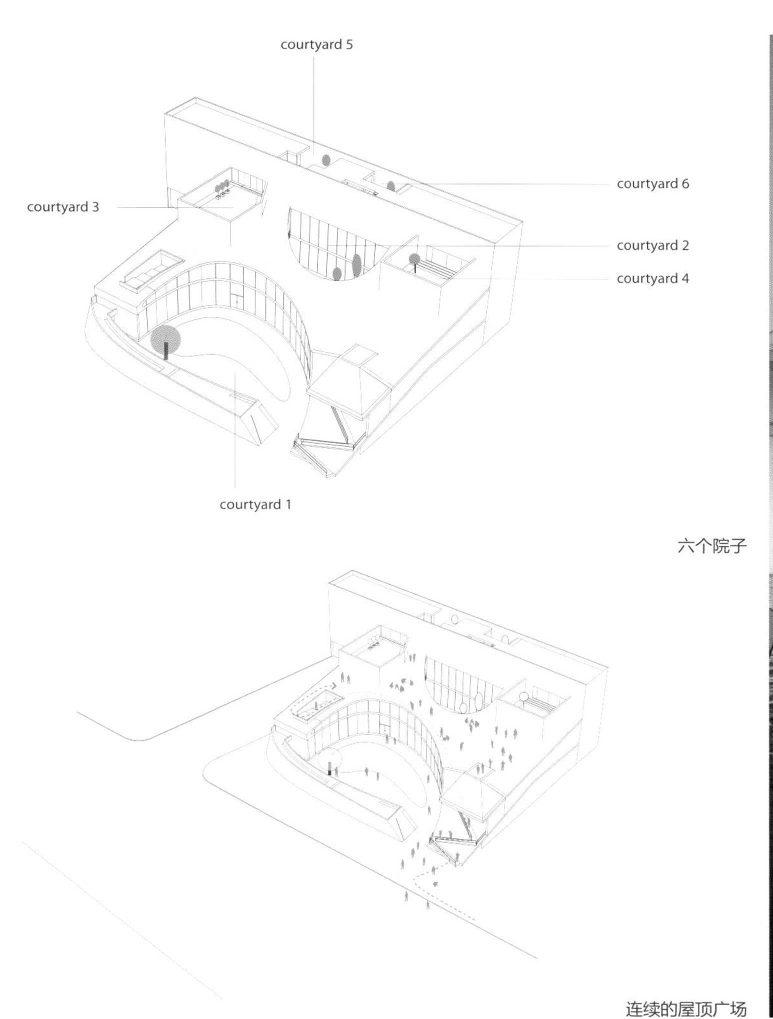

六个院子

连续的屋顶广场

04

05

06

07

06 第一个庭院由一堵暴露的混凝土墙体将外界的马路、灰尘隔离开来
07 屋顶开放的台阶式广场
08 庭院为室内营造了良好的采光

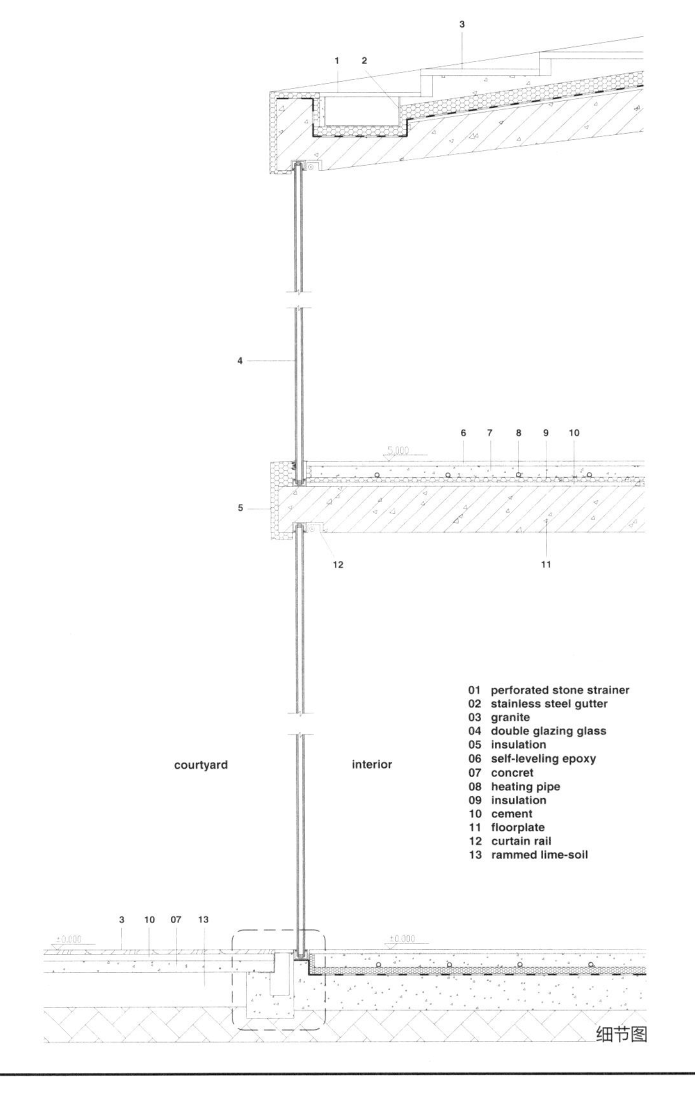

细节图

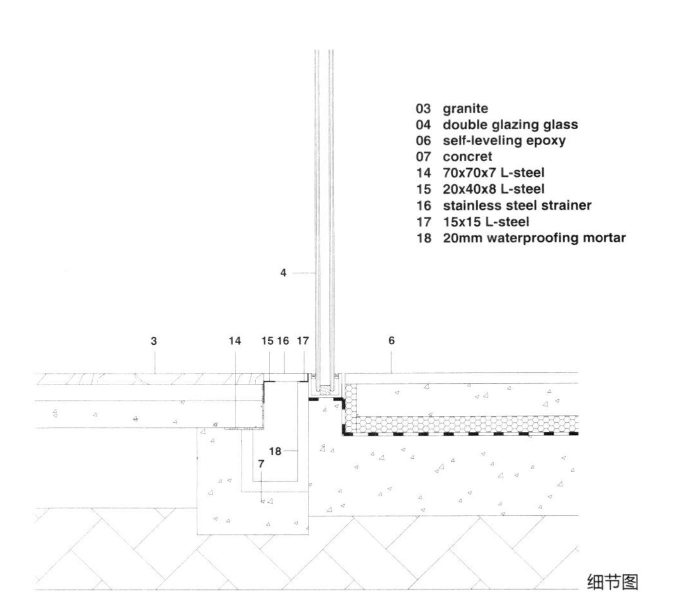

细节图

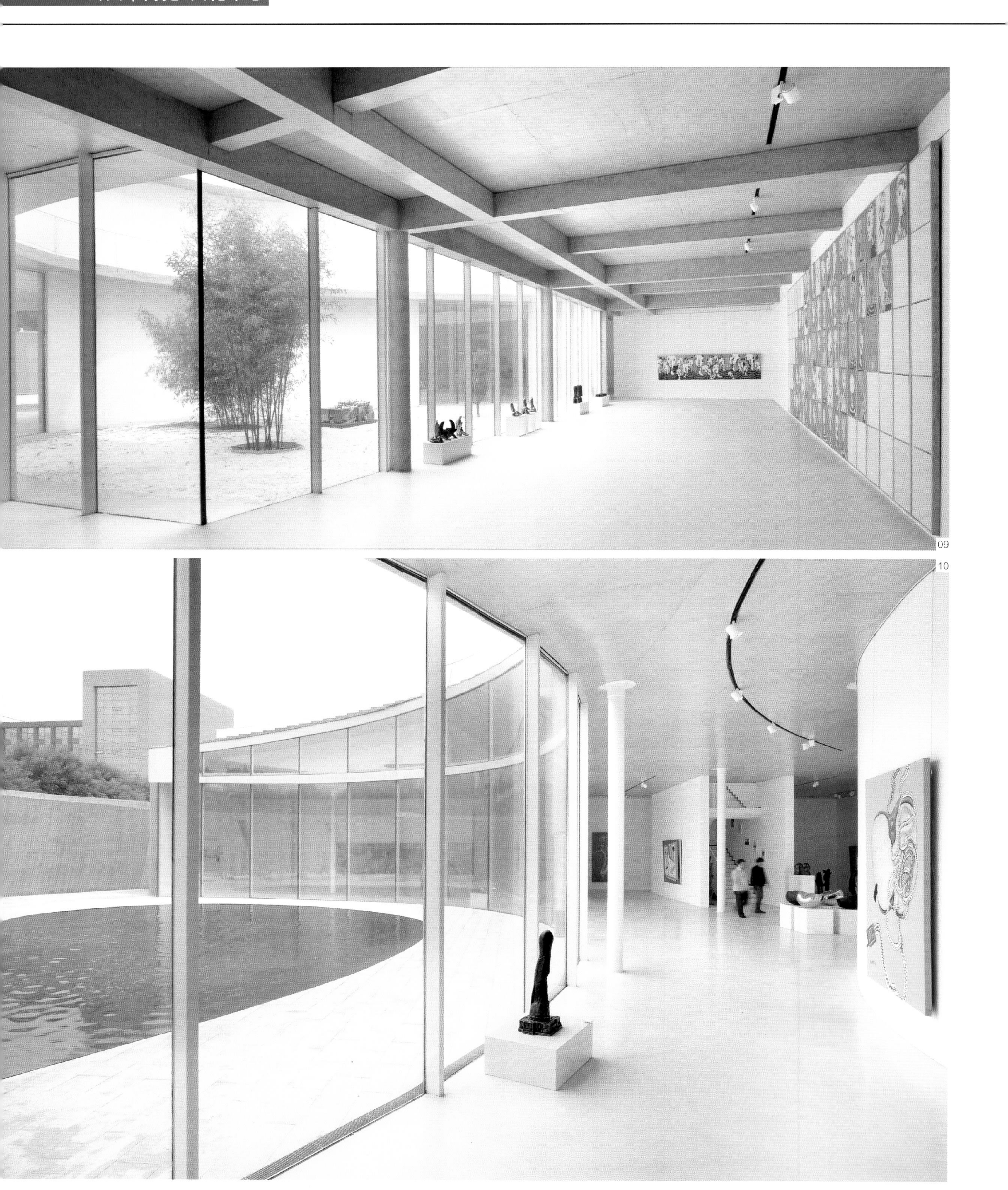

09

10

11

12

13

09-11 庭院为室内营造了良好的采光
12-13 室内空间

THE TENTH INTERNATIONAL GARDENING CENTER FOR CHINA (WUHAN) GARDEN EXPO

第十届中国（武汉）国际园林博览会国际园林艺术中心

项目地点：湖北武汉
项目进度：2013 年设计完成
建筑面积：78 490 平方米
主要材料：GRC 轻质混凝土板
结构形式：钢筋混凝土框架
建筑设计：同济大学建筑设计研究院（集团）有限公司
主设计师：李麟学

关键词
屋顶绿坡
景观与建筑合二为一

项目概况

武汉园博会是一次以“绿色联接你我，园林融入生活”为主题的国际性园林盛会。园区位于武汉市“两轴两环，六楔多廊”生态框架中的三环线北侧，是汉口地区与外围新城联接的生态纽带。国际园林艺术中心项目毗邻园区北入口，是整体观展序列中的第一个高潮，与入口广场共同构成园区的门户形象。

项目包含园区主要的室内综合展厅与公共服务功能，建筑规划面积约 8 万平方米，其中地上部分约 59 000 平方米，地下部分约 20 000 平方米。

01

设计理念

设计以武汉大尺度的山脉、河流、峡谷等自然特征为参照，结合世界园艺博览会主题演绎，突出生态覆土要素，确立“盛世花谷”的整体设计理念。整体建筑高度控制在24米以内，并通过台地花海与屋顶绿坡两种关系控制整体形态。整体建筑形态充分结合9米的地形高差，强化适度消隐的整体理念。

设计特色

整个设计过程中，利用花谷竖向标高及景观特色，合理布置游览步行道，同时与建筑东侧集散广场整合设计，形成体验型步行游览“环线”。景观与建筑“合二为一”。在景观布置及形态控制上，在满足景观要求的同时，凸显建筑“花谷”魅力。入口的镜面水池与建筑台地模数相呼应的流线型地面铺砖、户外表演剧场等，尽可能融入建筑形态中。

设计利用入口广场场地，可变化水位标高的镜面浅水池，表演剧场及屋顶观景台，分别布置四个 1 000 平方米的户外临时展示区。

环形步行道的铺砖采用模数化设计，宽度为 200 毫米，长度根据步行道曲线幅度大小来确定，同时与绿化交接，本次设计采用了“犬齿型”处理方式，使界面更加自然，颇具艺术感。

种植设计遵循适地适树原则，植物品种选择充分考虑会前及会后效果。在花谷地面及两侧会展期间主要采用开花植物，屋顶面积较大，便于将来维护，尽可能采用常绿的观赏草和地被。总体效果会展期间是“花的海洋”，会展过后是生动、自然、错落有致的“绿衣”。

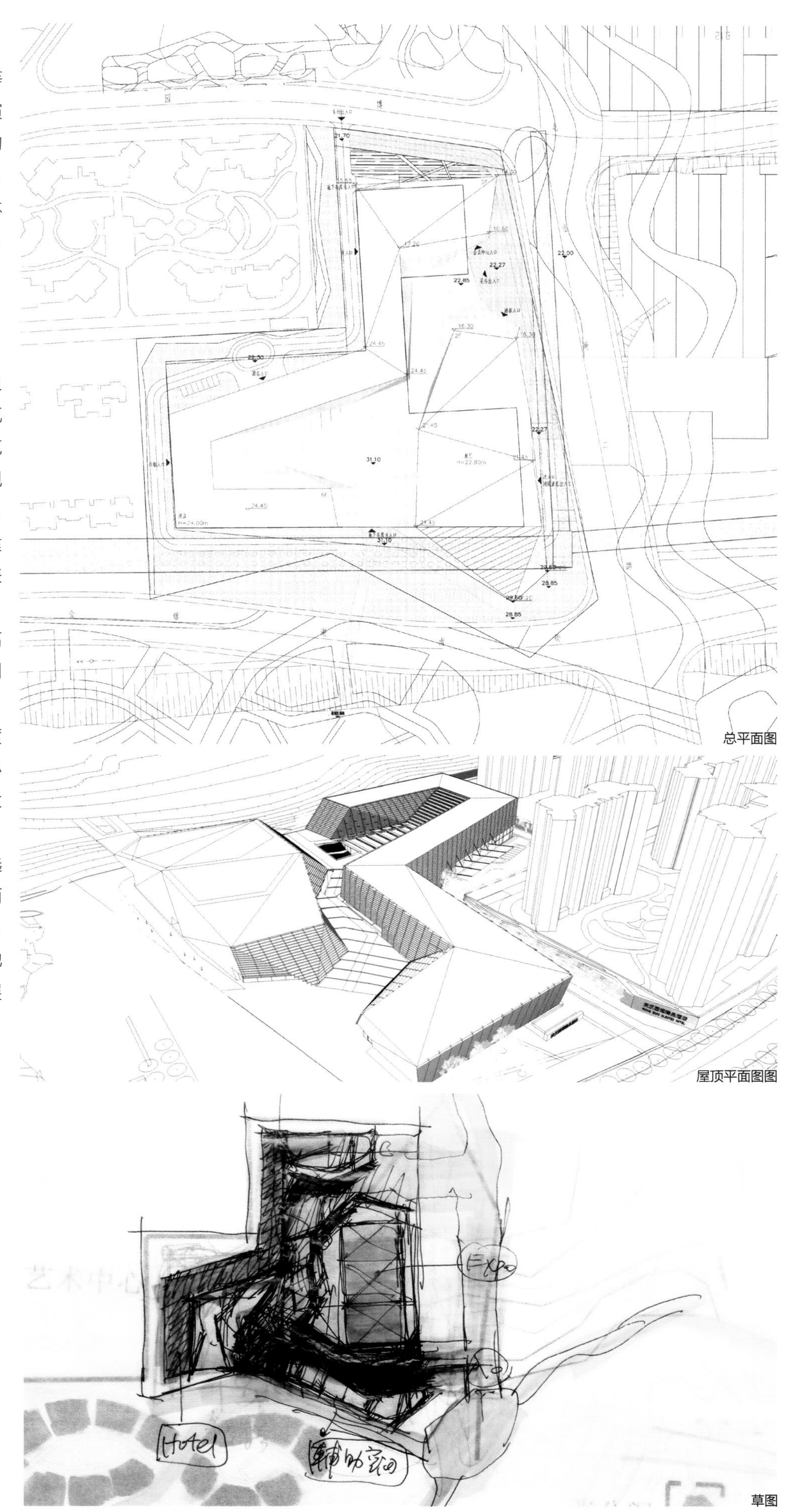

总平面图

屋顶平面图图

草图

01 夜景鸟瞰图

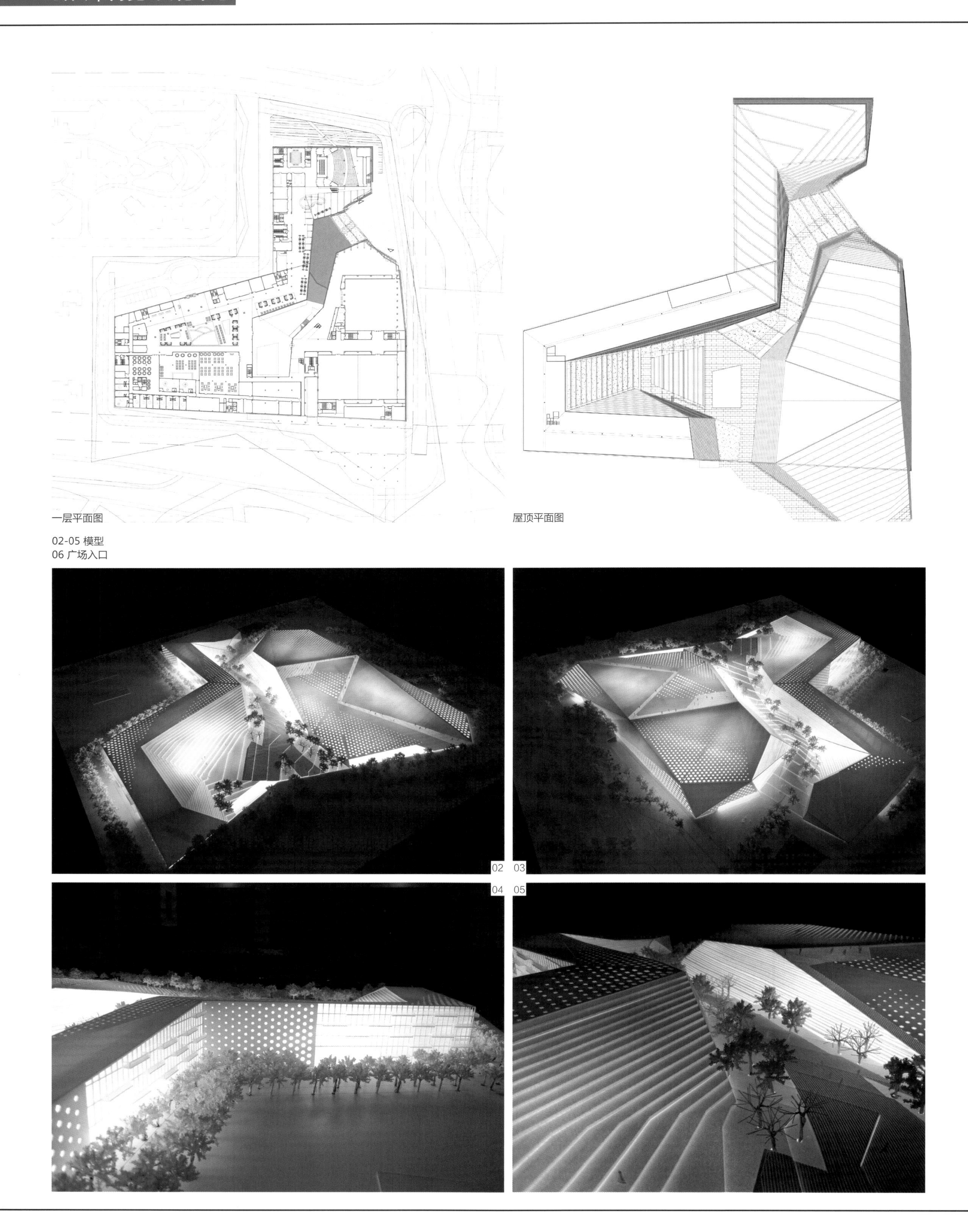

一层平面图

屋顶平面图

02-05 模型
06 广场入口

02 03
04 05

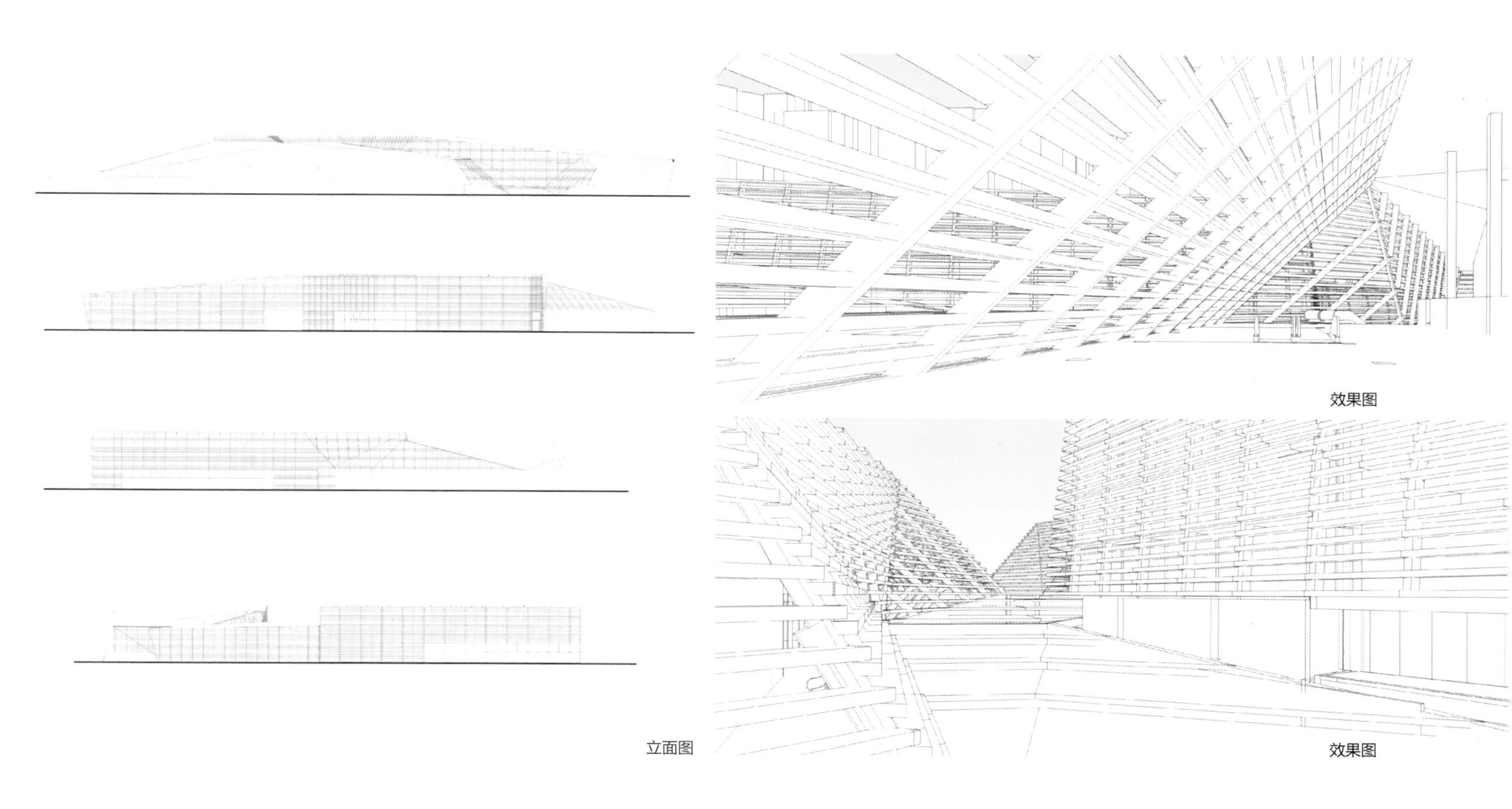

效果图

立面图

效果图

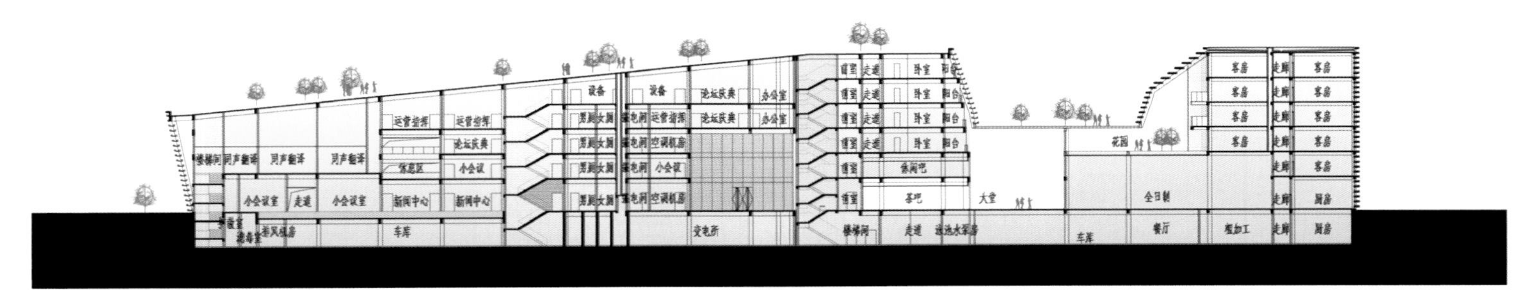

剖面图 1-1

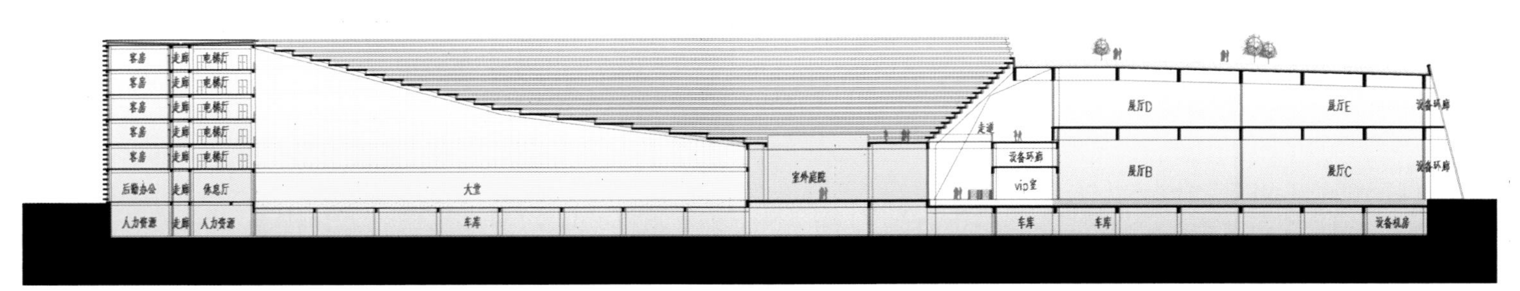

剖面图 1-1

07 室内展厅
08 山体型展馆中央地台部分为覆土景观，可以栽植大型植物
09 中心花谷

07

08

09

KUNSHAN ZHOUSHI RECREATIONAL AND SPORTS CENTER

昆山周市文体中心

项目地点：江苏昆山
项目进度：2013 年建成
建筑面积：31 387 平方米
主要材料：深灰色铝镁锰、灰色毛面石材、丝网印刷玻璃、木色铝合金
建筑设计：UDG 联创国际
建筑师：杨征、张煜
设计团队：周松、刘艳林、钟凯、钱谦
摄影：苏圣亮

关键词

巨型铝镁锰屋顶
开放空间
江南建筑色调

项目概况

周市文体中心位于昆山北部新城周市镇，是集文化馆、篮球馆、游泳馆、多功能演播厅、文化与艺术展示、休闲商业等功能于一体的综合性文体中心。

设计理念

设计采用整体巨构的策略，以一座充满动感的巨型屋顶将各个功能场馆覆盖。屋顶采用折叠、倾斜、起伏、剪切等手法来应对篮球馆、游泳馆、文化馆、门厅等场馆的不同净高要求，追随功能的同时自然产生了雕塑般的动人姿态，极具视觉冲击力。各场馆相对独立，方便运营管理，场馆之间引入各自不同的主题与不同尺度的开放空间，在清晨、傍晚、夜间等建筑没有开放的时间段，为市民提供可不间断使用的聚集和社交场所，凸显文体中心的开放性与参与性。

01-02 效果图夜景
03 效果图日景

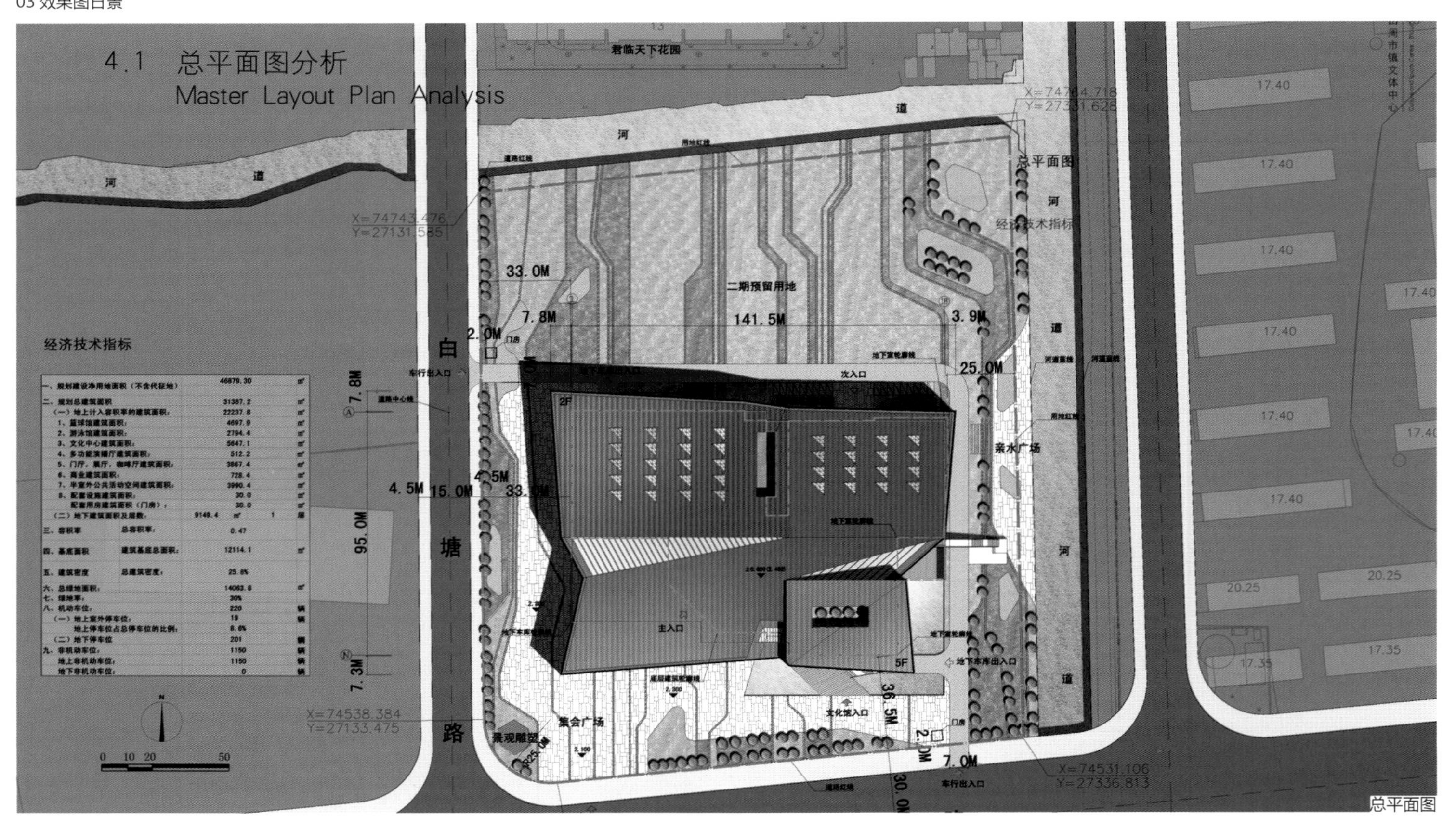

总平面图

01

02

03

04

05

建筑表皮以深灰色铝镁锰屋顶、灰色毛面石材幕墙、半通透的丝网印刷玻璃幕墙、木色铝合金吊顶等现代材料，呼应黑、白、灰、木色为主的江南建筑色调，既立足当下又通过写意的方式表达对传统建筑与文脉的敬意。

周市文体中心重塑了周边的城市空间，激发出新的城市活力，并成为传播周市文化的载体，既传承传统又具有鲜明的时代特征。

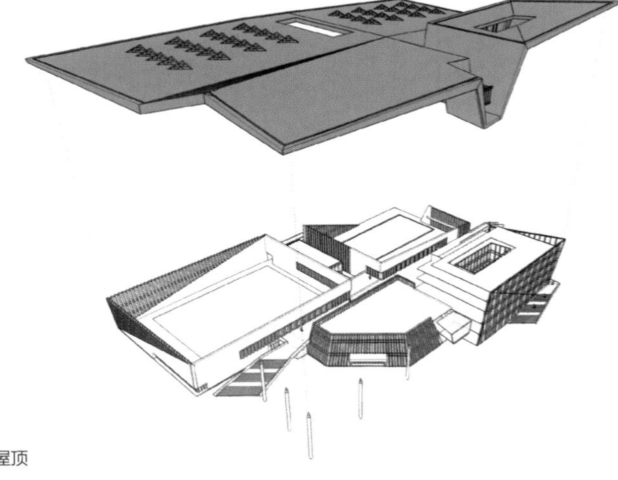

巨构屋顶

04 效果图日景
05 鸟瞰图

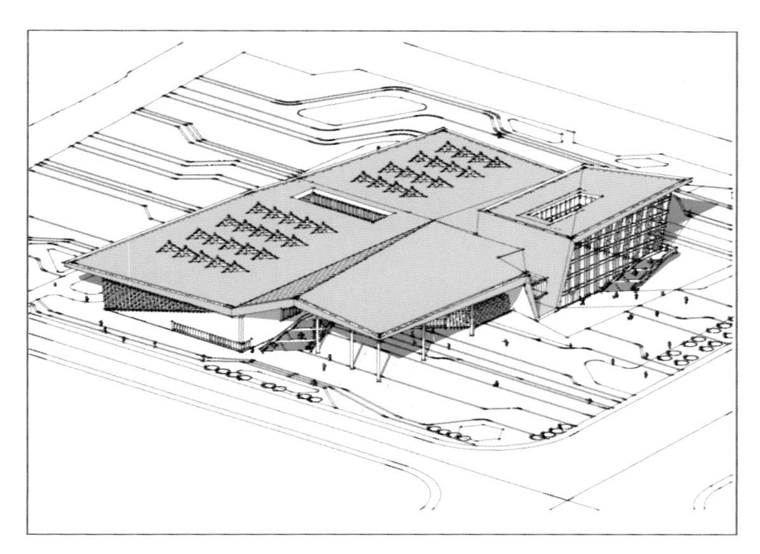

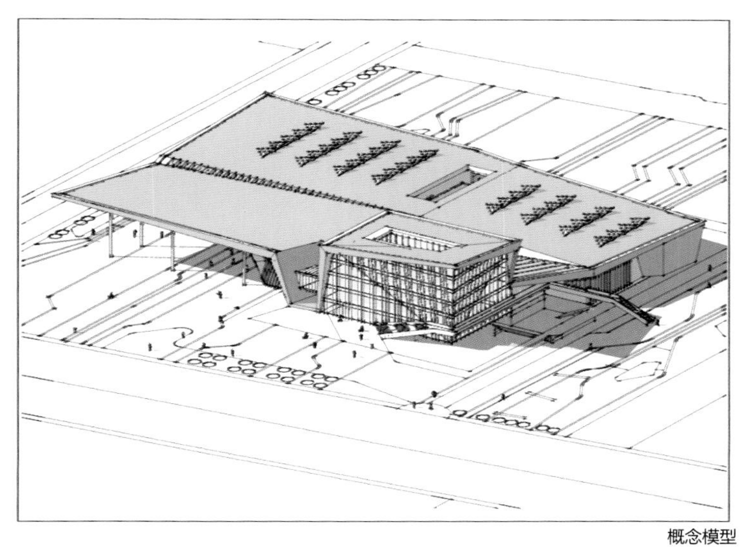

概念模型

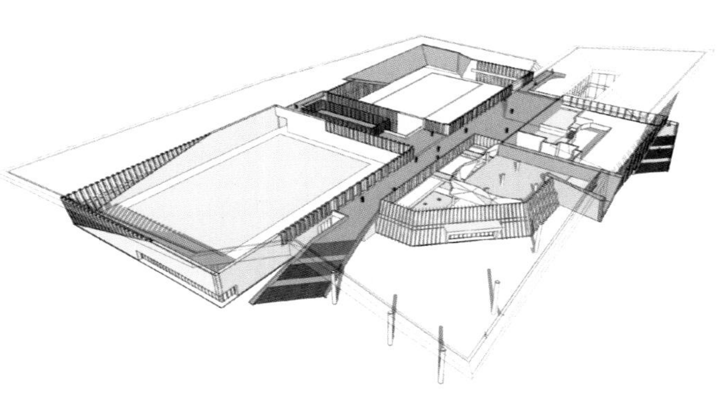

二层公共平台

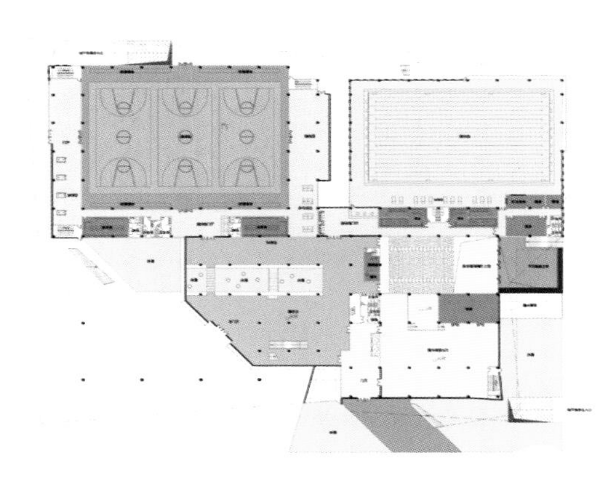

一层平面图

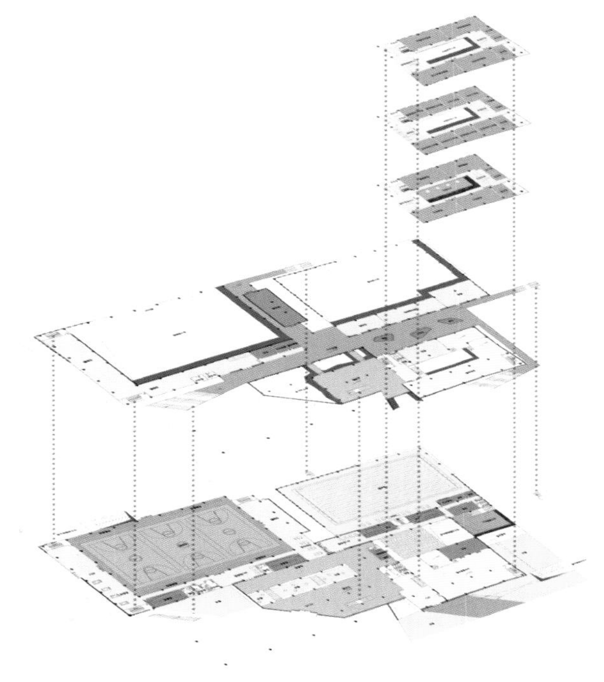

平面功能叠加图

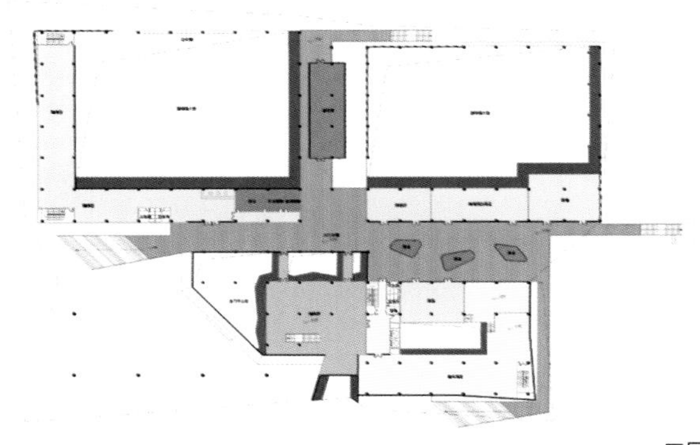

二层平面图

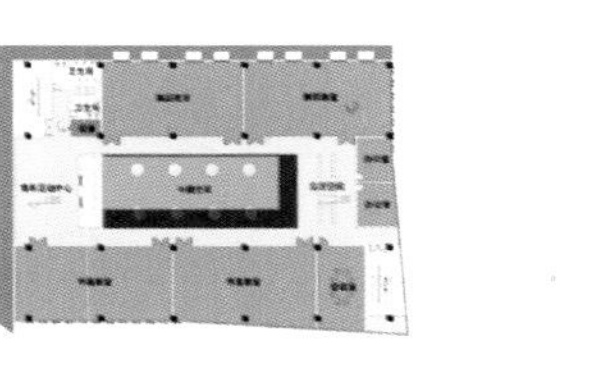

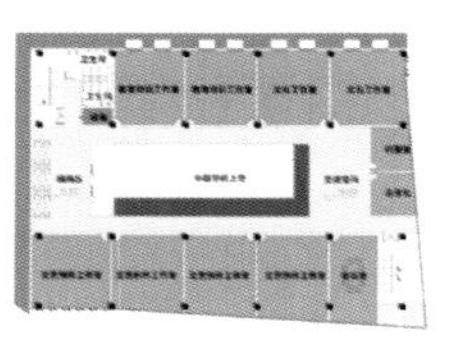

三－五层平面图

06

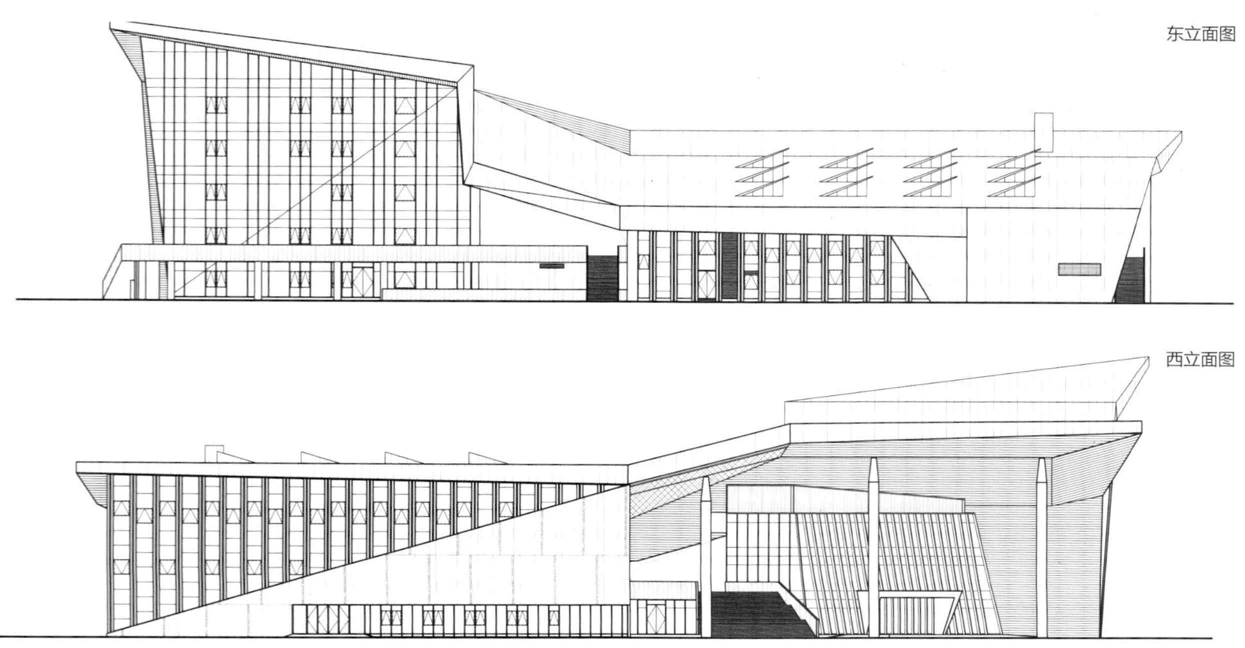

东立面图

西立面图

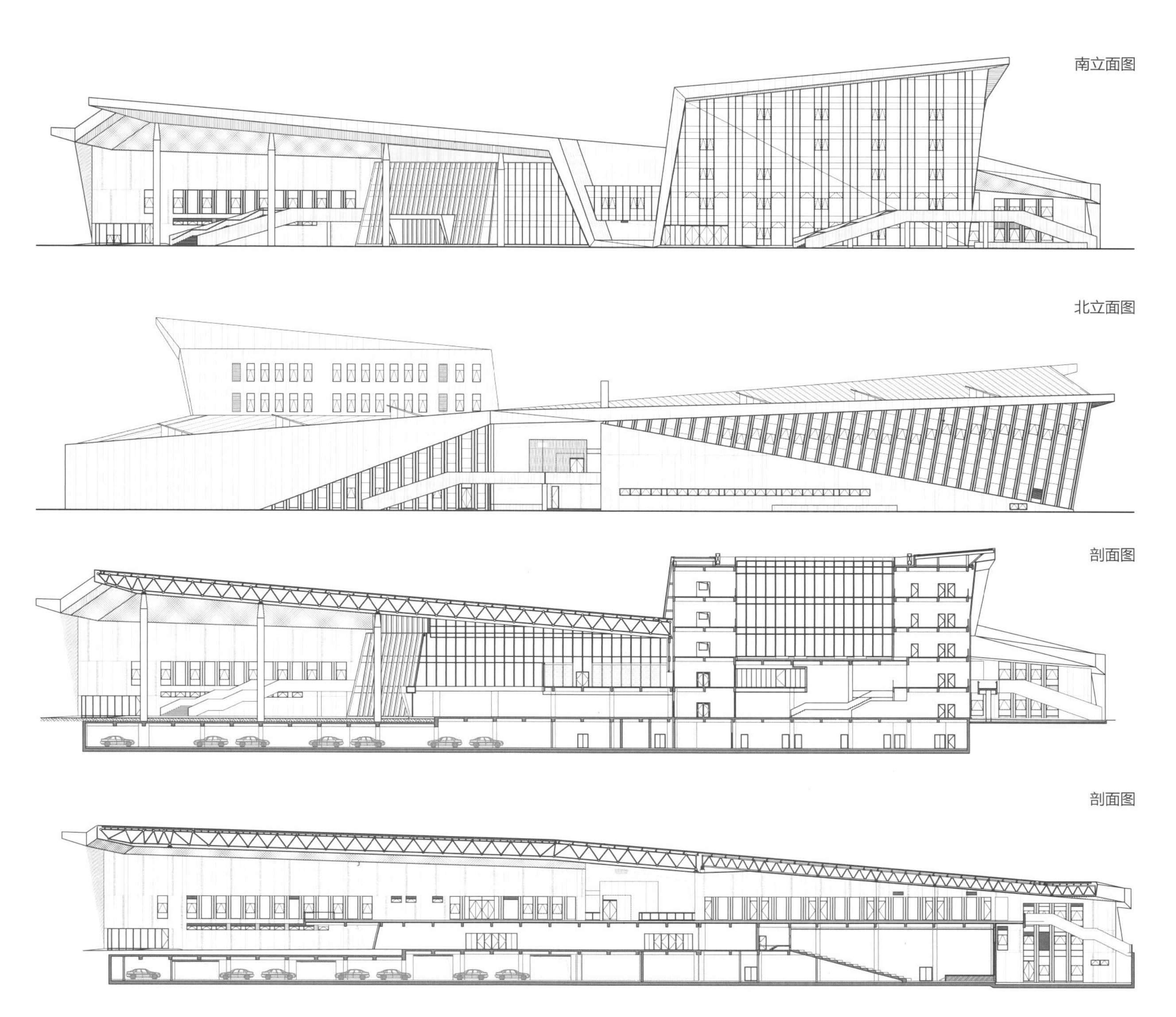

06 半通透的丝网印刷玻璃幕墙
07 主入口

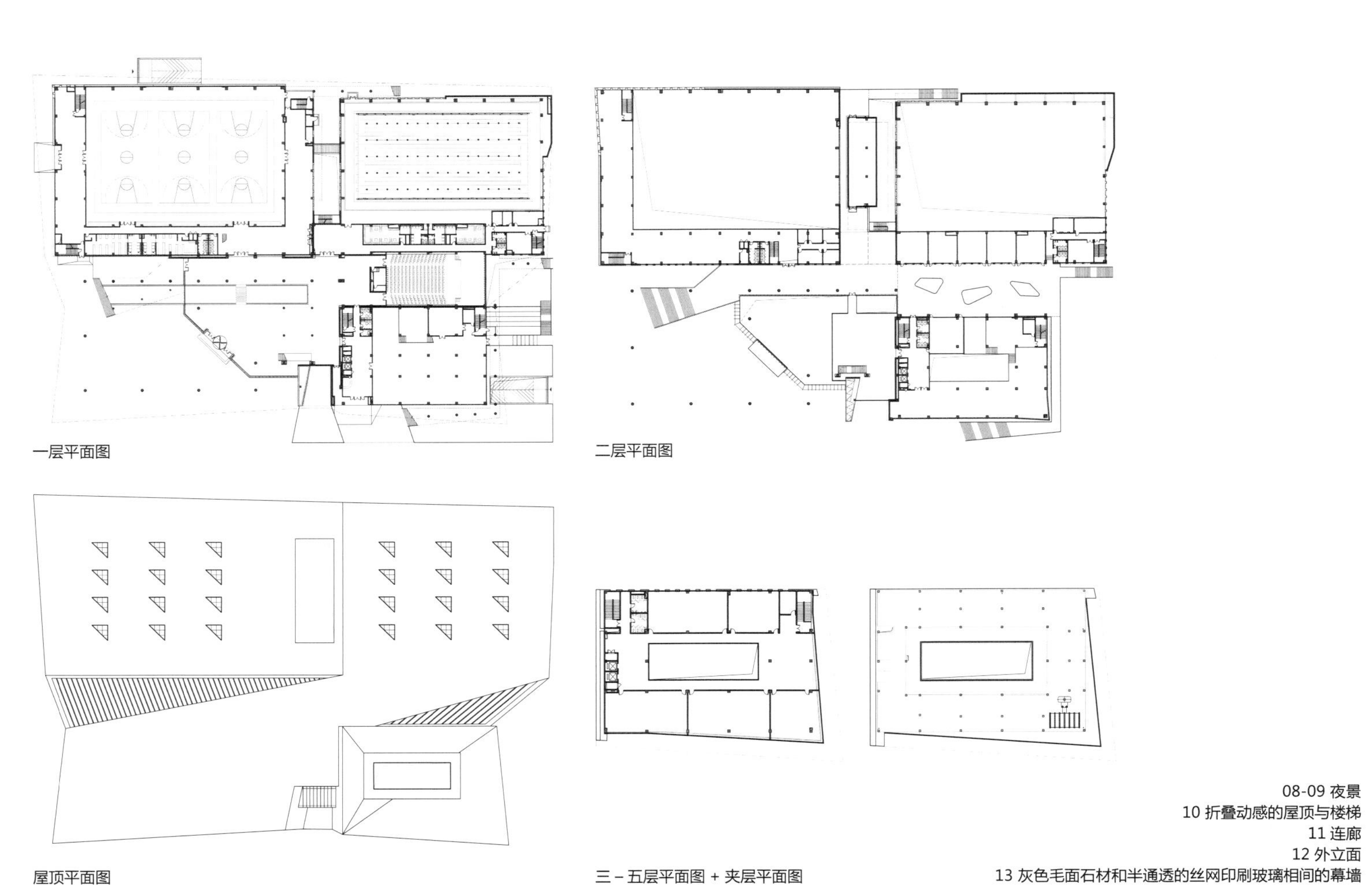

一层平面图

二层平面图

屋顶平面图

三－五层平面图＋夹层平面图

08-09 夜景
10 折叠动感的屋顶与楼梯
11 连廊
12 外立面
13 灰色毛面石材和半通透的丝网印刷玻璃相间的幕墙

08

09

10

11

12

13

14

15

16

14 文化馆主入口
15 半通透的丝网印刷玻璃幕墙
16-17 场馆之间不同主题与不同尺度的开放空间

18 游泳馆室内
19 篮球馆室内
20 文化馆室内

LIAONING INTERNATIONAL CONFERENCE CENTER

辽宁省国际会议中心

项目地点：辽宁沈阳
项目进度：2013 年建成
用地面积：36 611.6 平方米
建筑面积：34 850.2 平方米
主要材料：石材、金属（铝板、工字钢、槽钢、铝合金等）、玻璃、真石漆、防腐木
结构形式：框架、桁架
建筑设计：UA 国际

关键词
大坡屋顶
汉唐文化的记忆

项目概况

辽宁省国际会议中心项目位于沈阳棋盘山风景区内，距沈阳市中心约 20 公里。基地位于沈阳东北部，东临抚顺，北接铁岭，西、南为沈阳市城区，沈北公路自基地南侧穿过，并有棋盘山水库和辉山坐落于基地东北方，大大提升了地块的景观价值。

设计理念

本次设计旨在打造一个低调奢华、国际级的会议接待服务场所，创造丰富的建筑形态，构成强烈的地域归属感，充分体现建筑在山地中的风貌特征，同时营造新中式汉唐文化风格；始终贯彻“以人为本，重返自然”的基本思想，创造一个布局合理、交通便捷、环境宜人、具有文化内涵的会议场所，并注重生态环境的融合，合理分配和使用各种资源，全面体现可持续发展思想，把“促使人、建筑及环境的和谐共处”作为规划设计、建筑设计的根本出发点和终极目标。

方案中建筑采用新的建筑语言去承载关于中式汉唐文化的记忆，例如低调沉静的色彩、平远舒展的大坡屋顶，及精巧的细部设计和处理等，使建筑整体呈现一种汉唐宫殿的气势，宏伟而优雅。

整体方案借景大环境，营造小环境，将建筑的动静及分合关系进行了妥善的安排，既体现出建筑本身的端庄稳重，又展现了惬意环境。

01

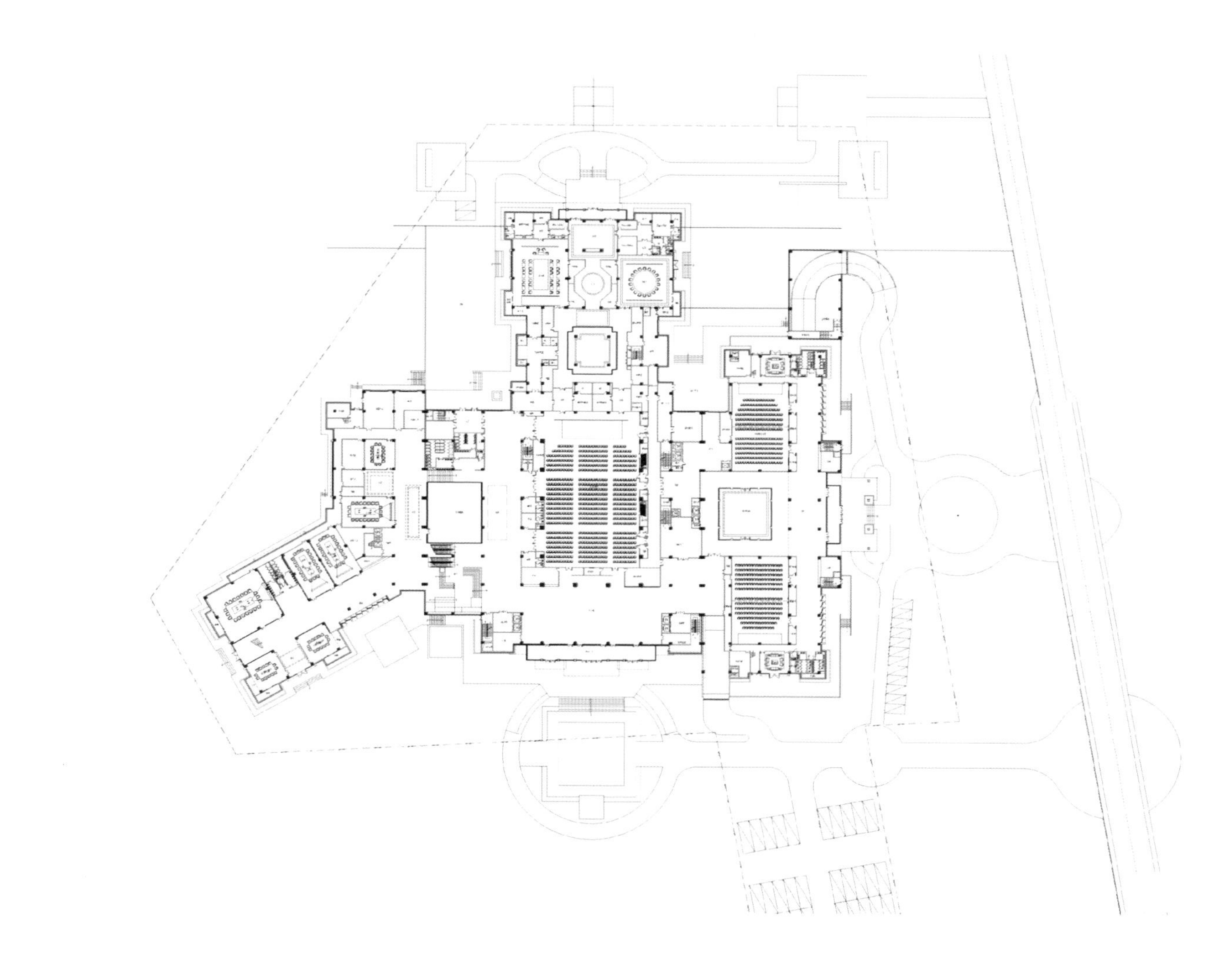

一层平面图

01 实景鸟瞰
02 夜景

02

03

04

03 实景鸟瞰
04 建筑细部图
05-06 庭院空间

THE NEW MUSIC WORLD ARTIST LIFE CENTER

新音界艺术生活中心

项目地点：湖北武汉
项目进度：2013 年建成
建筑面积：195 平方米
主要材料：木纹清水混凝土
建筑设计：李伟建筑师工作室
建筑师：李伟、袁媛、刘丰雪、张文科、郭美玉、李昌穹、李亮
结构工程师：吴海胜、何艳涛
建筑摄影：李晓、李伟

关键词
两个院落
清水混凝土材料

项目概况

新音界艺术生活中心位于武汉“江城壹号”文化创意产业园内，产业园前身是武汉轻型汽车制造厂。项目位于园区的东南角，毗邻一栋上世纪 80 年代的办公楼，该楼后期将改造为琴房，业主希望通过加建一个琴房前厅，可以向更多的民众展示一种音乐融入生活的方式，一种新的关于音乐的生活态度。

建筑师的任务是在 12 米 X 21 米的用地上，通过空间的营造、界面的控制、材料的处理建造一个 150 平方米的场所，容纳前厅、会客、休憩、茶水吧、合班教室等空间，并解决新老建筑之间的关系，让老建筑获得新生，并传达出新兴的音乐生活理念。

01 沿街的建筑
02 清水混凝土的建筑立面

01

02

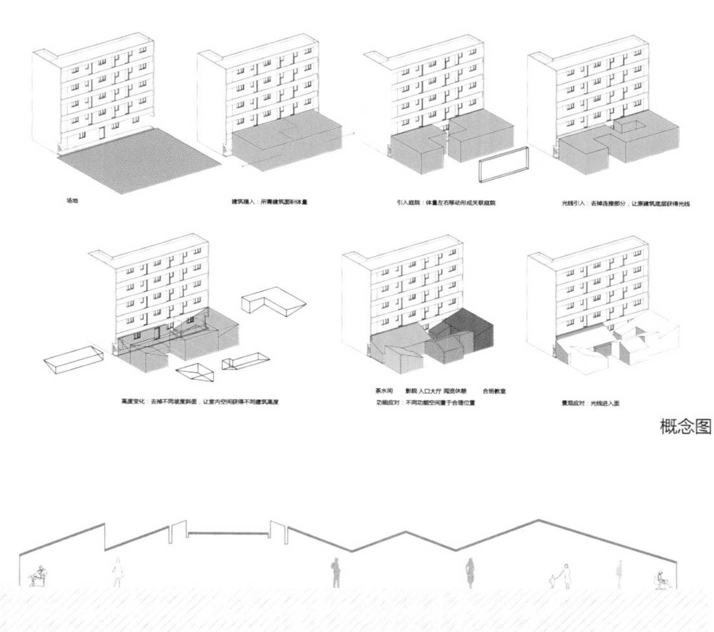

概念图

空间变化概念图

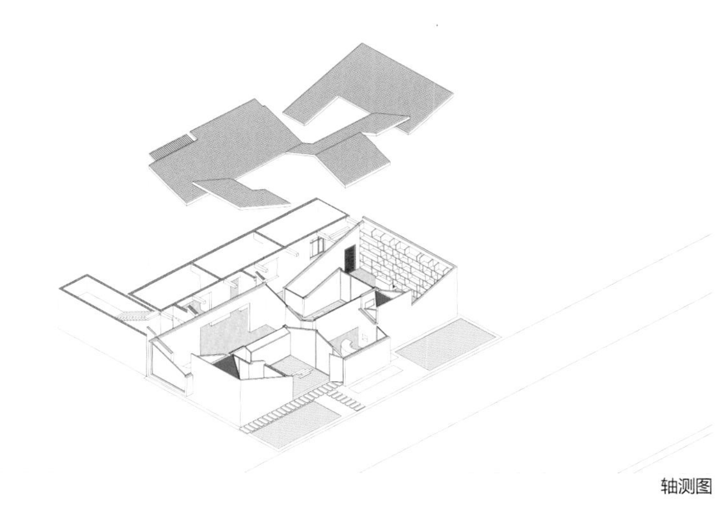

轴测图

设计理念

考虑到 5 ~ 14 岁的孩子及其家长为此项目的主要使用者，建筑师希望在前厅的体量构成上能够自然地融入积木的堆砌感，通过院落的转换能够让室内外空间达到视觉上的联系，并能保证光线充足地进入。

两个院落一静一动。前院结合建筑的主要入口，并植入同园移栽的成年白玉兰，保持了建筑的开放性和容纳感。供家长体验的三角钢琴、休憩的茶水吧和交流空间围绕前院布置，并通过顶部光廊延展到老建筑的一层内部空间，以此获得视觉和动线上的联系。后院则让改造后的琴房一楼获得了必要的阳光，同时让外界面封闭的合班教室在获得光线的同时保留了私密感。

建筑师希望借用不同的空间高度，在相对紧张的场地里诠释出多重的功能需求，并通过路径转换，伴随音乐的节奏，来实现业主希望获得的空间体验感。这种体验包括客户通过窗缝面对求学孩子的微笑，自然落座在钢琴旁的轻吟弹唱，多年未见的朋友偶遇时的惊诧以及伴随音乐的午后小憩……

建筑材料选用清水混凝土整体现浇，除了应对紧张的工期外，可以有效地降低建筑的张扬感，保持园区的质朴外观。不足的是限于资金压力，没有专业的清水混凝土施工团队，靠建筑师和当地施工队的现场交流，难以保证其完成度，只有通过后期修复最大限度地还原其材料质感。

整个设计建造过程在建筑师与业主、业主与施工队以及建筑师与施工队之间形成了复杂的博弈。所幸的是在建筑、室内、景观和家居选型等各个环节上业主对建筑师的设计工作给予了充分的尊重，在短短的两个月工期内，通过建筑师几乎平均每隔两天的现场跟踪，最大化地保证了建筑师的设计意图，让新建筑的植入顺利完成。

03 高低错落的建筑空间感
04-06 两个院落空间
07 两个院落的夜景

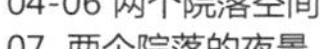

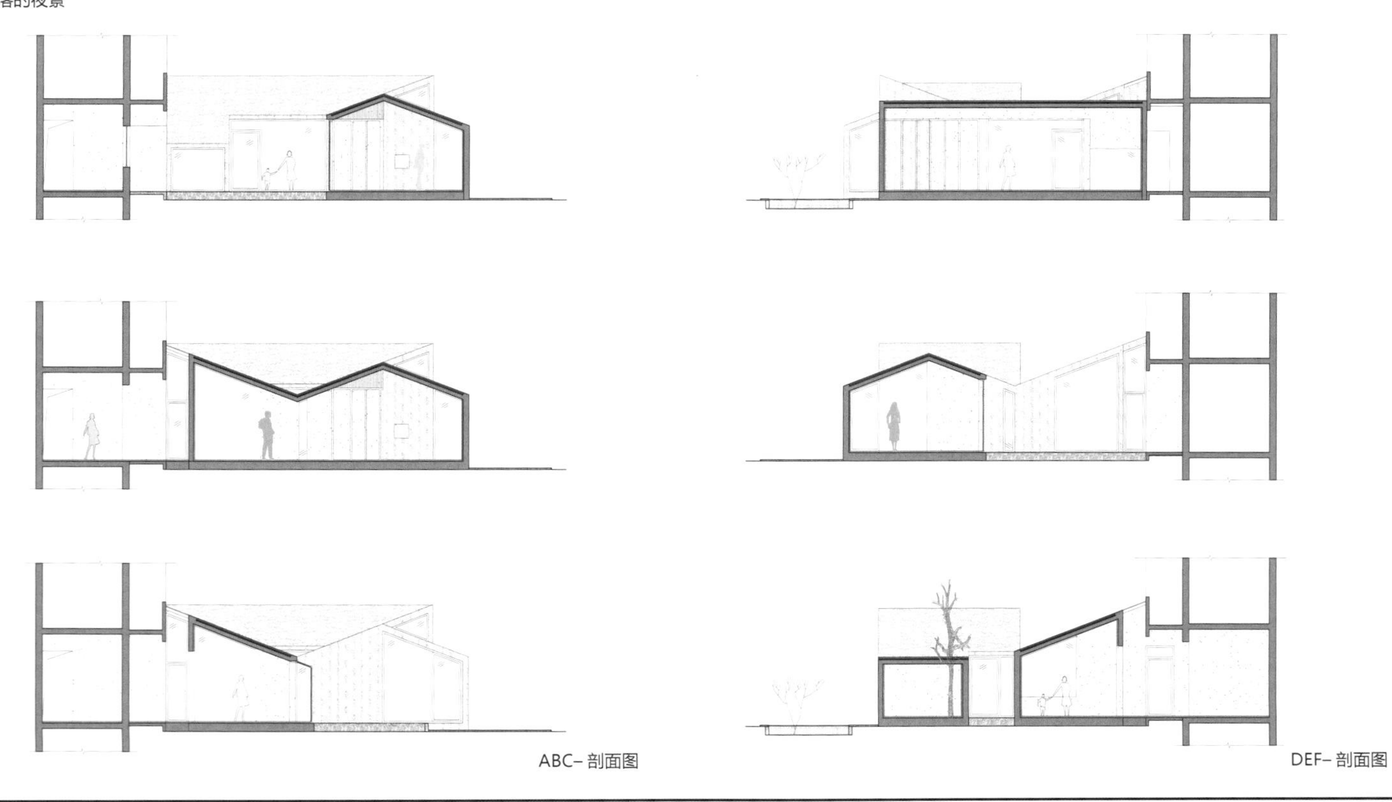

ABC– 剖面图

DEF– 剖面图

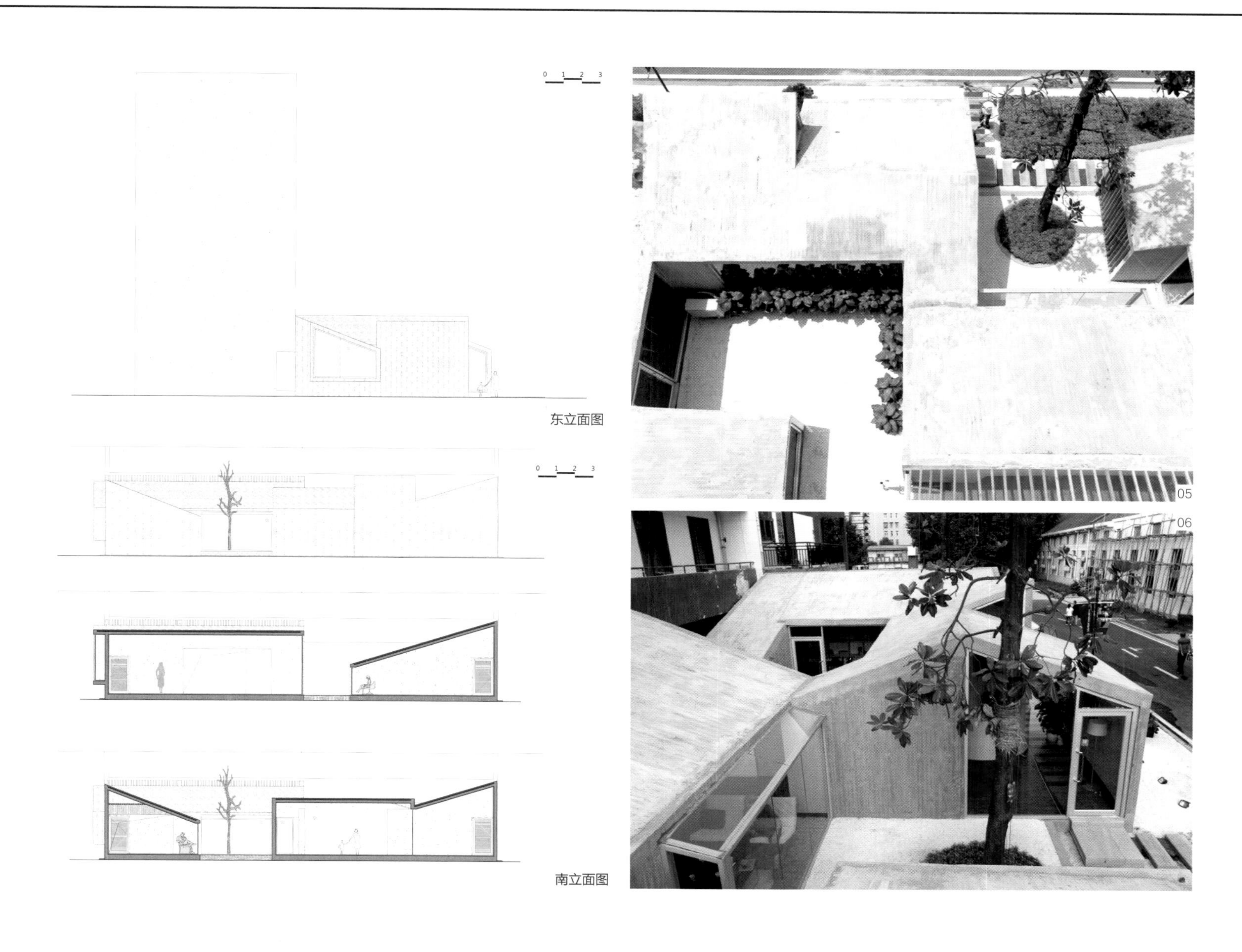
0 1 2 3
东立面图
0 1 2 3
南立面图
05
06

07

公共空间
PUBLIC SPACE
教育 体育
EDUCATION & SPORT

JIAOTONG UNIVERSITY LAW SCHOOL

交通大学法学院

项目地点：上海
项目进度：2013 年建成
建筑面积：9 000 平方米
建筑设计：Kokaistudios
设计团队：Andrea Destefanis、Filippo Gabbiani、李伟、宋庆
摄影：Charlie Xia

关键词
下沉庭院
外立面
空中花园

项目概况

项目基地富于浓烈的历史气息，老建筑的表面都铺满了面砖。新大楼由周边林列的茂盛树木所包围，营造出一个多层次的生态系统，这些元素之间的关联也是设计的起点。

设计特色

建筑被设计为上、下两段，并各具独特的功能。下段作为公共区域和图书馆，由树枝状的柱子组成支撑系统，支撑上段庞大体量的教室和办公室。为了做到与交大早期古典建筑红色面砖的呼应，设计选择了一系列的材料，例如红砖水泥的外墙和透明或反射的玻璃窗带，演绎出一种现代元素和校园历史环境相交融的意境，创造出历史延续与当今环境相协调的感觉。

为了给予建筑地下层足够的自然采光，并增加可用面积，其被设计为离建筑红线 6 米远的下沉式庭院。这是一个面朝图书馆的庭院，特别适合会谈和沉思。在庭院西面的尽头，有一个室外剧场，整个空间被上方建筑飘浮的体量所遮蔽，可以举办小型演出，并可在夏日享受别具一格的“天棚”。值得一提的是这个区域自然通风的特色，新鲜空气由北朝南从树林中，从水中自然地流入，给整个公共空间营造了自然舒适的氛围。

建筑的功能布局被构想成一个复合的整体，设计十分关注其在功能上的需求，并同时满足将来使用的灵活性。入口之间的定义很明晰，西侧的公共入口处与 2-3 层的大教室和模拟

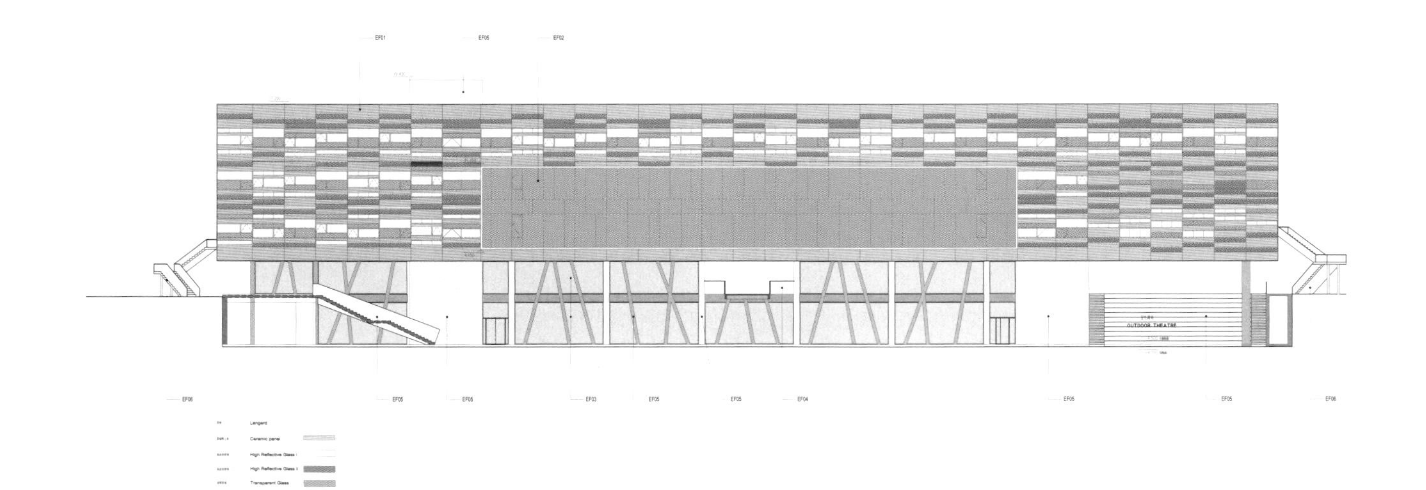

南立面图

01

法庭及地下层的图书馆相连；东侧的门厅有一个比较私密的入口，与4层的教职员工办公室和贵宾接待处相连。同时，这里还有一个独立的入口，供装卸货物使用。在屋顶有一个大型空中花园，完整地体现了本项目对“环境”的致敬，不仅让人感受屋顶花园的美妙，并为建筑提供一个高效的节能体系。

01 东南立面夜景
02 南立面细节

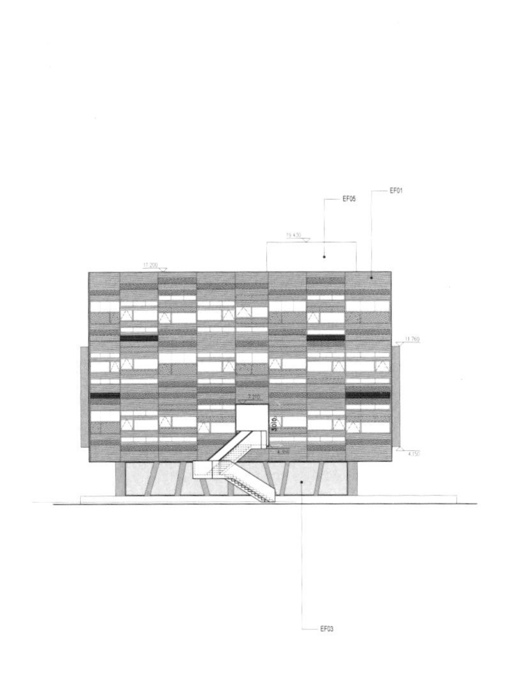

西立面图

02

03 东北立面夜景
04 南立面

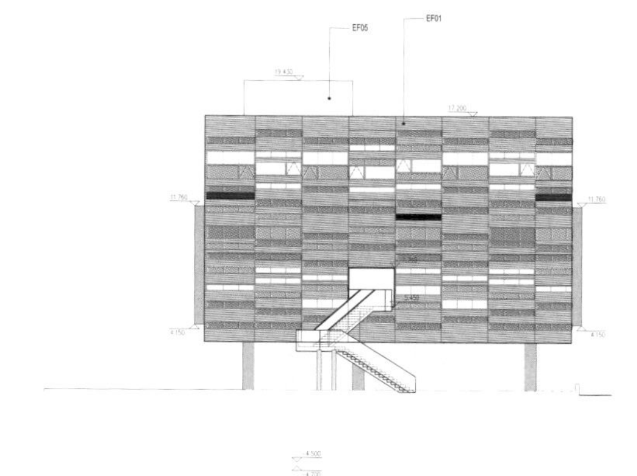

东立面图

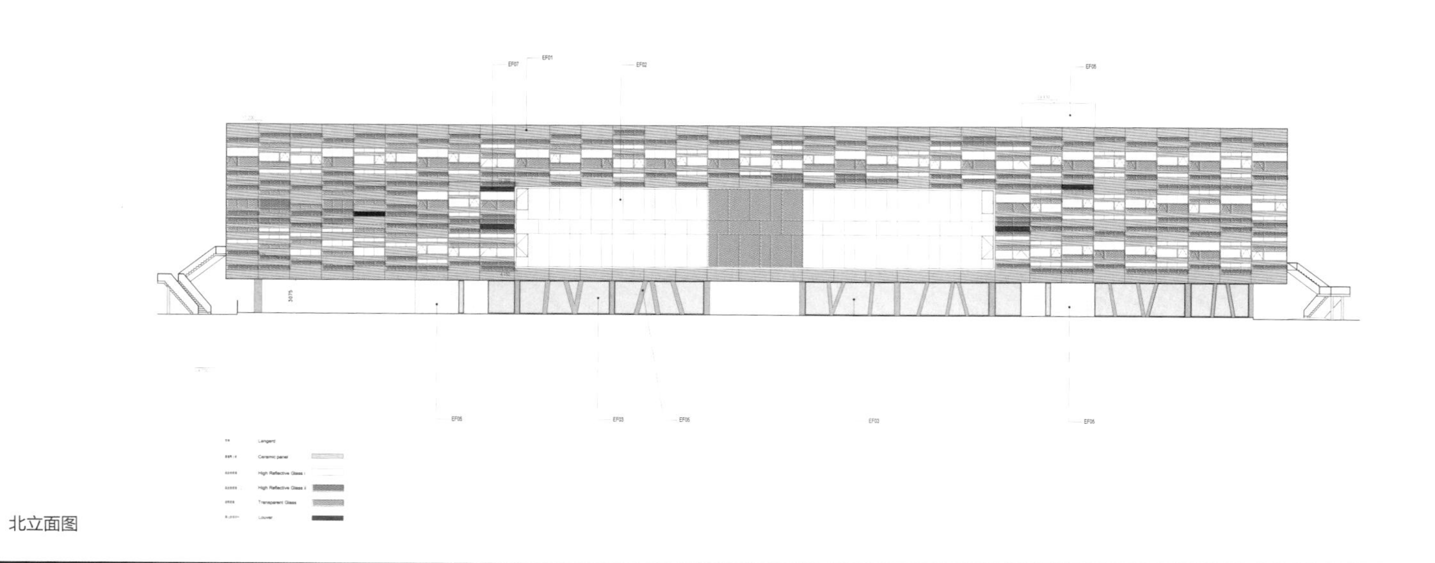

北立面图

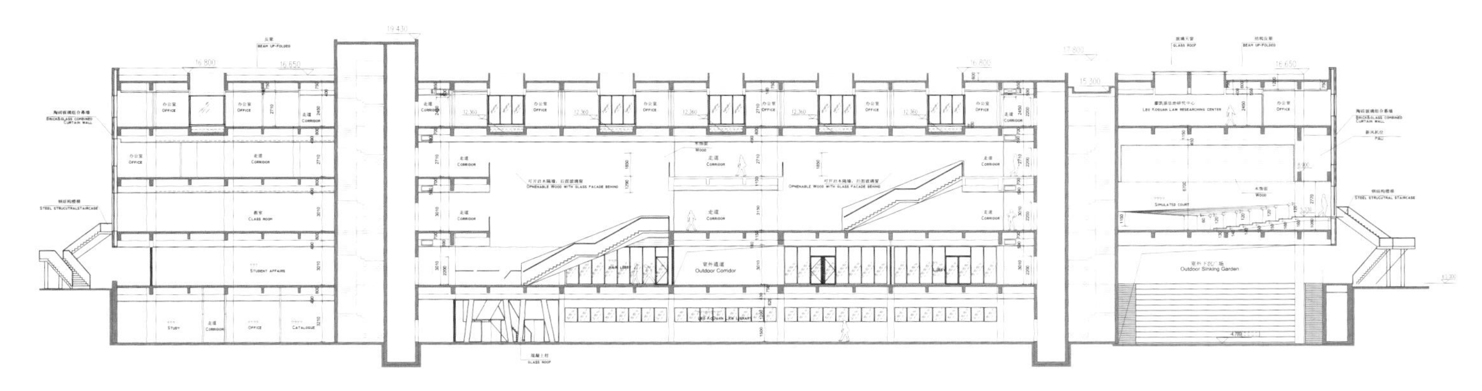

A-A 剖面图

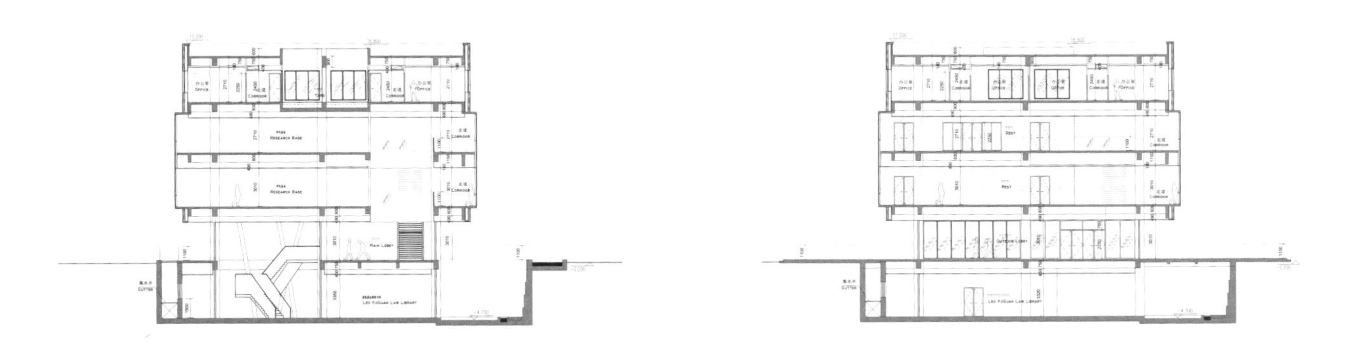

B-B 剖面图

C-C 剖面图

04

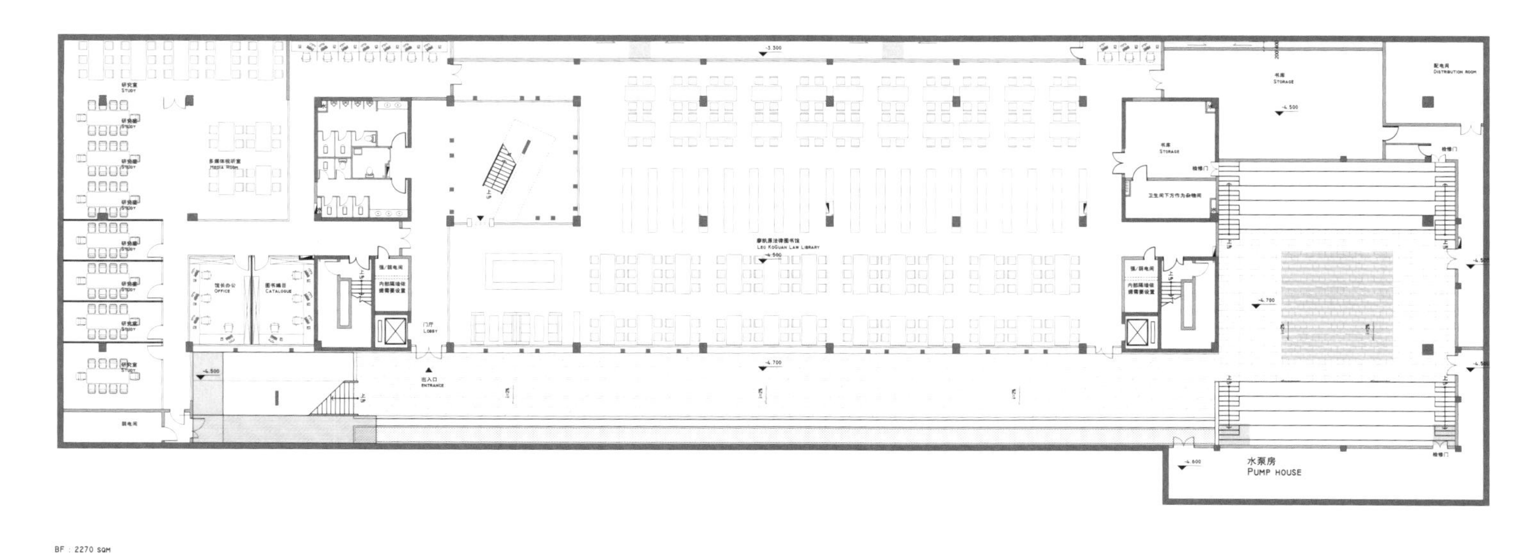

BF：2270 SQM

地下平面图

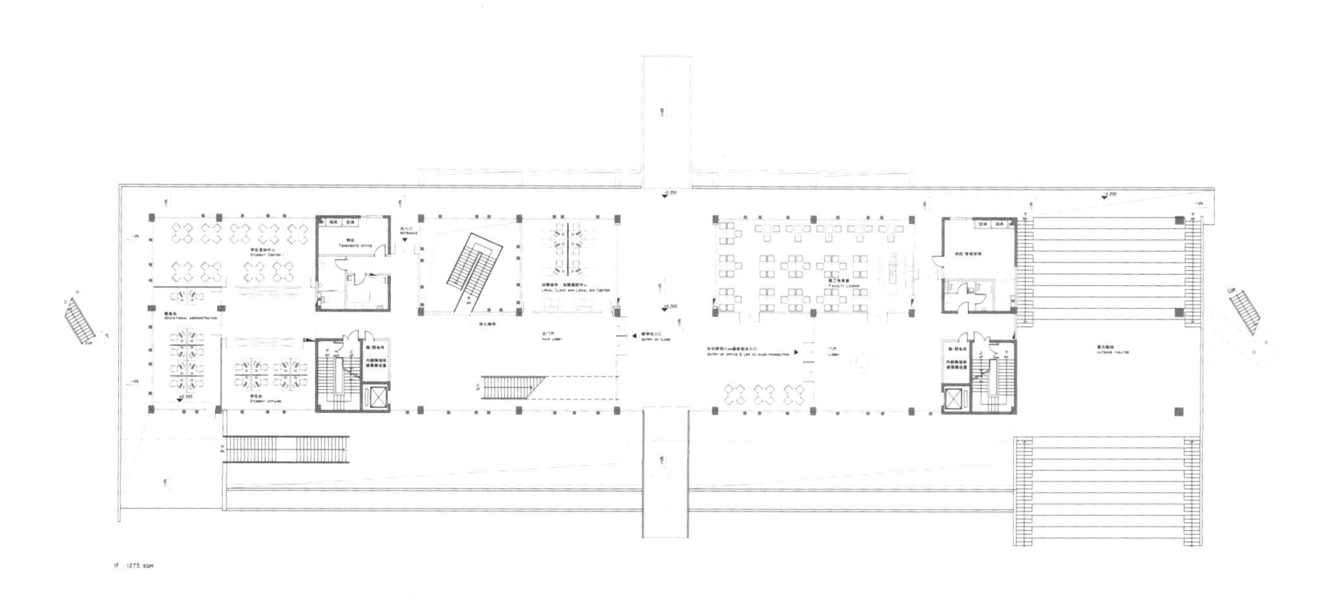

一层平面图

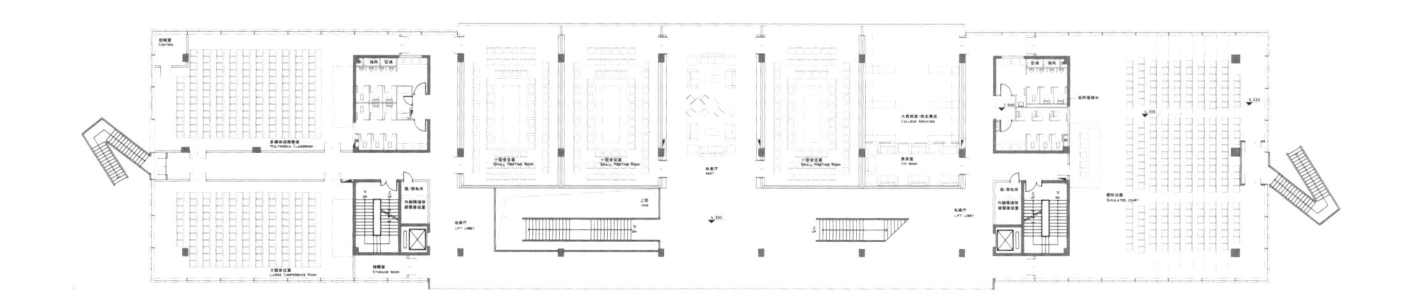

二层平面图

05 下沉庭院夜景
06 阶梯状台阶
07 下沉庭院日景
08 公共区域
09 礼堂

08

09

SUZHOU DUSHU LAKE HIGHER EDUCATION AREA XI'AN JIAOTONG LIVERPOOR UNIVERSITY ADMINISTRATIVE BUILDING

苏州独墅湖高教区西交利物浦大学行政信息楼

项目地点：江苏苏州
项目进度：2013 年建成
建筑面积：59 922 平方米
主要材料：钛锌板、铝板
结构形式：框架剪力墙结构
建筑设计：苏州设计研究院股份有限公司
主设计师：宋峻、胡世忻、章伟、温子先、温群、曹晶晶
合作设计：凯达环球建筑设计咨询（北京）有限公司

关键词
外立面
裙房
庭院弧墙

项目概况

西交利物浦大学行政信息楼位于苏州工业园区独墅湖高教区，是西交利物浦大学北校区的标志性建筑。整栋楼分为 4 个功能，学生信息中心、行政中心、培训中心及学生活动中心，分别从建筑的四个方向进入，人流量较大的培训及学生活动功能区位于一、二层，学生信息中心（即图书馆）位于中段，行政中心位于顶部，部分形体相交叉，功能又相对独立。

设计理念

设计以太湖石的概念为主要设计理念。一方面塑造独具特色的建筑风格和室内外空间；另一方面中空的室外庭院营造了舒适的气候小循环，给建筑设计带来节能、环保的可能。

项目尊重周边环境，建筑为现代风格，立面处理呼应太湖石的概念，简洁有创意。一层、二层裙房外立面材料为玻璃幕墙配合金属的竖向格栅，颜色与相邻的科研楼相呼应。北侧为绿化坡地，可以引导人流走到裙房屋顶活动。主体的处理简洁精致，玻璃幕墙外面为横向 GRC 出挑百叶，通过宽度的变化体现太湖石的质感。内部室外庭院的弧墙采用钛锌板，体现空间的自然与流畅性，与外立面百叶自然地过渡为一体。

01 建筑及周围环境

01

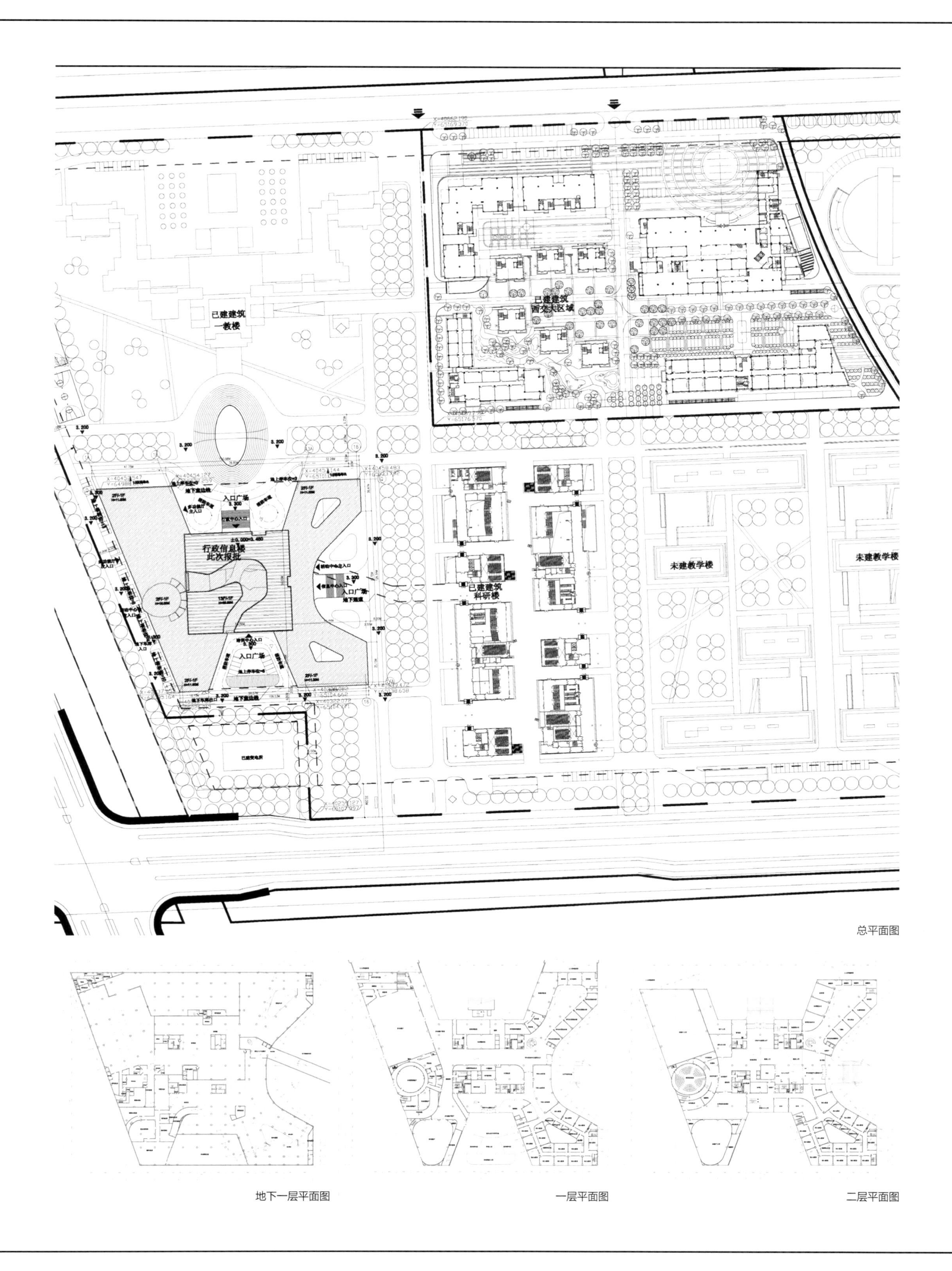

总平面图

地下一层平面图

一层平面图

二层平面图

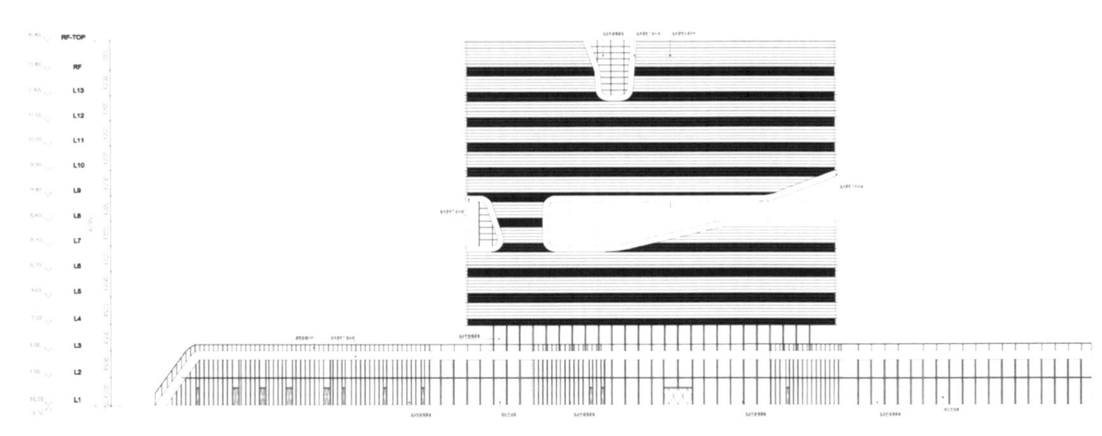
RF-TOP
RF
L13
L12
L11
L10
L9
L8
L7
L6
L5
L4
L3
L2
L1

南立面图

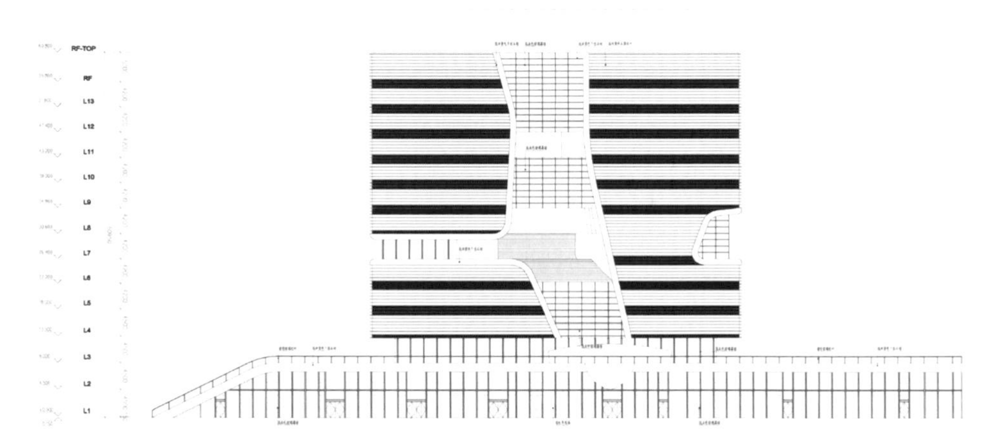
RF-TOP
RF
L13
L12
L11
L10
L9
L8
L7
L6
L5
L4
L3
L2
L1

西立面图

02

03

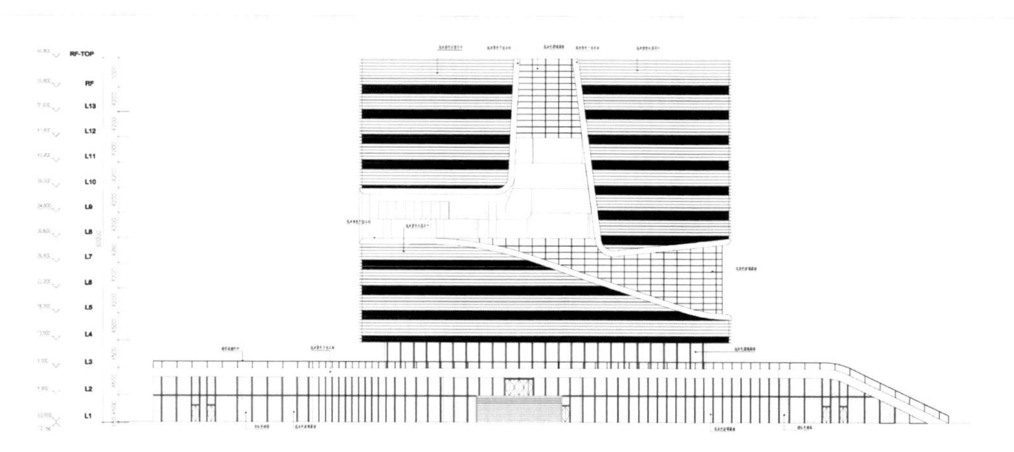

东立面图

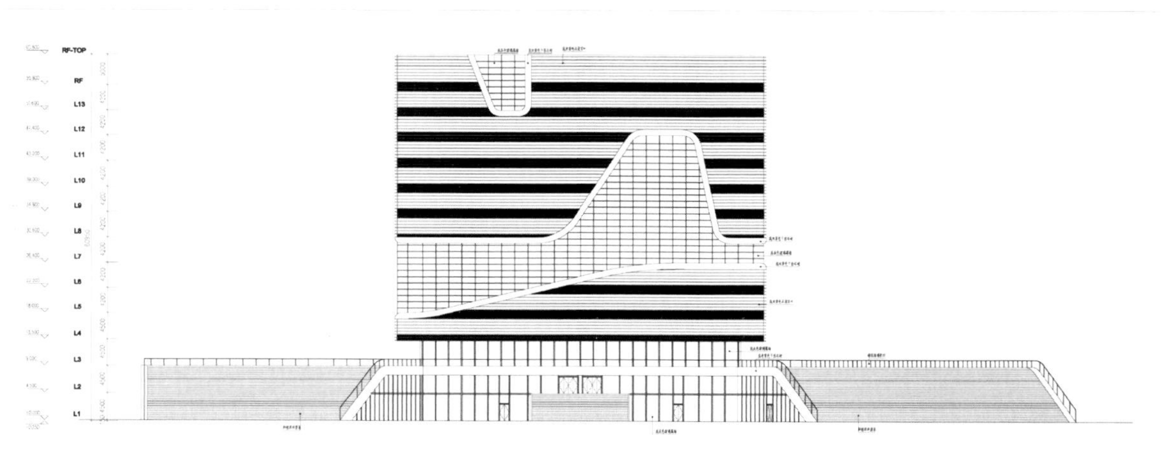

北立面图

02 西南立面
03 东北立面

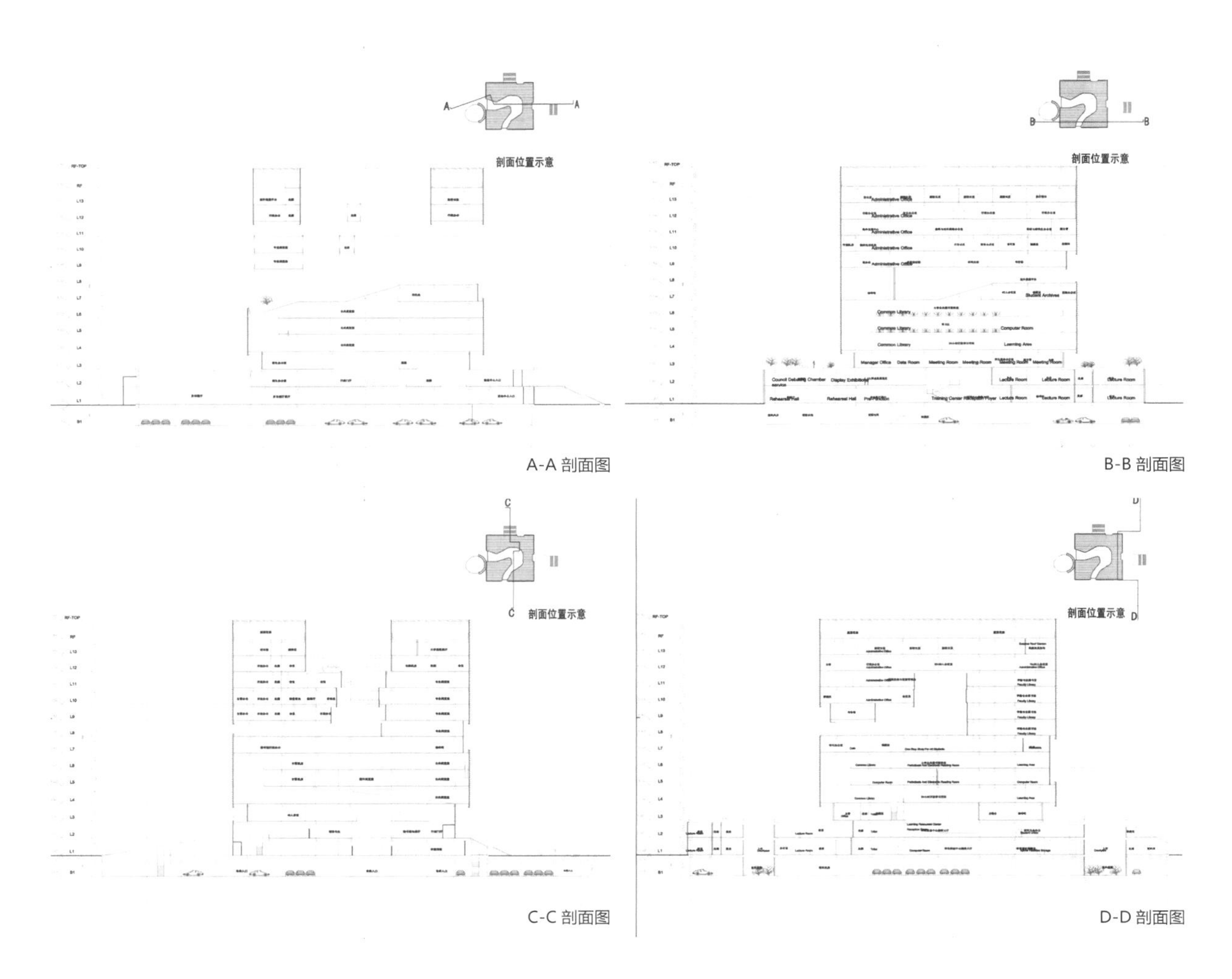

A-A 剖面图

B-B 剖面图

C-C 剖面图

D-D 剖面图

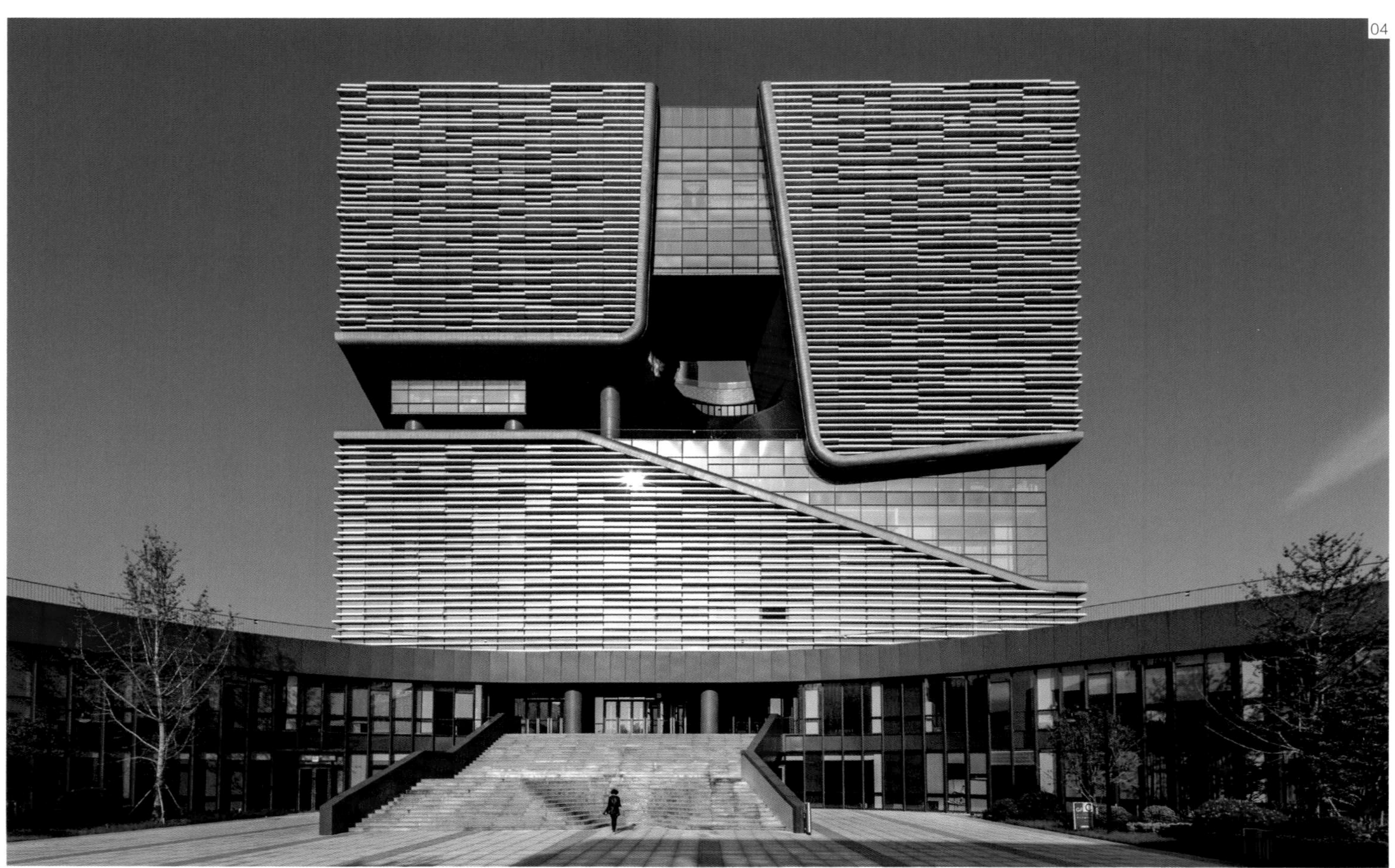

04

04 东立面
05 内部室外庭院的钛锌板弧墙
06-07 二层裙房外立面上玻璃幕墙配合金属的竖向格栅

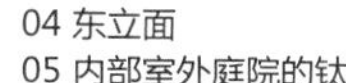

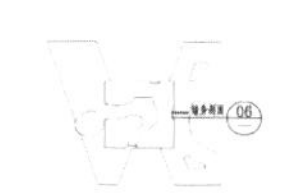

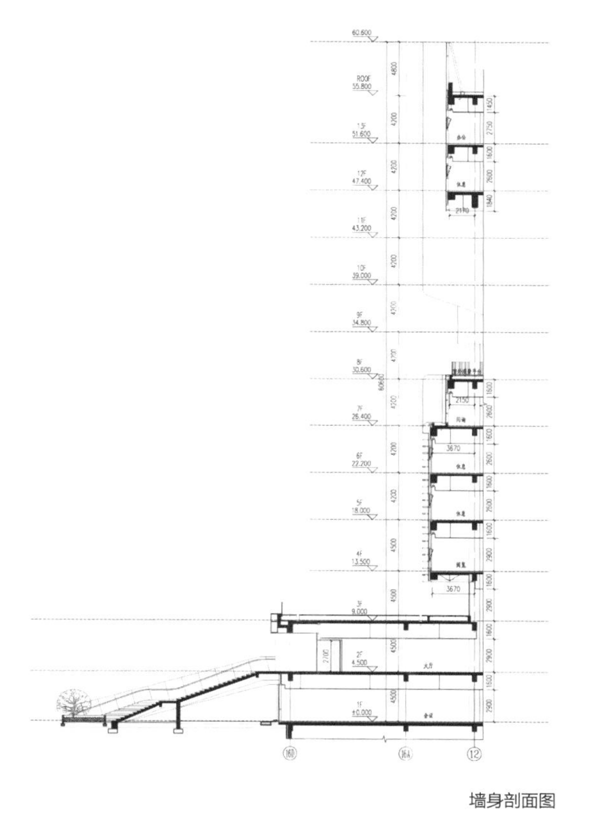

墙身剖面图

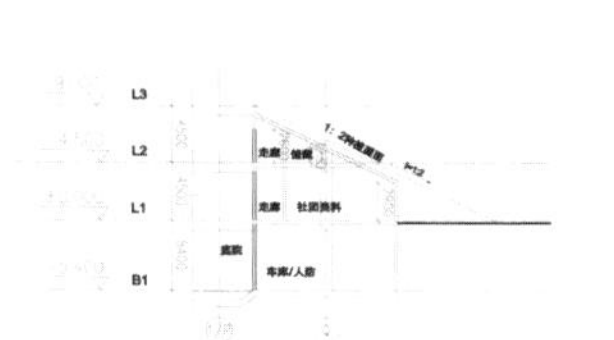

E-E 剖面图

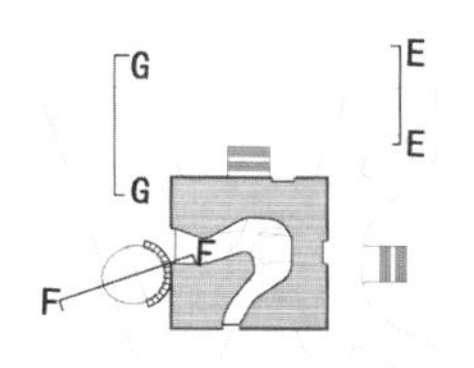

剖面位置示意

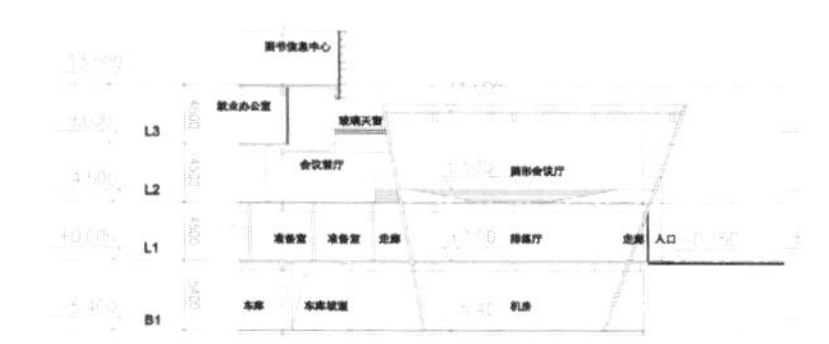

F-F 剖面图

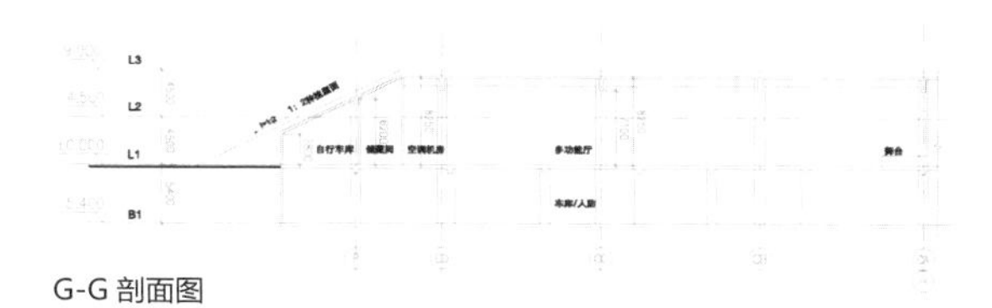

G-G 剖面图

FUJIAN PROFESSIONAL PHOTONIC COLLEGE

福建光电职业技术学院

项目地点：福建
项目进度：在建
占地面积：1 050 227 平方米
建筑面积：524 020 平方米
规划设计、建筑设计、景观设计：10 DESIGN（拾稼设计）
主设计师：Ted Givens
建筑设计团队：Ted Givens、Mohamad Ghamlouch、Sonja Stoffels、Ray Lam、atsuya Sakairi、Nkiru Mokwe、Xi Li、Bryan Diehl、Lynn Kim、Emre Icdem
景观设计团队：Ewa Koter、Ibrahim Diaz、Shingrong Wu
多媒体视频制作团队：Shane Dale、Miguel Vicente、Jon Martin

关键词
被动式太阳能原理
高科技创新的绿色低碳技术

设计理念

设计的核心理念是将这所大规模的学院融入周边的自然环境中，同时保留并加强基地的现有特征。设计寻求一种非侵入式结构，尽可能地实现这种结构与学院功能高效性的平衡。总体规划以被动式太阳能原理为支柱，由系列高科技创新的绿色低碳技术给予配套并加以强化，使该项目成为新型产品系统的试验台。项目所应用的高新绿色低碳技术包括光催化纳米涂料，海藻空气净化系统，有机肥料制造技术、热冷却系统、绿色墙体、水力和太阳能发电等高科技。

设计的首要目标是打造出自然与人工创造相平衡的未来可持续性校园。从总体规划阶段开始，经由建筑设计至景观设计都体现出该设计手法的实施。

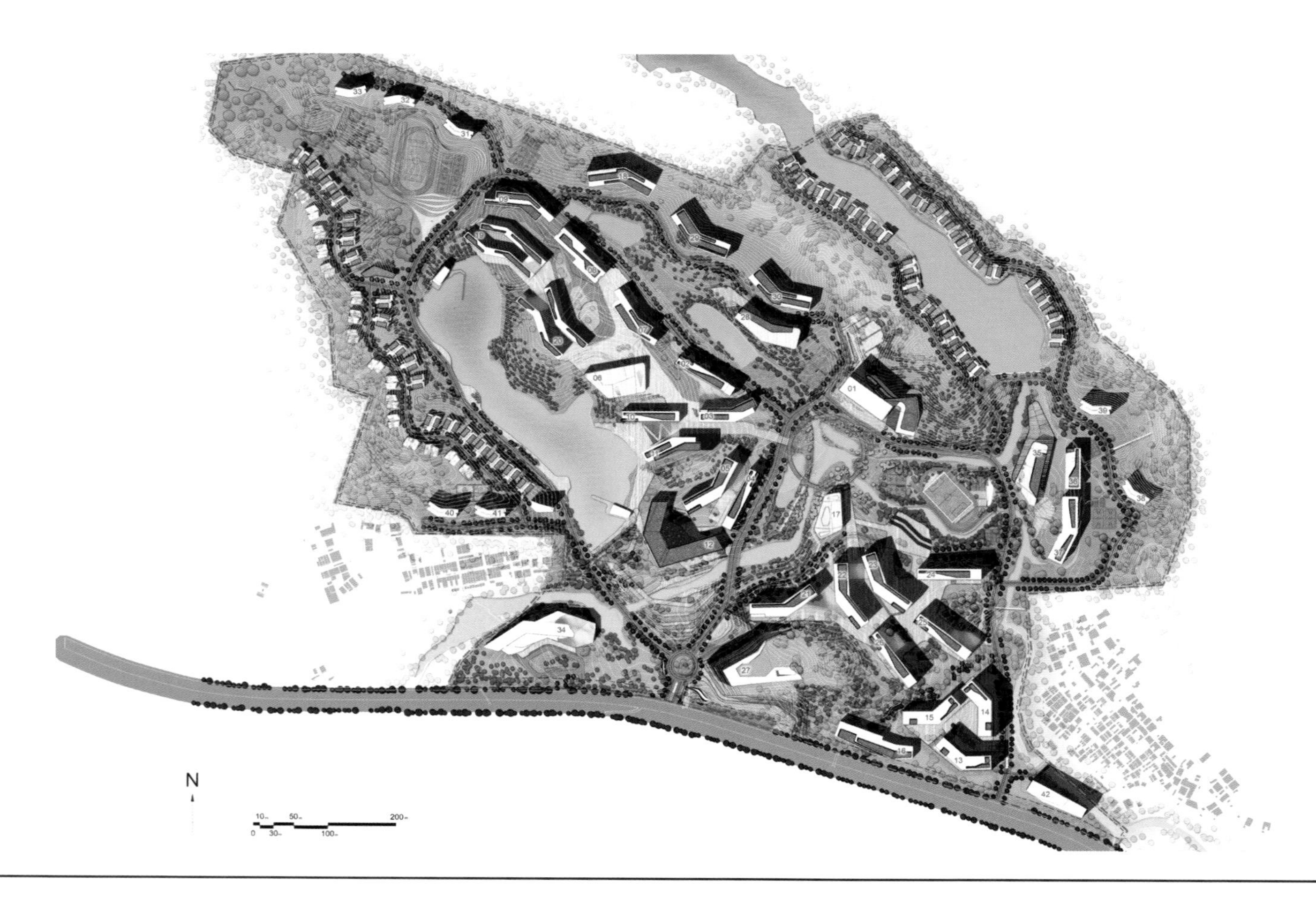

总平面图

01 鸟瞰图效果图
02 全景图效果图

在建实景图

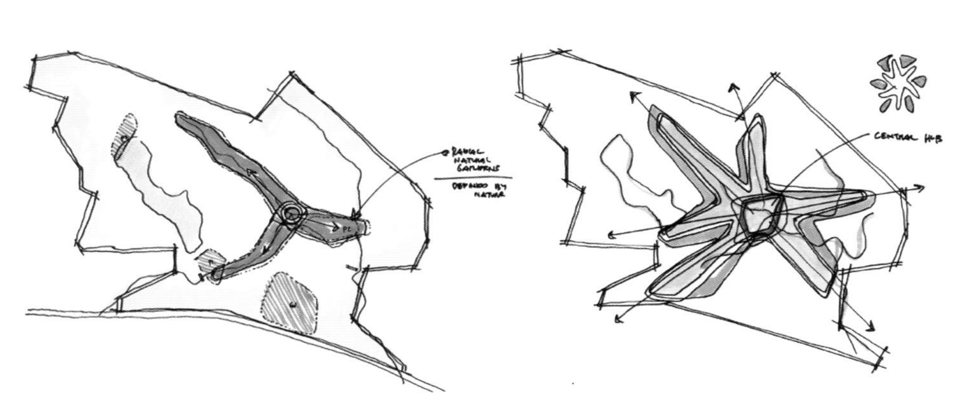

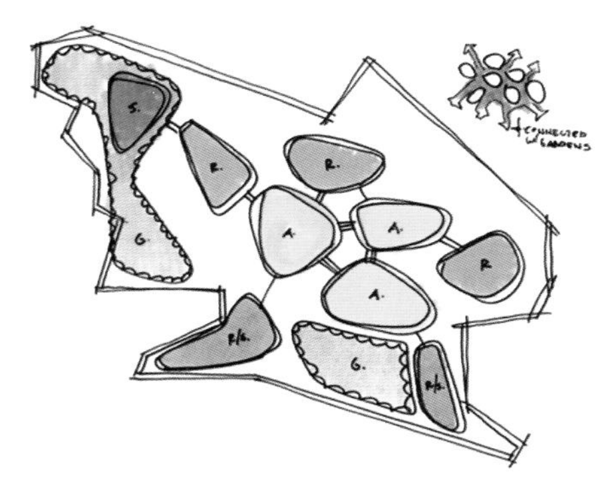

1 - Radial Natural Gardens

With the intention of retaining the sites three primary streams as natural gardens and pedestrian routes, the site is divided into three central segments and the outer ring.

2 - Radial Concepts

At the confluence of these green and water ways, with respect to the Chinese tradition of Feng Shui, a circular bridge forms the center of a radial campus plan.

3 - Building Clusters

Academic, Sport and Residential clusters, connected through the landscape, establish the ‘green campus’.

设计理念

03-04 行政楼效果图

剖面图

05

06

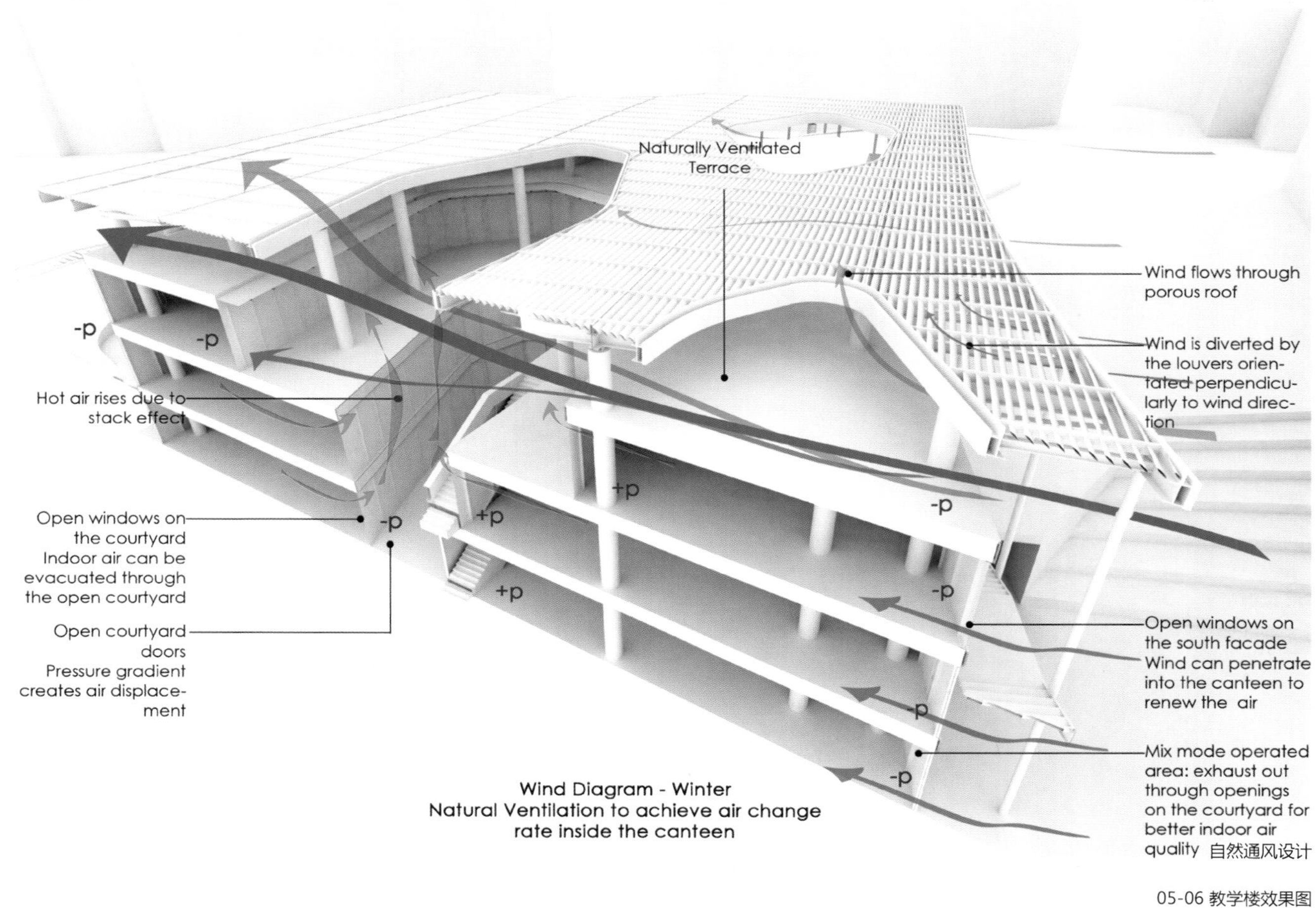

05-06 教学楼效果图
07 食堂效果图

KING GEORGE V SCHOOL

英皇佐治五世学校

项目地点：香港九龙城区
项目进度：2013 年建成
建筑面积：3 522 平方米（演艺大楼）
4 479 平方米（科学大楼）
建筑设计：吕元祥建筑师事务所

关键词
大榕树
立面设计

设计理念

演艺大楼

演艺大楼的地块中有一棵 18 米高的大榕树，大榕树本生长于原有饭堂的后园，建筑师巧妙地将这个环境的限制变成设计的重心。位于演艺大楼底楼的两层新饭堂绕树而建以“怀抱”大榕树，露天剧场于底层饭堂的末端展开，融合室内与室外的空间，并与整个校园开放的空间无缝衔接。置于二至五楼的音乐及戏剧工作室外的露台用作师生的休憩及小型表演空间，并能俯览大榕树，让学生有置身于树丛中学习的体验。

本设计特选用明亮色彩的外墙为校园增添活力。三原色——红、黄、蓝作为主题颜色以响应本大楼的艺术主旨。参照抽象表现主义的构图技巧，南立面涂上不同的色块，配合置于前方的遮阳板及其光影，整个立面仿如将几层不同元素置于一个大画布之上，以雕塑出一幅大型的拼贴画。遮阳板的设置亦对应南面的日照角度，以适量地遮挡日光，达到节能的效果。

01 红、黄、蓝主色调的演艺大楼外观
02 演艺大楼夜景

01

02

04

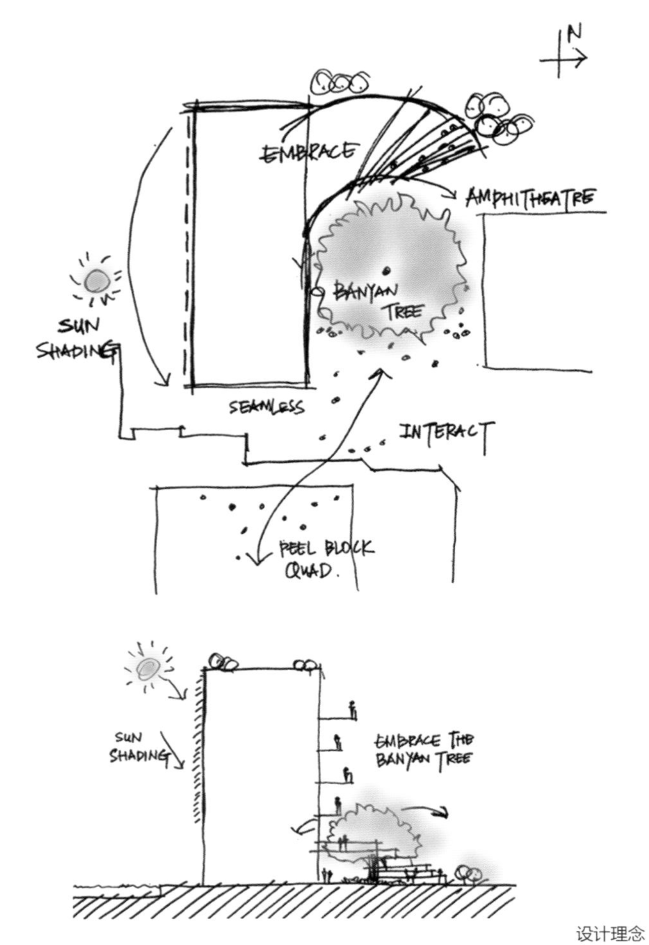
N
EMBRACE
AMPHITHEATRE
BANYAN TREE
SUN SHADING
SEAMLESS
INTERACT
PEEL BLOCK QUAD.
SUN SHADING
EMBRACE THE BANYAN TREE

设计理念

05

06

07

03 演艺大楼外立面
04-05 演艺大楼底楼的两层新饭堂绕大榕树而建

06 二至五楼的露台用作师生的休憩及小型表演空间

科学大楼

科学大楼位于贝璐楼（位于校园心脏地带的二级文物）的南面。其坐落的位置配合其他大楼组成了一个中庭空间。为延伸中庭的开放空间，建筑师于大楼的底层，置于演讲厅外的 6 米高的前厅提供可扩充的空间，并与毗邻的中院及贝璐楼连接。

科学大楼的 13 个标准实验室由一个个的标准模块所组成，并坐拥青葱的大球场景观。露台亦用作师生的休憩空间，其中两个模块更被挑空作为自然通风口——大楼的呼吸空间（及用作师生的非正式交流空间）。

青绿色——一种冷静而明亮的颜色被选为科学大楼的主色调。它既营造了科学逻辑，感亦同时能令人联想起大自然，并为校园增添活力。另外，遮阳板设置于东面外墙，以适量地阻挡日光，达到节能的效果。

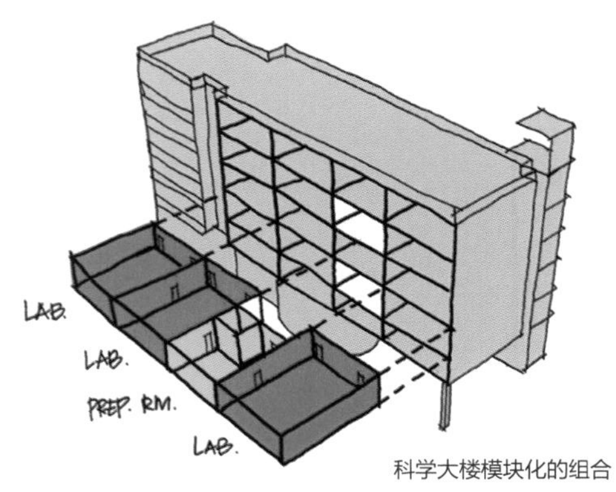

科学大楼模块化的组合

07 建筑上层其中两个模块被挑空作为自然通风口
08 青绿色主色调的科学大楼外观
09 科学大楼侧立面

10

10 科学大楼的露台
11 科学大楼底层 6 米高的前厅
12-13 科学大楼室内空间

13

14

KOWLOON JUNIOR SCHOOL
九龙小学

项目地点：香港九龙城区
项目进度：2013 年建成
建筑面积：17 497 平方米
建筑设计：吕元祥建筑师事务所

关键词
立面设计
蓝色盒子
共享休憩区

项目概况

本项目旨在把九龙小学原先位于巴富街及玫瑰街的校舍融合为一，巴富街的新校舍教室数目将由 15 间扩充至 30 间。

新校舍由教学大楼及礼堂大楼组成，一楼及三楼有天桥连接。因教室须连接附近的开放空间，最终形成了两座大楼高低错落的形态，同时也可充分利用地面及楼顶的空间。

01 教室立面夜景
02 教室立面细部
03 由天桥相连接的两座教学楼

01

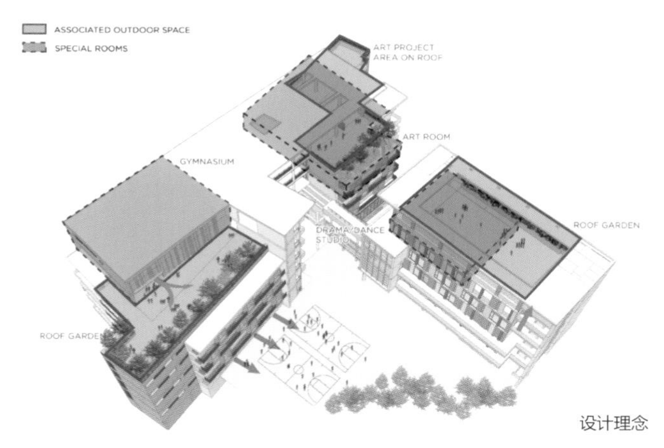

设计理念

设计特色

九龙小学的设计有别于传统学校，没有采用以长走廊连接教室的做法，反而以宽阔的共享休憩区联系各年级的五个教室。由于教室采用可活动的隔音玻璃门连接共享区，教师及学生能够将教室的活动伸延，适合各种教学模式。教室另一边连接半开放阳台以便学生休息之用。校舍立面设计了一个个蓝色盒子，突显每个教室均享有的平台，学生可由此眺望街景或操场。

色彩的运用丰富了整个设计主题。校舍立面特别选用校徽的深蓝色作主调，而每层则挑选了不同颜色作主色，应用于墙身、地面饰面、特色入口以及指示牌。

校园内有不少可持续的设计概念，如楼顶的绿化小园地、校舍入口及楼顶美术活动区的太阳能光伏电板、繁茂的植物等。原来校舍的石材亦被保留及翻新，并安装在正门入口的围墙上，以减少建筑废物。

02

03

04

05

04 由共享休憩区连接的教室立面上设计的蓝盒子作为每个教室的平台
05 礼堂大楼
06-07 用隔音玻璃分隔的教室及共享区

06

07

WUXI QIAOYI EXPERIMENTAL MIDDLE SCHOOL

无锡侨谊实验中学

项目地点：江苏无锡
项目进度：2013 年建成
建筑面积：16 280 平方米
建筑设计：筑境设计（原中联程泰宁建筑设计研究院）
主设计师：薄宏涛

关键词
坡顶
江南特色

设计理念

校园总体规划以校园整体环境为主，单体建筑是构成整个校园环境的一个个细胞。单体建筑在平面功能上合理地解决了朝向、采光、通风使用及交通等问题，在立面造型上突出个性，体现文化建筑的内涵，形成优美的校园环境和人文景观。

校园建筑力求新颖别致，明快清新，形成浓郁的文化气息，总体色调以黑、白、灰为主。立面处理上局部采用坡顶，并利用传统式的建筑符号，营造高贵典雅的艺术氛围。注重体块的穿插，虚实的对比，空间形态的多样化。利用连廊形成灰空间，达到室内外的过渡和交融。采用粉墙黛瓦总体格调，营造出浓厚的江南建筑特色。

01 全景
02 入口
03 模型

01

02

03

04

04-06 教室及连廊形成的庭院空间
07 立面

SUZHOU WUJIANG SHENGZE KINDERGARTEN
苏州吴江盛泽幼儿园

项目地点：江苏苏州
项目进度：2013 年建成
用地面积：16 227.2 平方米
建筑面积：52 138 平方米
建筑设计：同济大学建筑设计研究院（集团）有限公司
设计团队：张应鹏、黄志强、董霄霜、马嘉伟、唐超乐、乔刚、王濛桥、肖蓉婷、许鑫、李红星、苗平洲、毕求、赵金刚、姜进峰、彭微海

关键词
花瓣状窗
井窗
彩色涂料

设计理念

因地制宜：用地呈东西向短南北向长的特征，为与长方形地块相协调，建筑沿中心大道呈南北向展开，在满足幼儿园建筑本身采光需求的同时，最大可能降低沿马路噪音，同时为创造连续而丰富的城市界面提供可能性。

可识别性：方案摈弃了传统幼儿园建筑围绕广场成组团状分布的设计思路，采用更符合城市尺度的建筑整体化布局思路，为能设计丰富的室内外交流空间提供可能性。同时建筑立面也摈弃了围绕主入口展开立面开窗的传统构成方式，而采用强调整体的连续立面的构成方式，使建筑更加城市化。

便利性：设计综合考虑、分析地面人行流线、室外停车场流线与地下停车库出入口之间的相互关系，合理布置各种功能分区和交通流线。

01

设计特色

在地块西侧一、二层设置食堂、图书馆、多功能厅等公共功能，交通便利，流线清晰，以利于到达，二层以上设置办公、档案及会议室，在远离城市干道的地块东侧一至三层设置生活活动用房等主要学习、游戏功能，尽可能隔离交通噪音。

建筑造型为整体式布局，建筑立面强调建筑体块感，开窗方式强调虚实对比，使建筑极富立体感。为体现幼儿园建筑的独特形象特征，在立面上设置花瓣状窗和各种观景用的井窗，窗四周涂刷彩色涂料，整体造型简洁明快，突出“大气而不失活泼、高效、现代、美观的新时期幼儿园的建筑气质”。

01 鸟瞰图
02 建筑主入口

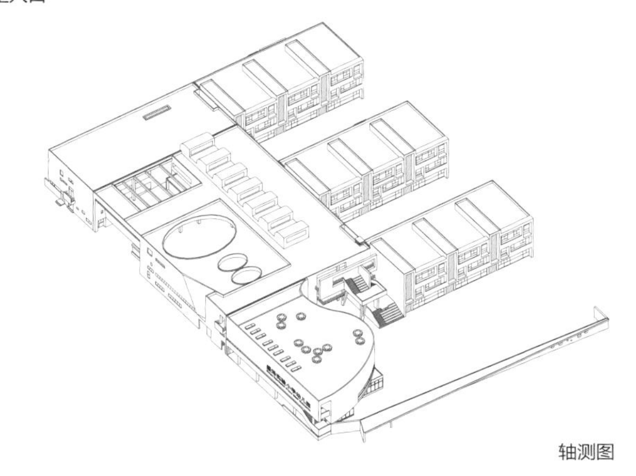
轴测图

02

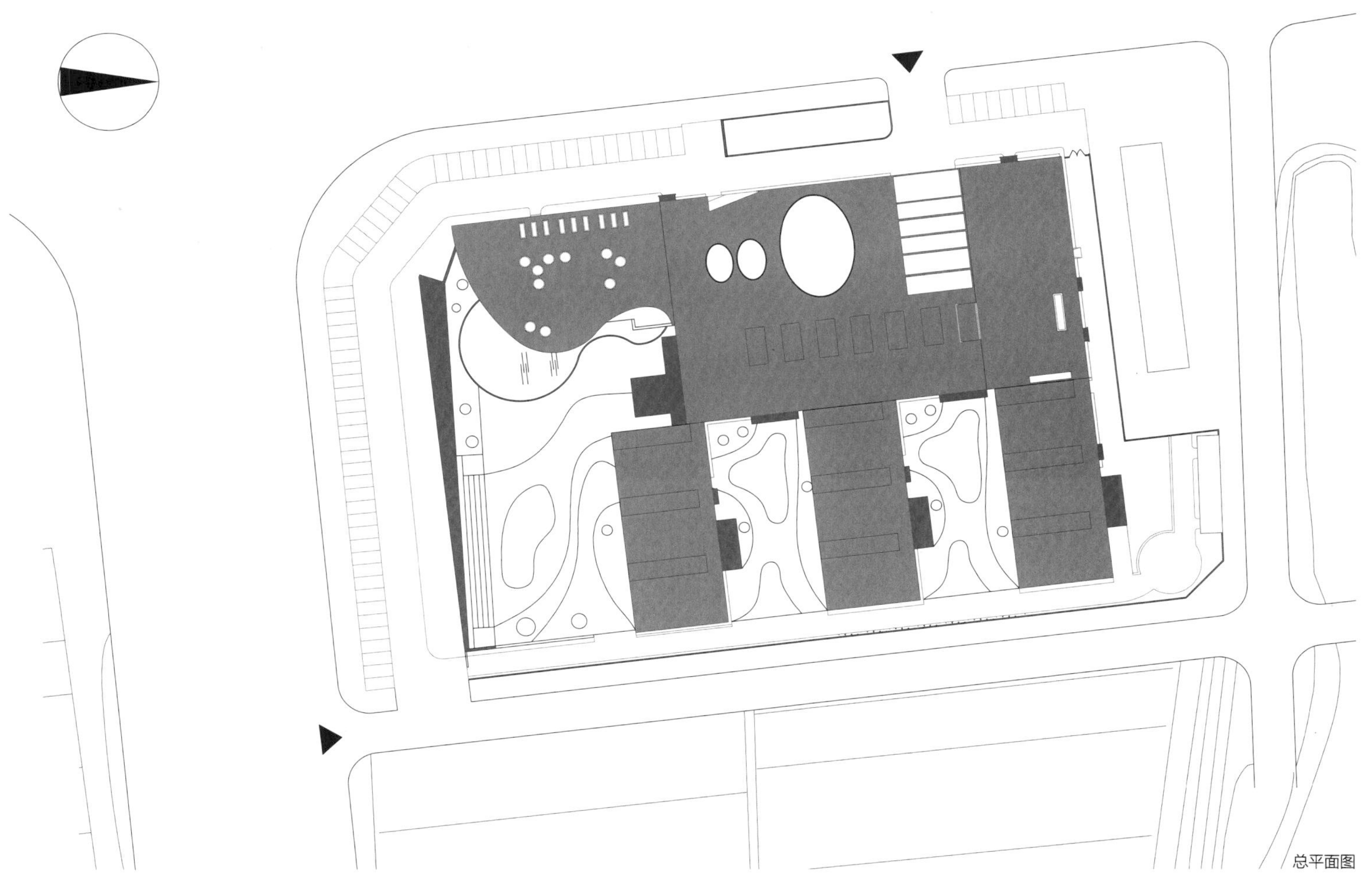
总平面图

03

04

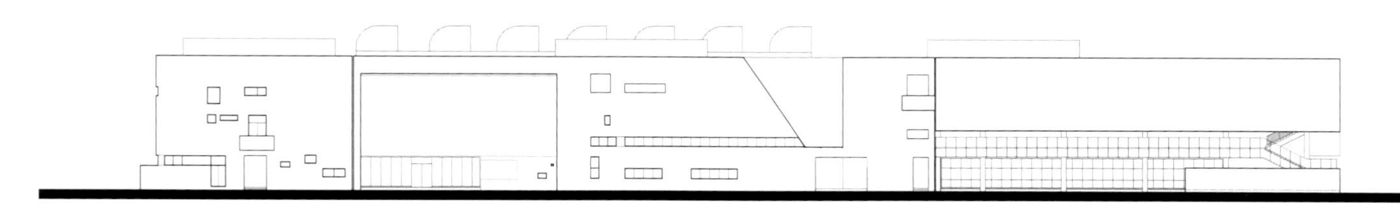

西立面图

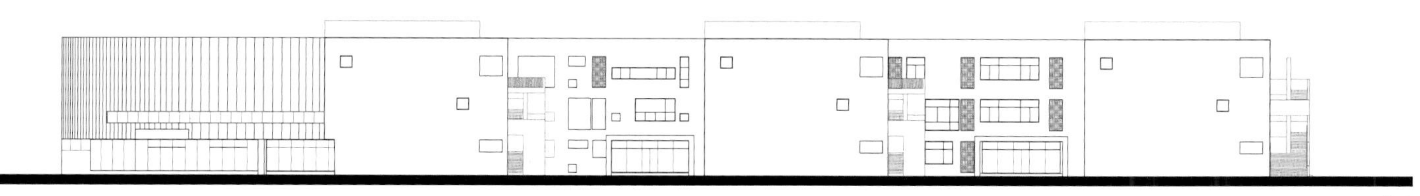
东立面图

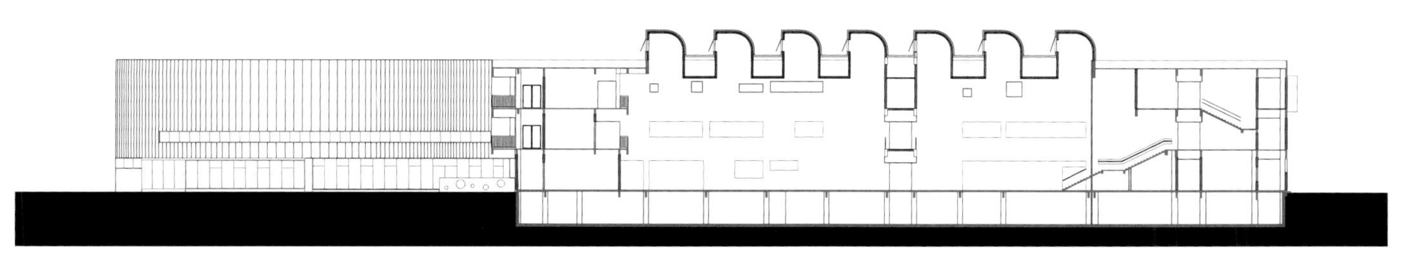
剖面图

03 建筑南立面
04 建筑西立面
05 从东南方向看建筑

05

06

二层平面图

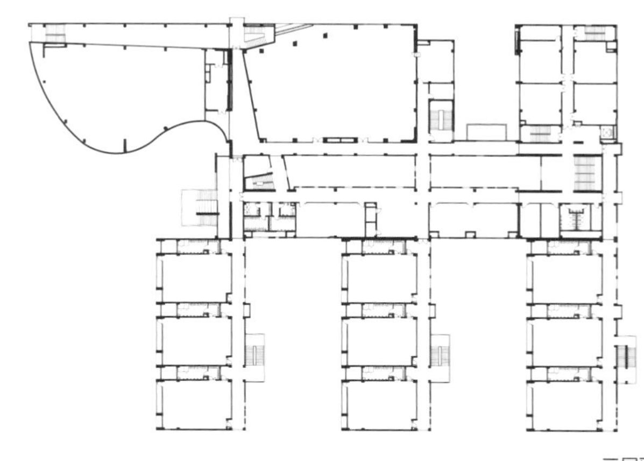
三层平面图

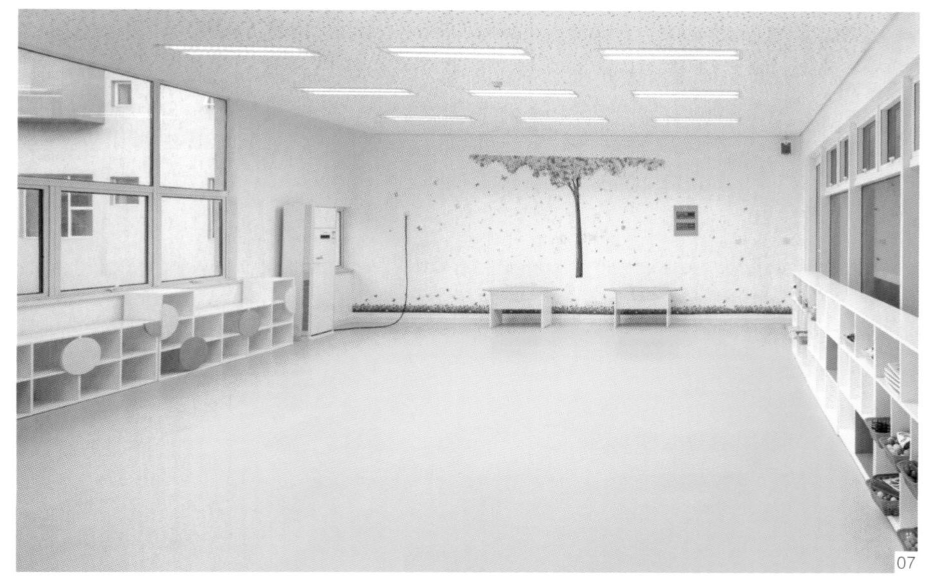

07

08

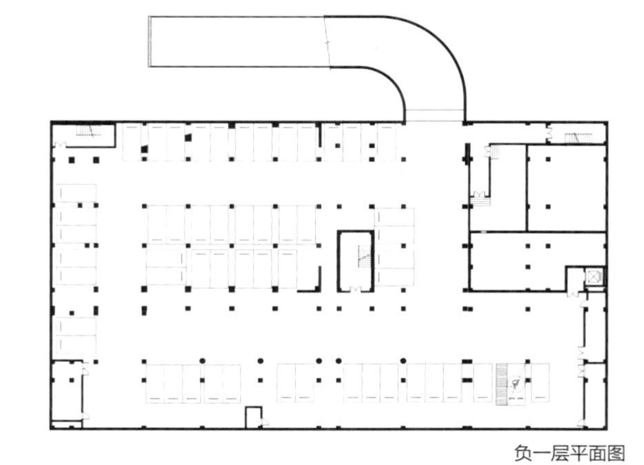

负一层平面图

06 活动场地与水池
07 综合操作室
08 共享大厅
09 舞蹈房

09

BASKETBALL STADIUM IN DONGGUAN
东莞篮球中心

项目地点：广东东莞
项目进度：2014 年建成
建筑面积：60 600 平方米
建筑设计：gmp
主设计师：曼哈德·冯·格康、斯特凡·胥茨、斯特凡·雷沃勒
项目负责人：Katina Roloff
竞赛方案设计：杨莉、Linda Stannieder、殷超杰、曹平、Marlene Törper、周斌
项目实施设计：曹平、杨莉、殷超杰、Jenny Thia、Andreas Maue、潘昕、Matthias Wiegelmann、Johannes Erdmann、Clemens Döhler、Sun Lulu 、Artur Platt、周斌、李凌
合作设计：中国建筑科学研究院建筑设计院

关键词
三向网格曲面索网幕墙
中空安全玻璃

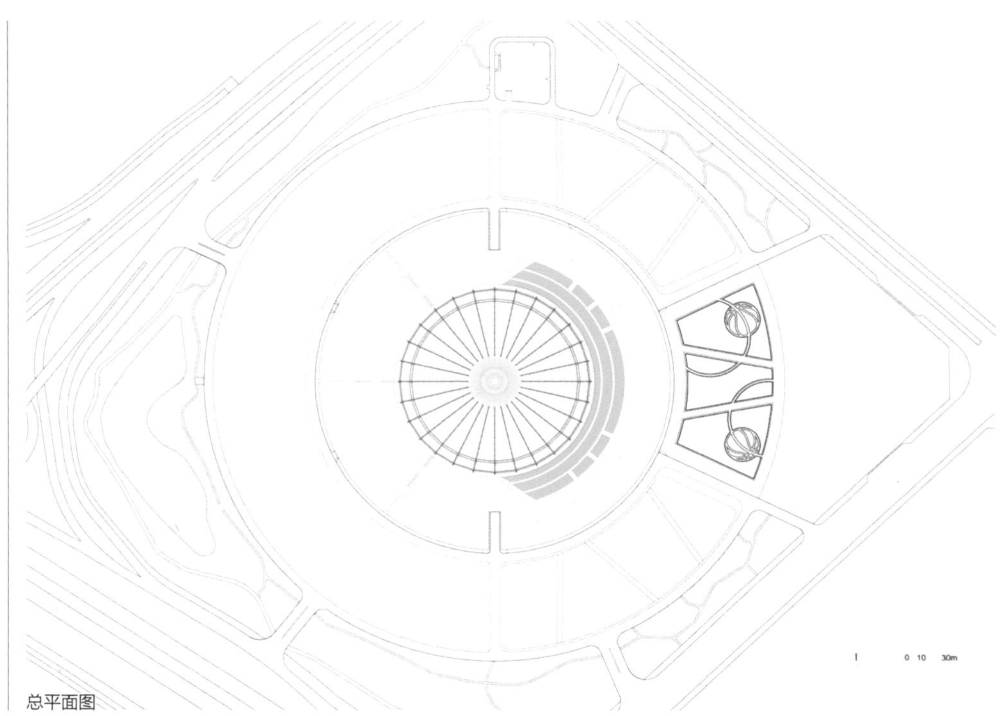
总平面图

01

设计理念

项目丰富多样的设计手法再现了篮球运动的几个元素：建筑主体位于一座抬高的基座上，屋面坐落于之字形钢柱之上，其环状流线型令人联想到篮筐的边缘，系于其下的网状的立面为世界范围内首次使用的三向网格曲面索网幕墙体系，并以中空安全玻璃封闭。赛场主体外墙颜色采用篮球所有的典型橙色，在网状幕墙结构之后格外鲜明，另外赛场内部也使用了橙色进行装点。放射状的屋面直径为 157 米，呈波浪状的压力环造型。其上连接 28 根径向横梁，并以桁架结构给予加固。

体育馆被一个大型公园所环抱，是喧闹的大街到赛场之间的缓冲地带。公园绿地的规划采用了与体育场造型相似的元素。宽阔的绿化带、水边蜿蜒的小径围绕着体育馆四周，提供了理想的室外运动休闲场地。

02

03

04

01 远景
02 近景
03 入口
04 夜景

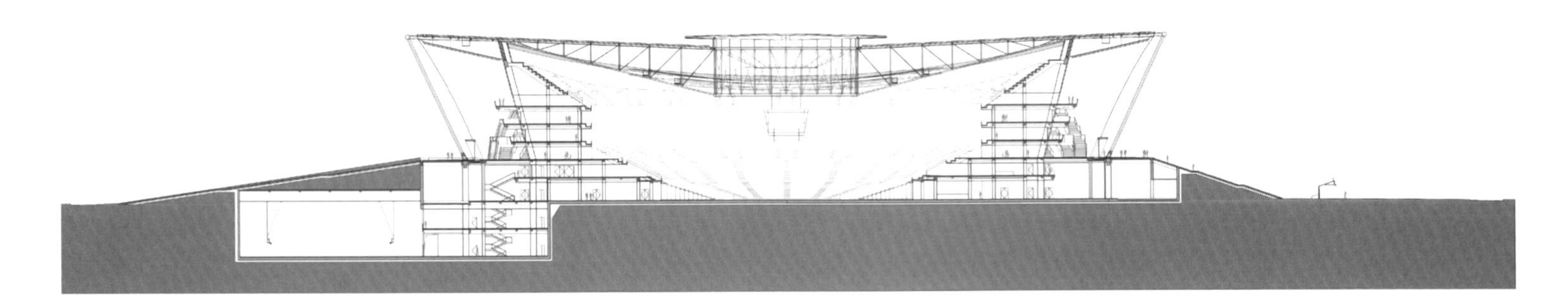

1-1 剖面图

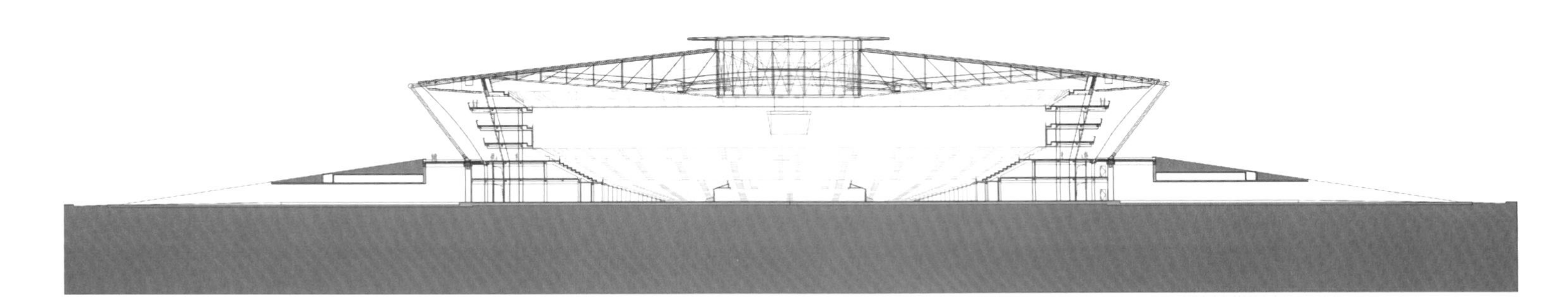

2-2 剖面图

05 环状流线型屋顶位于之字形钢柱上
06 室内楼梯及幕墙
07-08 幕墙及橙色墙体
09 三向网格曲面索网幕墙
10 篮球中心室内看座

05

06

07
08
09
10

CHANGJI STADIUM
昌吉体育馆

项目地点：新疆昌吉
项目进度：2013 年建成
建筑面积：16 385 平方米（地上）
建筑高度：28.9 米
建筑设计：中国建筑设计研究院器空间建筑工作室
结构形式：钢筋混凝土框架结构（主体及看台）
钢结构网架（屋面）
摄像：张广源

关键词
民族地域性的建筑符号和细节
石材

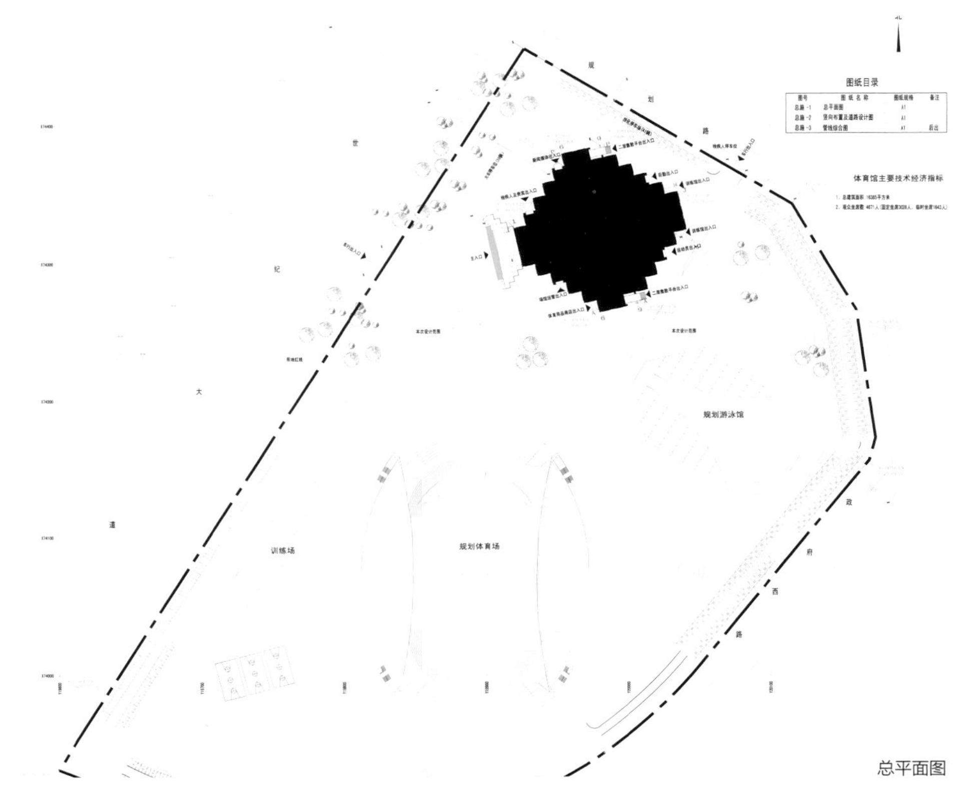
总平面图

01

设计理念

项目设计理念是将若干个相似的散落个体按照一定的秩序紧密地结合在一起，组成一个充满力量感，无法分割的整体，这种整合的状态同时又十分契合体育馆建筑对大空间的需求。建筑的气质充分展示了体育建筑的魅力，体现体育运动的精神力量，同时，还寄托了民族团结的美好愿望。

体育馆的细节处理也经过了深度的推敲。在设计过程中，整理了很多民族地域性的建筑符号和细节，这些传统的元素经过提炼浓缩，以现代的手法展现出来，使建筑具备了比较强的可识别性。

在材料的运用上，设计对同一块石材采用两种不同的工艺处理，使石材在不同光线下表现出个体差异，菱形图案同样充分考虑到了地域特色的表现。

昌吉体育馆是一个现代化的体育建筑，但同时也区别于其他的现代体育建筑，它可以说是从这片土地上生长而出的，有足够的理由存在于这个特定的区域，成为这座城市代表性的建筑。

02

03

01 远景
02 体育馆入口
03 立面

04-05 充满异域色彩的建筑外立面

06 夜景
07 立面上充满地域色彩的菱形图案
08-09 立面局部夜景

10

11

10 建筑细节上的异域风情
11 屋顶细节
12-13 室内篮球场

12

13

1/2 STADIUM
1/2 体育场

项目地点：北京石景山区
项目进度：2013 年建成
建筑设计：空格建築
主设计师：高亦陶、顾云端
摄影：顾云端

关键词
改建
非连续性的环形建筑

项目概况

从尺度、规模、形式和使用上来说，这个位于北京中学校园里的项目都介于风雨操场与正式体育场之间，所以称之为“1/2 体育场”。

由于周边城市道路的调整，令学校原来的标准操场被占用。即将到来的校舍扩建计划，令位于教学楼北侧这个三分之一处在阴影笼罩里的老旧操场成为该校唯一的室外活动场地。

操场南侧靠近教学楼处有一个 12 米 X 7.8 米 X 0.8 米的大理石主席台，用作日常课间操的领操台以及举办学校活动的舞台，主席台对面是全长 120 米的红色大理石台阶。校长希望可以通过改造以上两个设施，解决原有风雨操场形象陈旧的问题。

对于总面积达 1.7 万平方米的场地来说，原主席台 0.8 米高的散落式建筑片段毫无意义。原主席台处于教学楼的阴影里，渺小而不起眼；遥遥相望的主席台与看台大台阶相隔超过 70 米，观看与被观看者之间很难感受到对方的存在；操场的西面隔着一排树木的地方，两个过于隐蔽的篮球场利用率很低；教学楼阴影下的人行道上则散放着十几张常年不见太阳的乒乓球桌；原有的汉白玉栏杆升旗台与学校年轻的形象格格不入。多种复杂功能之间缺乏有效的联系，难以形成强烈的场所感。

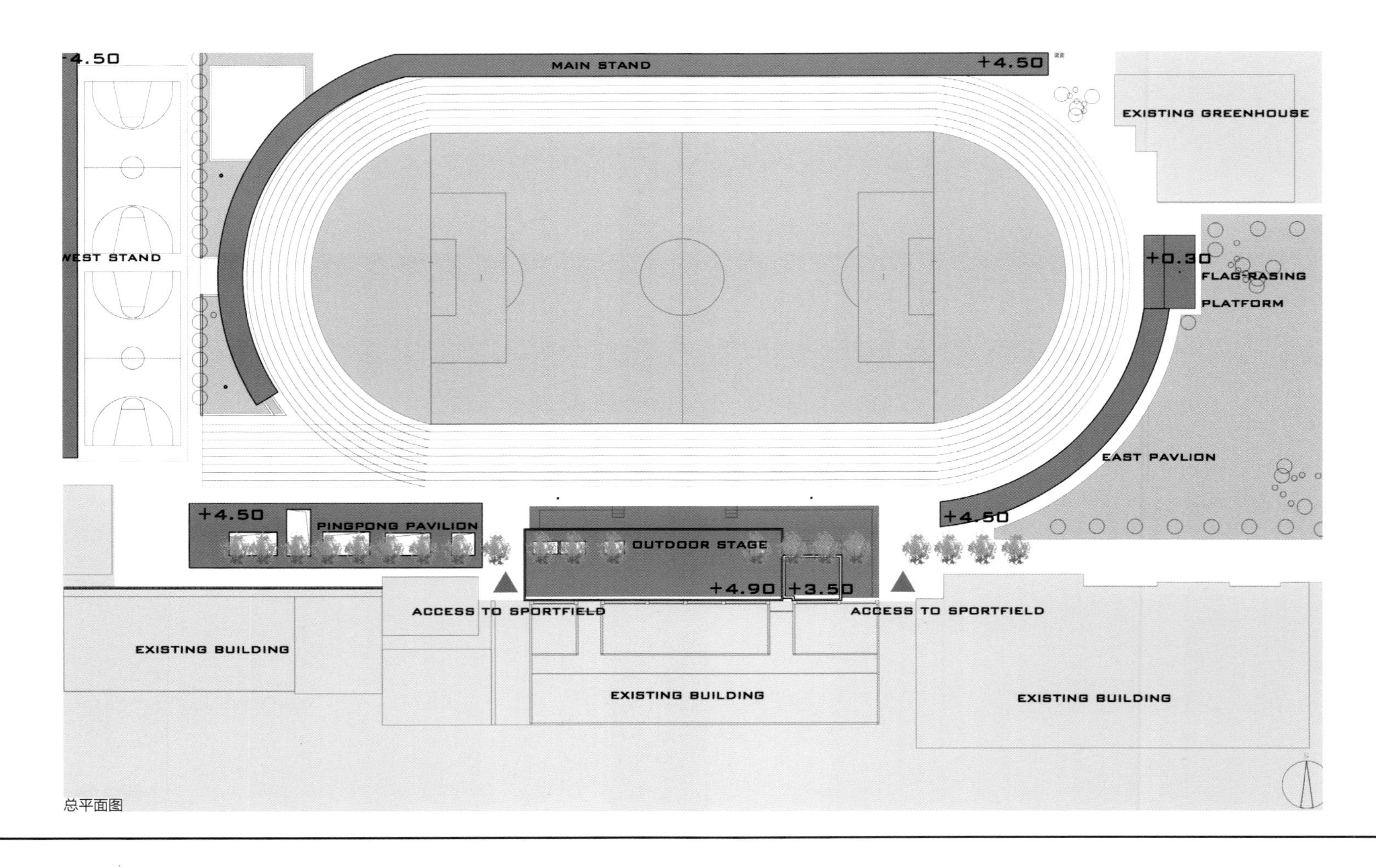

总平面图

设计理念

设计通过一个非连续性的环形建筑将场地与功能汇总成单一且各自独立的系统。

风雨操场用统一语言和材料围合，在需要的地方加上座椅和屋顶，留出灵活使用的空间，保留一些难以拆除的构建。穿插在建筑中的高大树木完成了从屏障到联系的本质性转变；教学楼北侧原本令人感到不适的阴影区里两个模糊了室内外边界的建筑（包含临时的食堂、广播室、舞台及乒乓球桌）大大消解了阴影造成的不适感；乒乓球区域的墙面在阻挡西面吹来的寒风同时又为使用者提供了观看的座位。

一个普通的体育场通常是指一个能够容纳各类体育赛事的半室内建筑，并为观众提供观看比赛的座位。这个被非连续环形建筑围合起来的风雨操场，与体育场十分相似。由于在城市校园内，除了进行体育运动之外它亦具有一些日常的、闲散的功能。草坪和座位为饭后的散步和午后的休闲聊天提供场所，这种功能和规模的趋向性以及使用方法的差异性，最终造就了这个“1/2 体育场”。

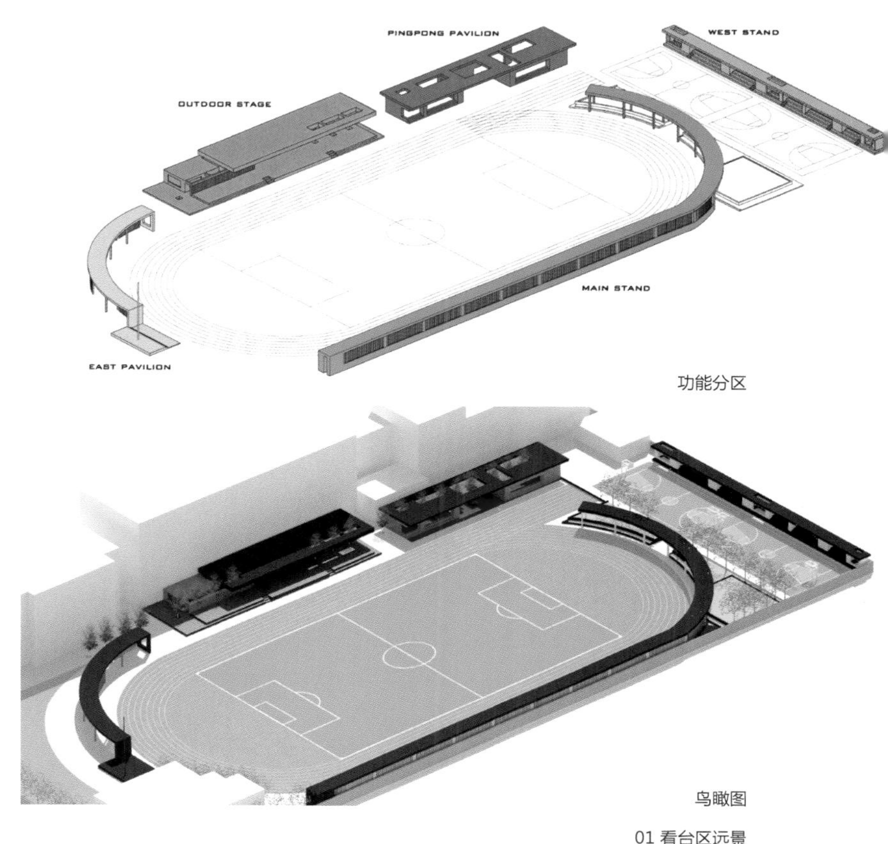

功能分区

鸟瞰图

01 看台区远景

01

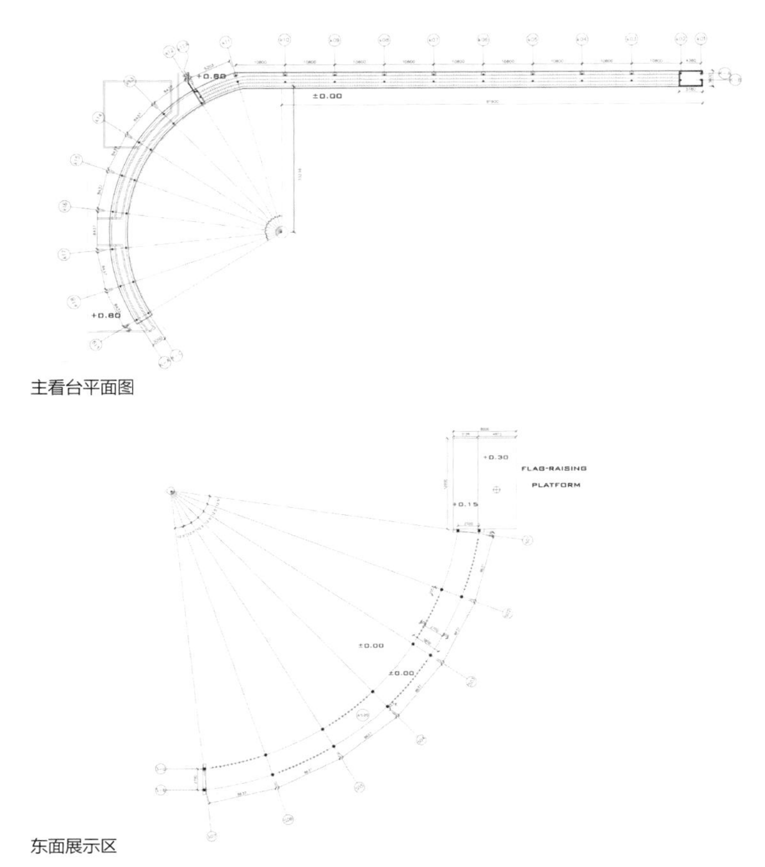

主看台平面图

东面展示区

02 东面展示区
03 主看台区

04

04-05 乒乓球区域
06 乒乓球区域的墙面在阻挡西面吹来的寒风同时又为使用者提供了观看的座位

乒乓球区域平面图

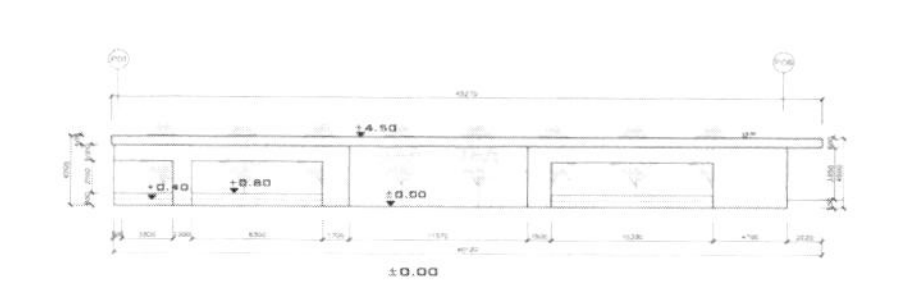

乒乓球区域北立面图

05

06

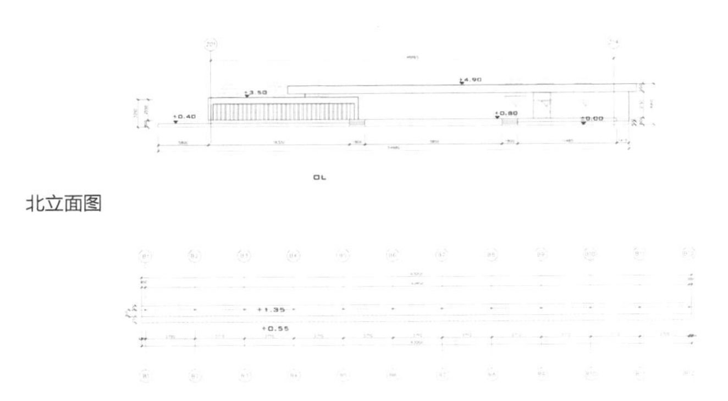

北立面图

西看台平面图

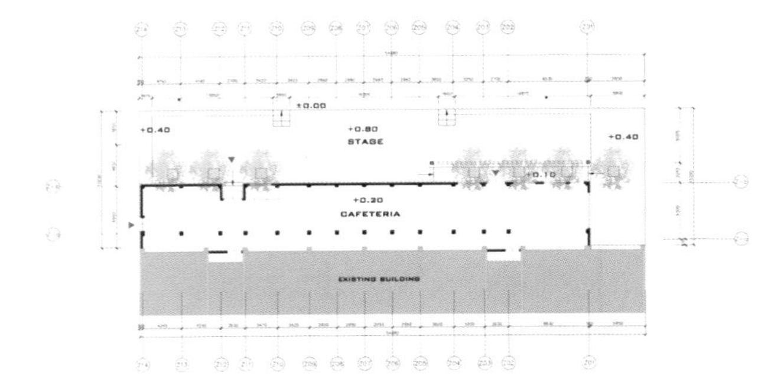

户外区域

07 设计适时地加上座椅和屋顶形成看台区
08-09 设计适时地加上屋顶形成看台区

08

09

公共空间
PLUBLIC SPACE
休闲 服务
LEISURE & SERVICE

NANJING DRUMTOWER HOSPITAL
南京市鼓楼医院

项目地点：江苏南京
项目进度：2013 年投入使用
总建筑面积：260 000 平方米
造价：10 亿人民币
医疗功能设计、建筑设计、景观设计、室内设计：瑞士 Lemanarc 建筑及城市规划设计事务所
主设计师：张万桑
医疗专业设计：Daniel Pauli
设计助理：Rolf Demmler、Dirk Weiblen、Bjorn Anderson、Dagma Nicker、崔晓康、冒玉
合作设计：南京市建筑设计研究院
摄影：夏强、陈尚辉

关键词
花园
立面
采光井
主题庭院

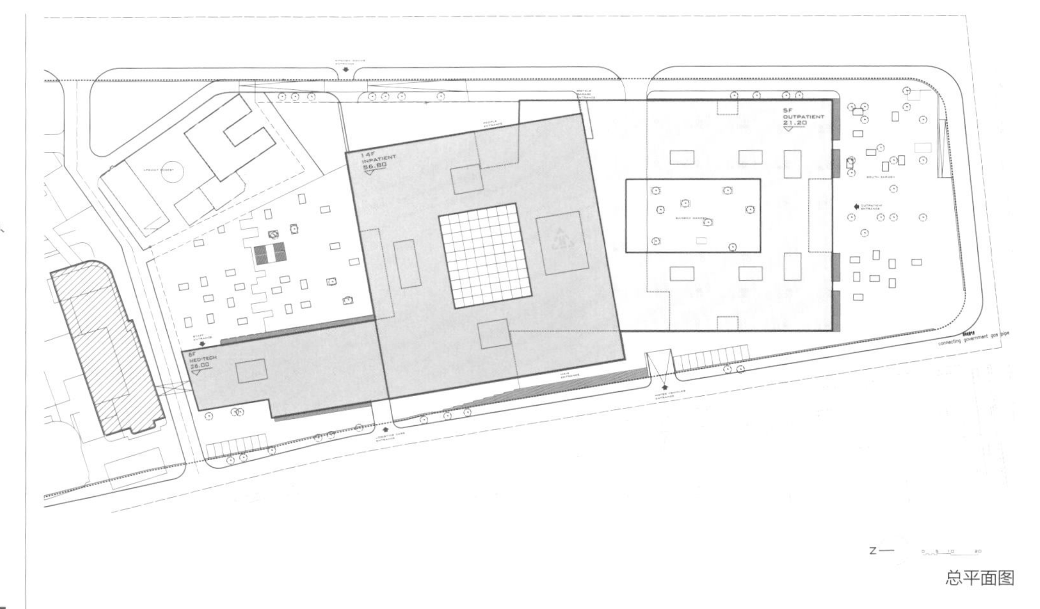

总平面图

01

项目概况

鼓楼医院南扩项目位于南京市中心地区，基地面积为 37 900 平方米，总建筑面积达 260 000 平方米，是集住院、门诊、急诊、医技、学术交流等的综合性医院扩建项目。

设计理念

项目的设计理念来自中国传统文化对医院一词的解释，在英语中，该词来自拉丁文，最初的意思是召集客人，而在中文中，“医院”就是医疗的院落。

本方案的设计核心是将医院花园化，获取无处不在的花园。在中国传统文化中，花园是外部世界与家的界限，走进了花园也就隔绝了外部世界的烦扰，身心便得以放松。将医院花园化，不仅具有感官上的美感，更重要的是带给人心灵上的抚慰。

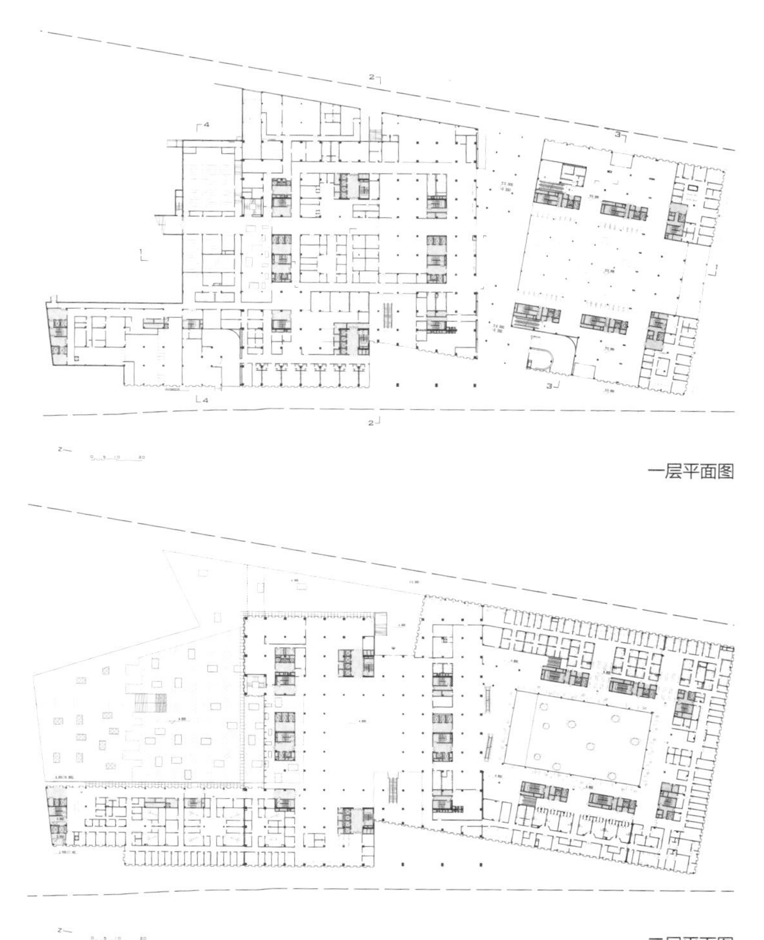

一层平面图

二层平面图

01 鼓楼医院全景
02 鼓楼医院北庭院

设计特色

医院是介于现世和彼世间的连接点，生命的起点与终点在医院相遇。鼓楼医院前身是 1892 年传教士建立的教会医院，在本方案中，设计者试图回归这个传统，让医院如教堂一般，成为人与上帝沟通的场所。因此，鼓楼医院的设计追求简洁而纯净，大量庭院和日光井的采用以及层叠通透的花园立面保证了充足的自然光照，给人宁静安详的抚爱，处处充盈着教堂般的诗意。

花园渗透到了建筑的每个细部。设计者将传统意义上的花园解构为细小的单位，编织成建筑的表皮肌理，外立面成为了花园的载体，具有遮阳、绿化、采光、通风与观景等五方面传统花园的功能。设计以模数化及预制构件的方式，把这些功能重构为一个整体。镶嵌在外立面的植物与地面的各主题庭院，连缀为一个巨大的花园系统，整个系统立体而丰满，使得花园无处不在并触手可及，使整个医院变为名副其实的医疗花园。

诊疗空间内部植入了许多采光井。无论你身处医院的任何地方，都能贴近内庭院与天然采光。这也为病患与医护人员带来了舒适的感受。

在节能方面，建筑外立面采用乳白色的磨砂玻璃，在解决室内采光的同时也将阳光过滤得更为柔和。此外，针对南京地区夏季闷热的气候特点，立面设置了侧向的通风，可以有效带走表皮积热，大幅度降低能耗，让建筑更好地服务于人。

当前的中国，正面临着大众消费主义造成的诸多问题。通过东方与西方、历史与现代科技之间的持续性对话与反思，设计所追求的不仅仅是功能上的高效，而是要建造一个回归其真正目的与价值的医疗场所。

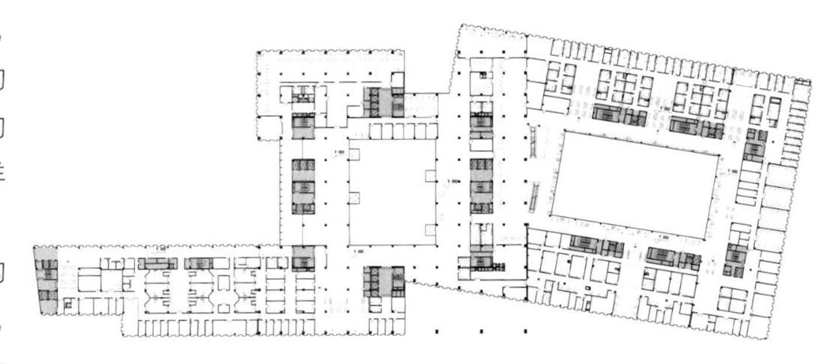

三层平面图

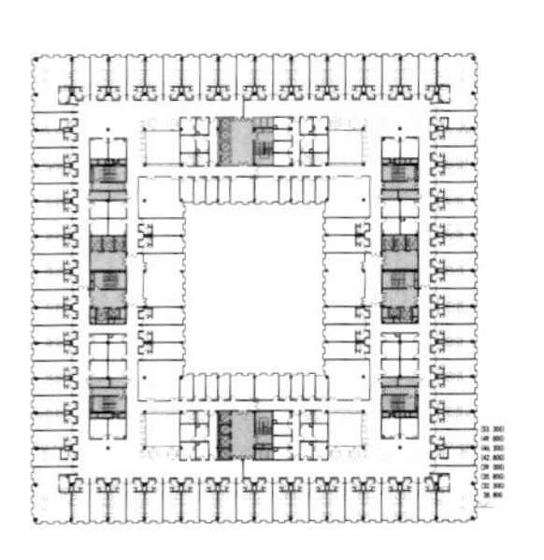

标准层病房平面图

03 从中山路看鼓楼医院
04 鼓楼医院南广场

03

04

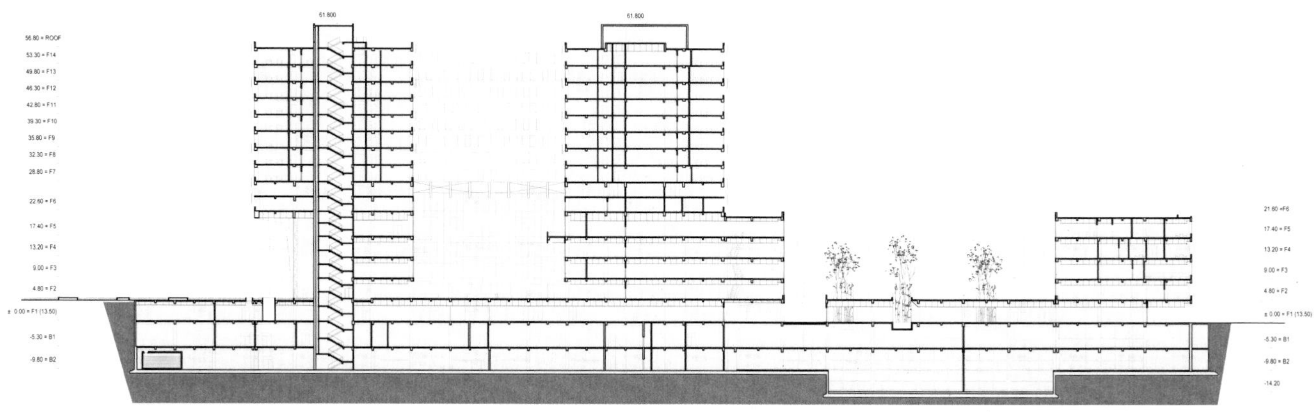

1-1 剖面图

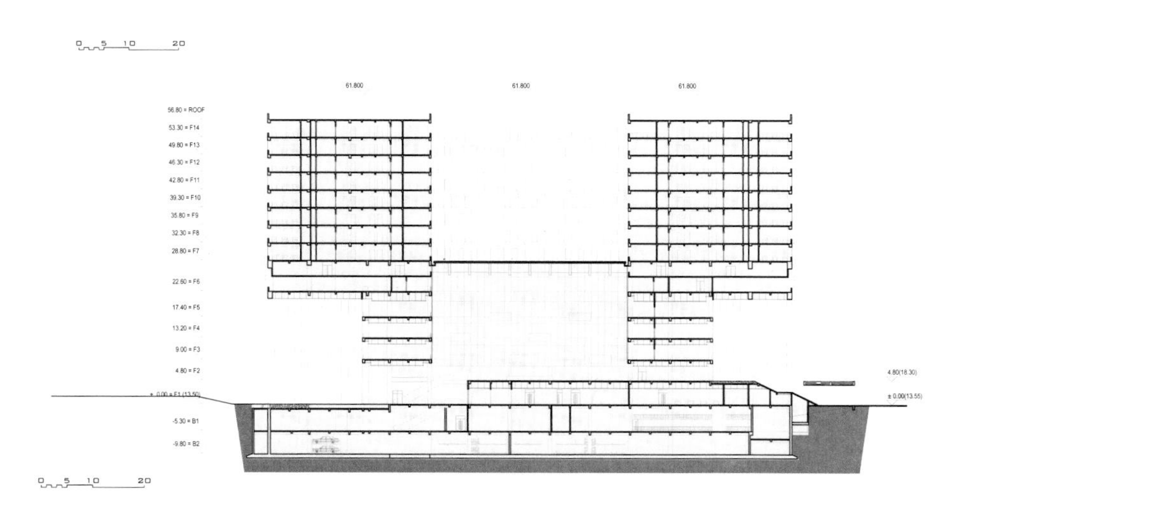

2-2 剖面图

05

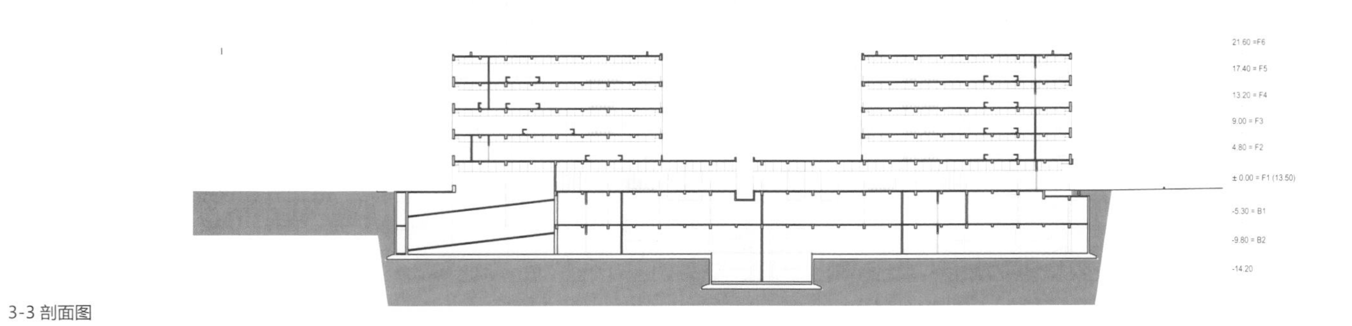

3-3 剖面图

21.60 =F6
17.40 = F5
13.20 = F4
9.00 = F3
4.80 = F2
± 0.00 = F1 (13.50)
-5.30 = B1
-9.80 = B2

4-4 剖面图

05 中山路看鼓楼医院的花园立面
06 立面花园的种植
07 鼓楼医院西入口
08 新老鼓楼医院
09 西望鼓楼医院北庭院

06

07

08

09

10 鼓楼医院东入口
11 孤立的医院岛
12 教堂般的住院部内庭
13 住院部内庭温馨的休息聚落
14 无处不在的日光井

12

13

14

SUZHOU SOCIAL WELFARE INSTITUTE
苏州市社会福利总院

项目地点：江苏苏州
项目进度：2013 年建成
建筑面积：83 779.5 平方米
主要材料：砂加气砌块、聚氨酯复合保温板
结构形式：框架结构
建筑设计：苏州设计研究院股份有限公司
主设计师：查金荣、刘桂江、戚宏、张明丽

关键词
院落式设计
苏式建筑风格

项目概况

苏州市社会福利总院由老年福利院、儿童福利院、精神病福利院及医疗康复行政综合楼、后勤综合楼配套设施等 7 个单体组成，是一所集养老综合服务、儿童养育、精神病患者的医、护、康为一体的国内领先的综合性社会福利机构。她开创了国内三院合一的先例，实现后勤、管理、医护资源的高速整合。

设计理念

规划设计以功能为重，将作为服务中心的后勤保障楼和作为管理中心的综合办公医疗康复楼安排在基地中央，加强服务的高效化。为保证三个区域的独立性和有限联系，本设计采用院落式的建筑设计，一方面可以实现封闭式管理，一方面又继承了传统苏州民居的形制，创造了良好的小环境。各福利区以连廊与后勤保障楼连通，实现后勤服务在二层、靠近中央的配送。同时在底层提供了无障碍的风雨通道。污物流线在地面建筑外围通过，实现洁污立体分流。

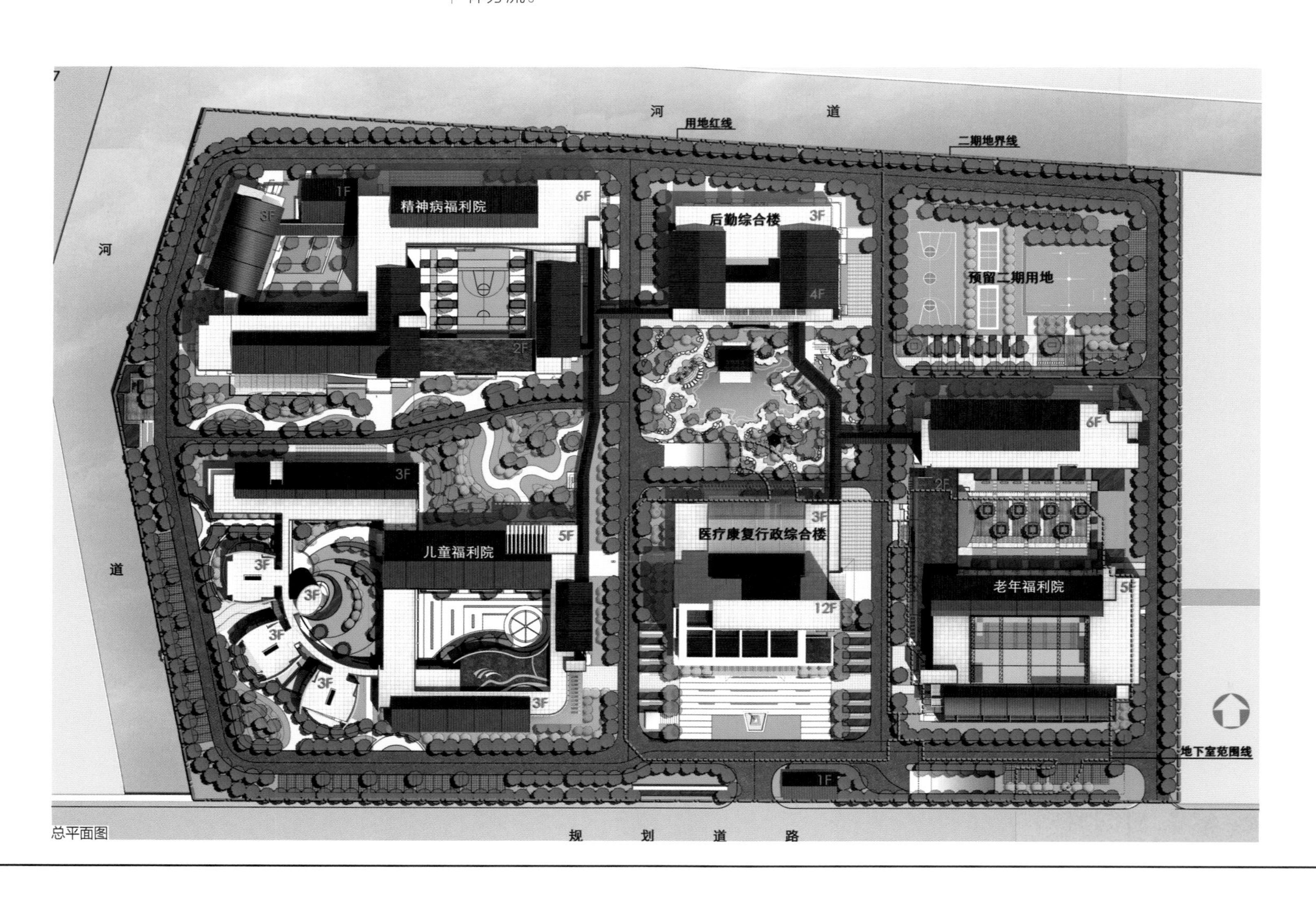

总平面图

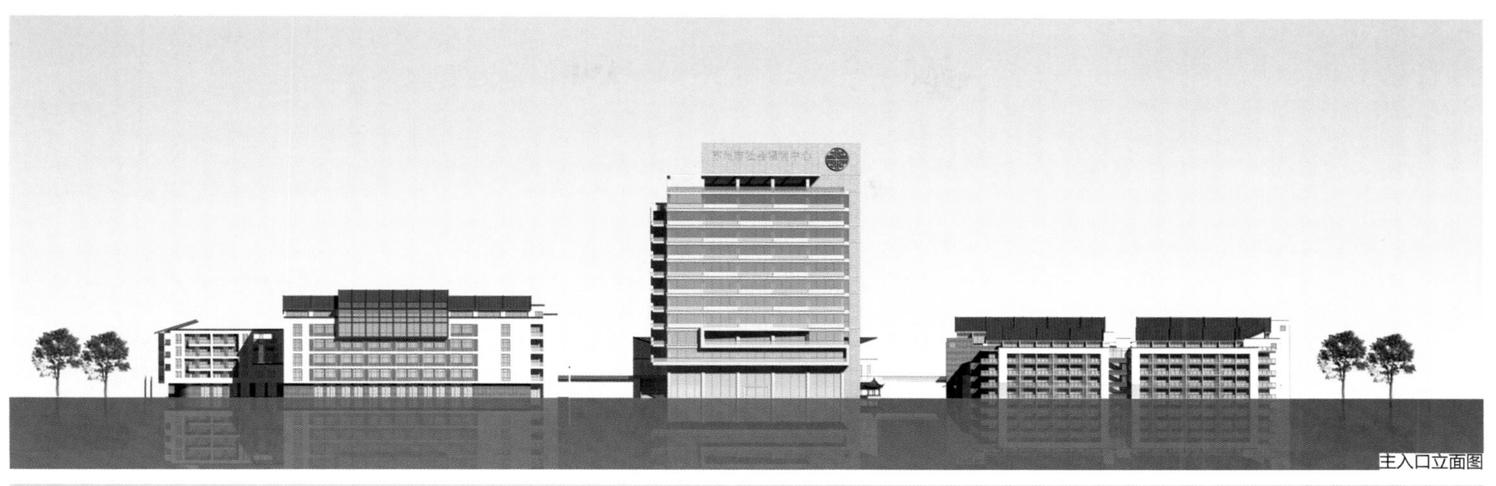
主入口立面图

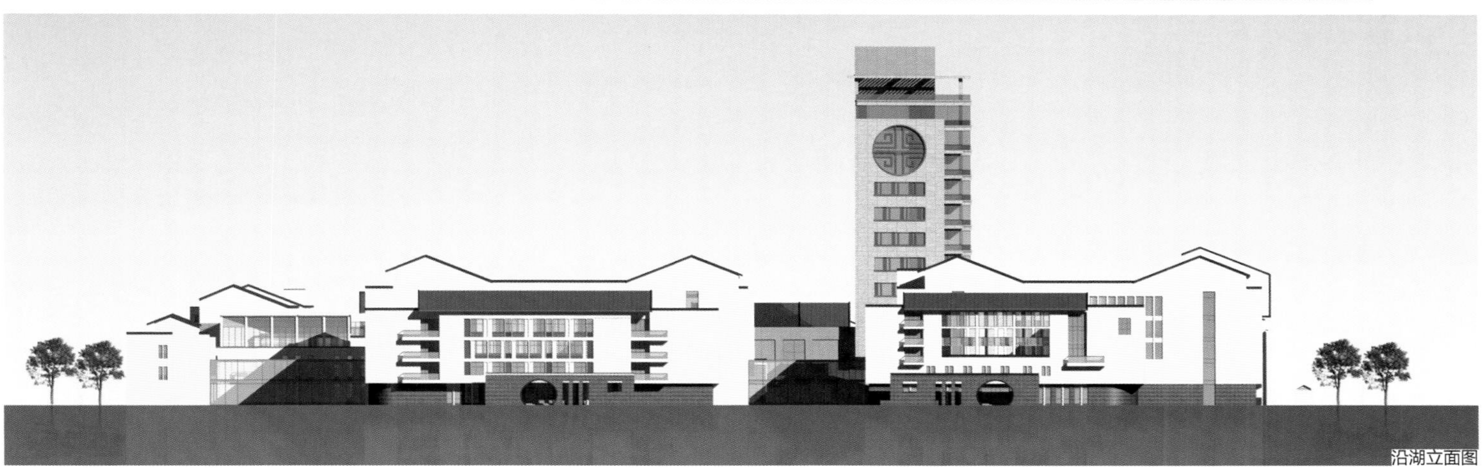
沿湖立面图

01 医疗康复行政综合楼

01

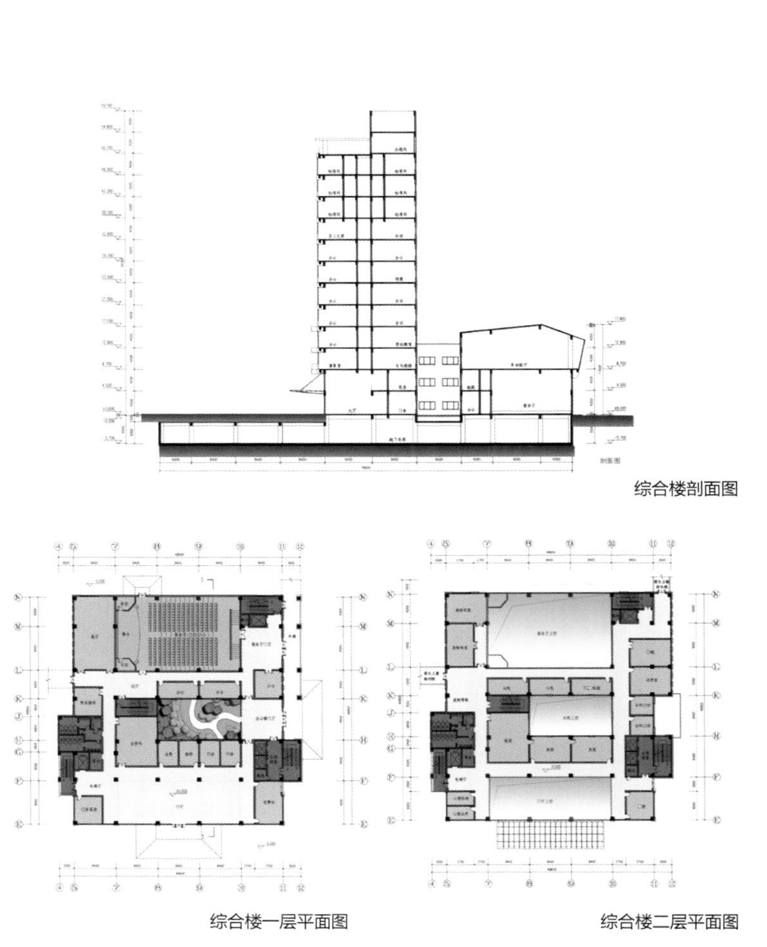
综合楼剖面图

综合楼一层平面图

综合楼二层平面图

02 老年福利院庭院
03-04 老年福利院
05 精神病院
06 老年福利院内部庭院

05

06

07

08

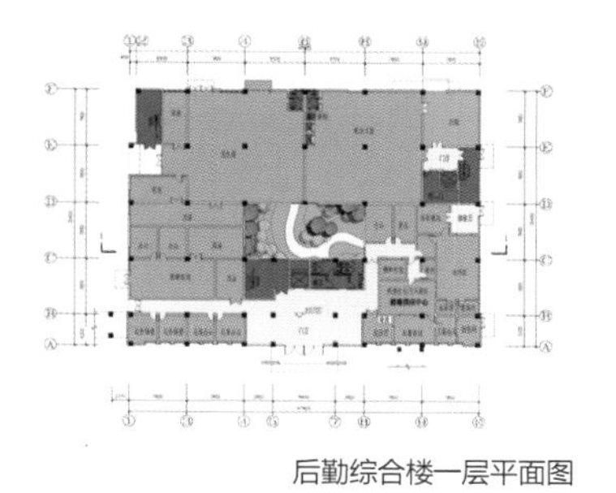

后勤综合楼一层平面图

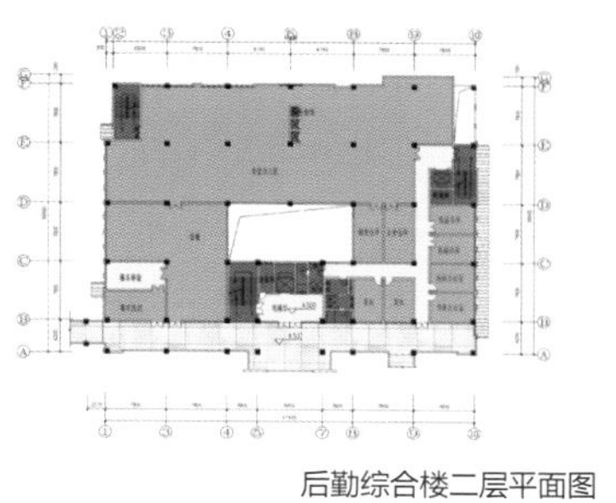

后勤综合楼二层平面图

精神病福利院一层平面图

后勤综合楼三层平面图

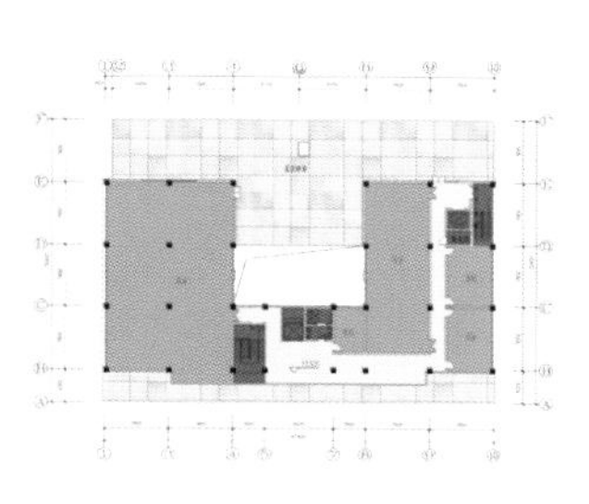

后勤综合楼四层平面图

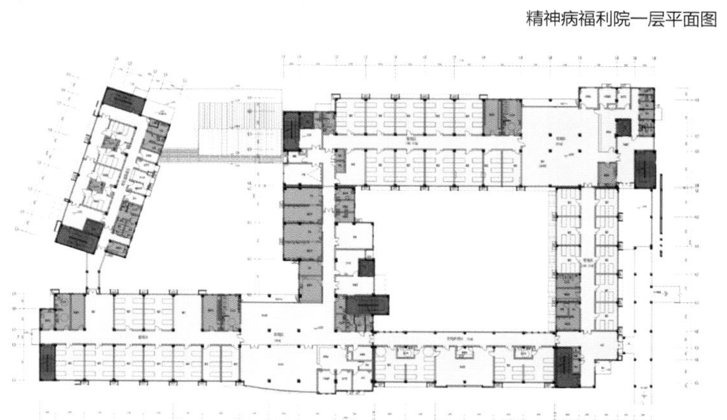

精神病福利院二层平面图

07 老年福利院
08 后勤综合楼与医疗康复行政综合楼之间的小花园
09 精神病福利院

MAGGIE'S CANCER CARING CENTER

铭琪癌症关顾中心

项目地点：香港屯门
项目进度：2013 年建成
建筑面积：350 平方米
建筑设计：吕元祥建筑师事务所
合作设计：Gehry Partners

关键词
花园
小平房

项目概况

铭琪癌症关顾中心坐落在屯门医院的花园之中，是英国以外首间提供癌症辅导服务的中心。铭琪癌症关顾中心是为了纪念死于癌症的铭琪而建，成立的目的是为癌症患者提供多元化的服务，给予他们支持和鼓励。

设计理念

项目位于医院恬静宜人的花园之中，能让患者享受到宁静舒适的自然环境。项目规模小巧，设计上贯彻英国铭琪癌症关顾中心的小屋特色，并加入现代美学的设计，设有多个活动室，方便患者及相关人员进行不同的活动。

建筑设计亦融入花园的理念，一系列小平房贯通整个花园及池塘，令室内空间和户外相连，并可自由穿梭其中。一个宁静的图书馆设在池塘的另一边，并以小桥相连，而花园部分外围建起了围墙，分隔了旁边的马路，营造了清幽的园林环境。

01

02

03

01-02 几个小平房沿池塘布置
03 房屋之间以小桥相连

04

05

06

04-06 小平房单体
07-08 温馨的室内空间
09-10 室内与室外的环境互通

07

08

09

10

HARBIN HAXI COACH STATION
哈尔滨哈西公路长途客运枢纽站

项目地点：黑龙江哈尔滨
项目进度：2014年建成
场地面积：40 570平方米
建筑面积：54 316平方米
建筑设计、室内设计、景观设计：ZNA | 泽碧克建筑设计事务所

关键词
屋盖穹顶
玻璃幕墙
弧形穹顶铝条栅天棚

项目概况

作为哈尔滨市中兴战略“十大”重点项目之一，它是哈西客运综合交通枢纽工程的重要组成部分，属国家一级客运站，日发送旅客2.5万人次。该长途客运枢纽站的建成实现了综合大交通理念下的公路长途客运与铁路客运、城市公交、出租汽车、轨道交通等运输方式间“无缝衔接”和乘客“零换乘”。

设计特色

建筑

该项目包含主体建筑、一个相对独立的信息中心、一座跨越快速路的出站桥和客运站专用附属道路及广场。主站厅屋盖外形的设计，仿照机翼的曲线造型。巨大的屋盖穹顶，把出港大厅、候车厅、商业、走廊统一成一个大的空间连续体。阳光可以透过屋顶局部射入大厅，形成明亮而又惬意的氛围。12米模数的空间既满足各方面功能需要，又使建筑显得简单、明快、紧凑。站在的大厅玻璃窗前，乘客可以一览站厅南侧的景观广场全景，贴近自然。

屋顶的结构由球形网架支撑，通过基座传递到钢筋混凝土柱子上。建筑外形似浮云又似波浪，由立面简单、通透的玻璃幕墙结构围合，由外至内颇具流线造型。金属铝板顺屋檐转折延伸至售票大厅中庭，异型的圆锥形采光窗把自然天光引入室内，似“天规”一般，通过一年四时不同的日照光影，给人们以空间美感。

01

02

03

01 夜景
02 钢筋混凝土柱子支撑的穹顶屋盖
03 阳光透过椭圆形采光窗映射在灰色石材地面

室内

室内设计极大地发扬了建筑本身简单、简洁的设计理念。大跨度弧形穹顶铝条栅天棚，将建筑球形网架结构简单包裹，透过大跨条栅吊顶，球形网架及周围的管道、管线隐约可见，结构虚实相映，粗犷而不凌乱。

透过位于候车大厅的条形采光天井和位于售票大厅上空的椭圆形采光窗，阳光直射在网架上，光影映射在灰色石材地面，极大地增加了建筑简单的美感。贯穿于进、出港大厅间的三组锥形玻璃盒子，像悬浮在中间的钻石，用自然通透的界面，演示着光影交错的柔和空间，增加建筑的穿透力。大厅周围被玻璃幕墙包围，视线不经阻隔地穿透到室外，广场的景观赫然映入眼帘。进、出港入口门斗的铝板上喷绘出雪花飘落堆砌的图案，既体现了时代感，又反映出哈尔滨“北国之城”的地域文化特色。

建筑两侧室内山墙以米色木纹石材铺贴，给人柔和、不冰冷的感觉；大厅圆柱也包裹了与天花同色的金属铝板，由上至下、和谐延展。

04 室内大跨度弧形穹顶铝条栅天棚
05 候车室
06-07 基座夜景

06

07

WUXI RAILWAY STATION
无锡火车站

项目地点：江苏无锡
项目进度：2012 年 7 月建成
规划设计、建筑设计：株式会社日本设计、浙江大学建筑设计研究院
规划主设计师：冈田荣二、宫川耕太、横井真麻、葛海瑛
建筑主设计师：石林大、冈本公史、喜田隆、宫城雄司、横井真麻、金晶雪

关键词
立体步行系统
人车分离

项目概况

项目位于高速发展的无锡市主城区北部。基地面向沪宁铁路无锡火车站北侧，计划于 2010 年开通的沪宁城际铁路车站也位于基地内部。新火车站正下方将规划为轨道交通 1 号线、3 号线的换乘车站，而位于车站南北的 3 个长途汽车站也将重新整合到北广场内。基地具备综合交通枢纽功能的同时，还作为高科技无锡的崭新门户，代表城市的现代化新形象。

包含基地在内的车站北侧地区，被铁路与中心城区分开，由于没有设铁路出口，导致该区块一直没有得到充分开发。道路方面，连接沪宁高速公路无锡出口以及无锡市中心的通江大道贯穿基地南北，与沪宁高速公路无锡东出口及无锡新区相接的锡沪路东西方向横穿基地北部。同时，每天往返于上海、南京、杭州等各个城市的超过 1 300 辆的长途汽车，都须通过顺时针绕行车站周边的干线道路才能驶向沪宁高速公路，为车站附近的交通带来巨大压力。

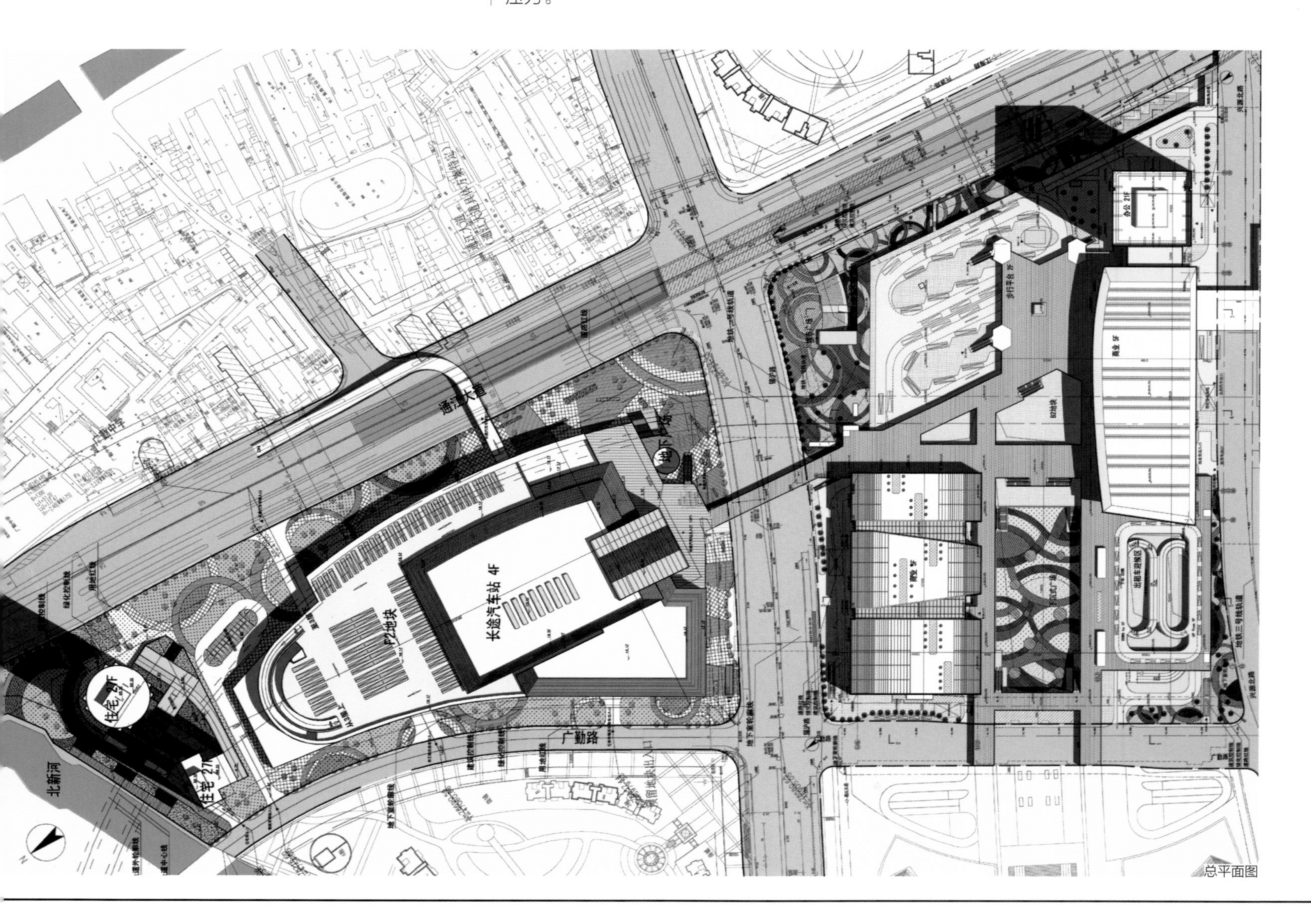

总平面图

01

02

01 整体鸟瞰效果图
02 B2 地块效果图

设计理念

设计旨在打造无锡新大门，创造城市新形象。以实现“零换乘”为目标，对北广场用地进行综合开发规划，集中设置交通枢纽功能，将有效缓解该地区的交通压力。随着站北广场及周边地块的综合开发，南、北两个广场的功能分担，交通功能的重新合理配置将大大提高道路及十字路口的通行能力，交通设施的处理能力。

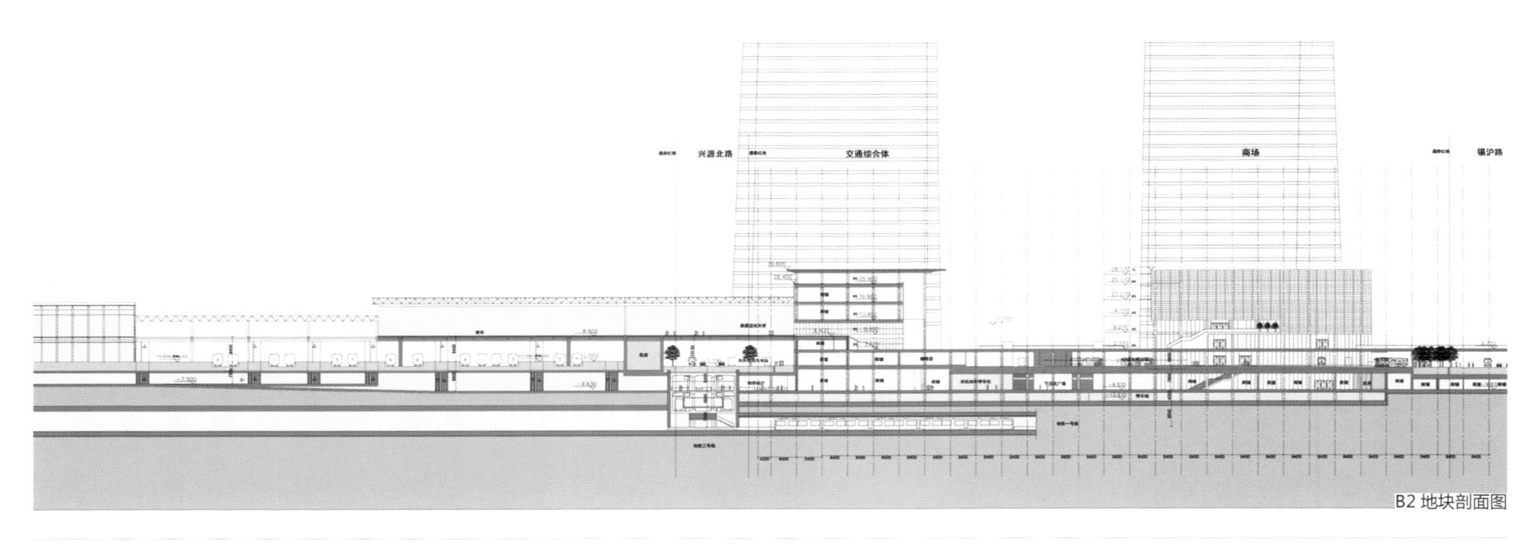

B2 地块剖面图

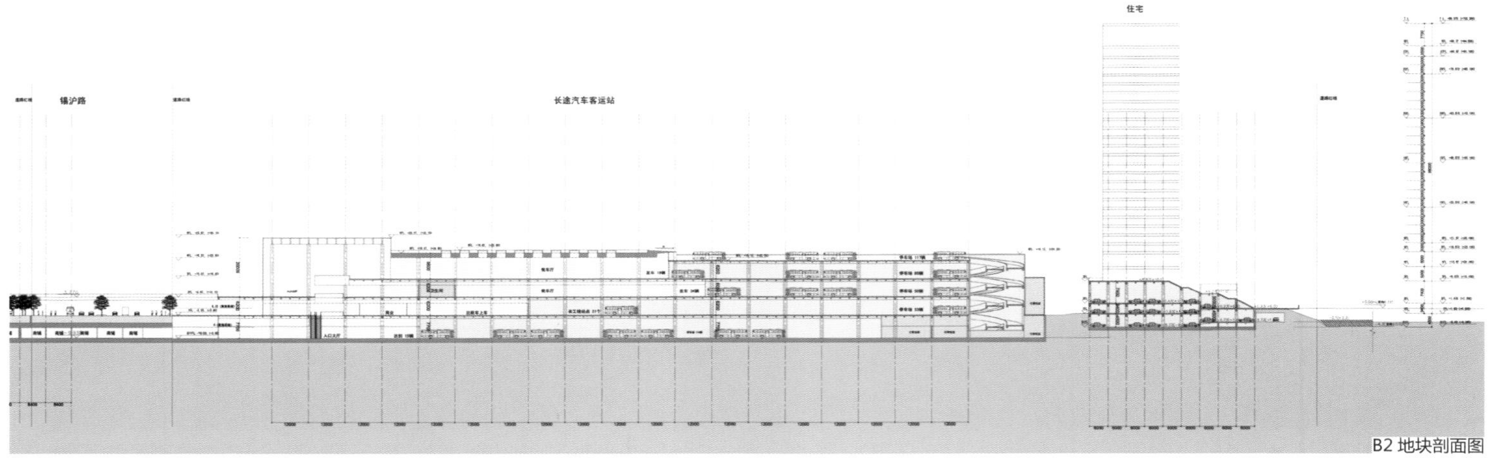

B2 地块剖面图

03

03 夜景
04 城市广场

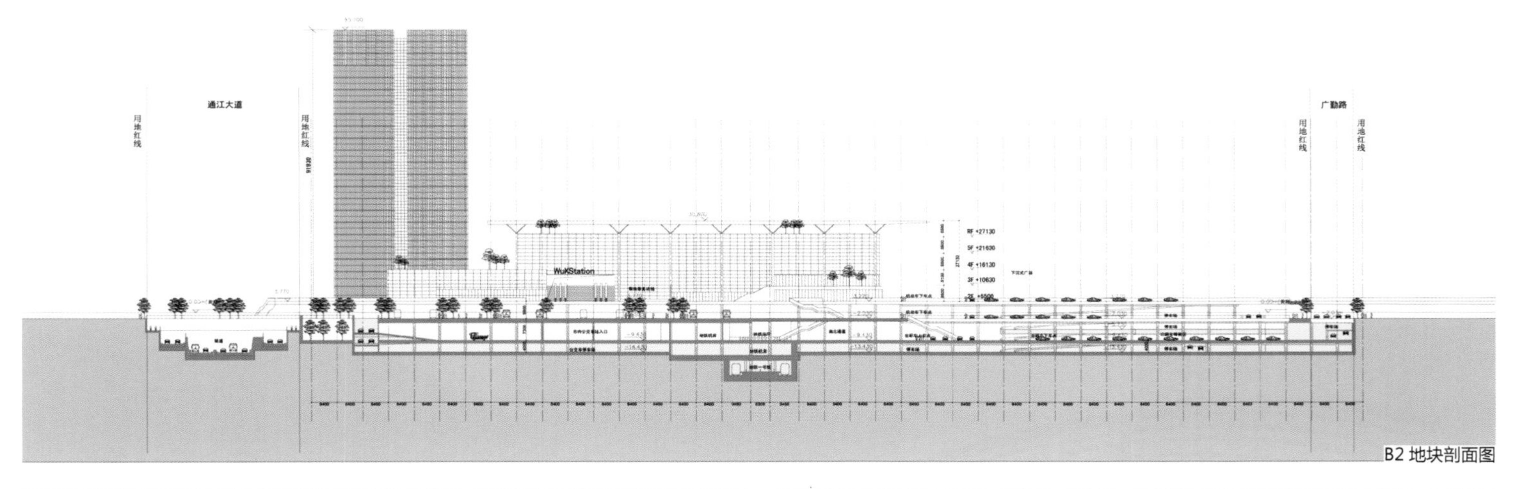

B2 地块剖面图

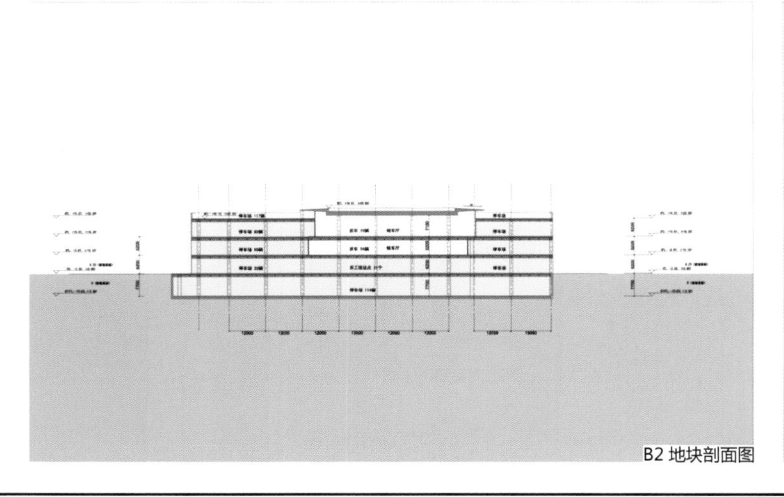

B2 地块剖面图

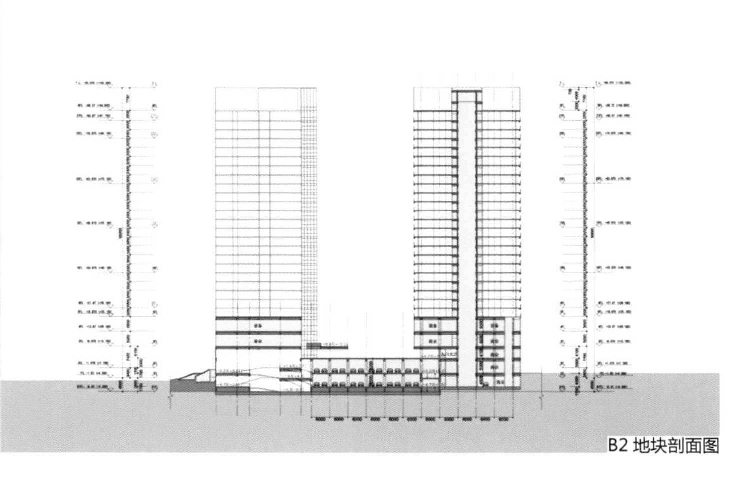

B2 地块剖面图

05

06

07

05 B2 地块商业建筑
06 B2 地块小广场
07-08 B2 地块下沉式广场
09 B2 地块办公及商业建筑

08

09

10

10 F2 地块鸟瞰（效果图）
11 F2 地块（效果图）
12-14 F2 地块长途汽车站

11

长途汽车客运站

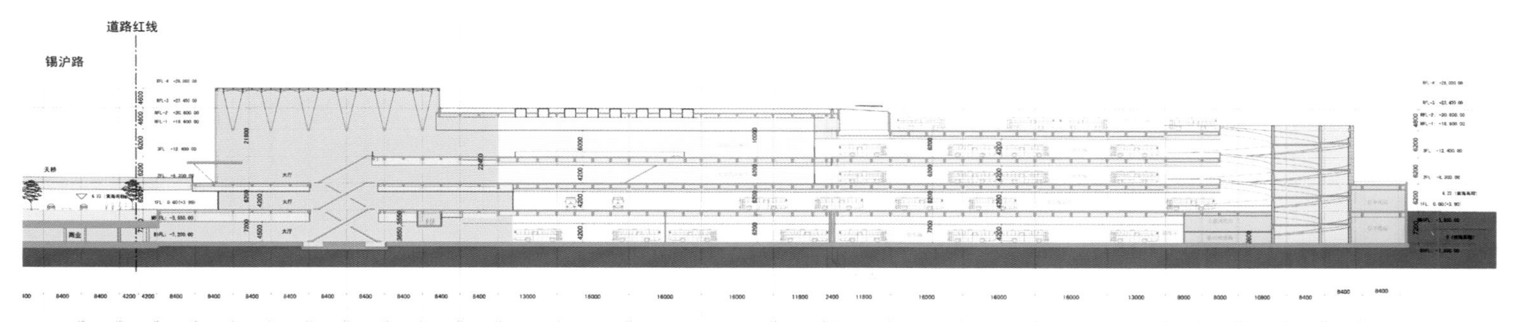

F2 地块 3-3 剖面图

SHANGHAI WEST RAILWAY STATION BUILDING

上海西站站房

项目地点：上海普陀区
项目进度：2014 年建成
建筑面积：4 000 平方米
方案设计：筑境设计（原中联程泰宁建筑设计研究院）
主设计师：薄宏涛

关键词
立面

项目概况

沪宁城际铁路上海西站站房项目位于上海市真如城市副中心北区，属普陀区，位于漕阳路、桃浦路北侧，交通路以南，临近真南路、富平路等。上海西站是融城际铁路与城市轨道交通于一体的综合交通枢纽，具有对外交通、城市交通枢纽两大功能，同时也是真如城市副中心功能结构的组成部分。项目占地面积 4 012 平方米，建筑面积约 4 000 平方米，共两层。

01

设计理念

每一个城市的车站不仅仅是城市的交通枢纽，也是每个城市的“门户”。上海西站外立面的建筑语言，建筑形式的多元化，整体建筑都充分体现了交通建筑的特征，既体现了客运站作为城市门户的特殊地位和其视觉形象的特征，同时也作为真如城市副中心在时间上和空间上的延续和发展，延续地区的过去和未来，具有鲜明的标志性、时代性，新材料、新结构的应用也使得综合大楼洋溢着时代气息，反映了全新的建筑设计理念——与时俱进。

01 建筑及周边环境
02 建筑夜景

02

03

03-04 外立面细部
05 外立面细部外景

04

05

ALISHAN NATIONAL SCENIC AREA ADMINISTRATION

台湾触口游客服务暨行政管理中心

项目地点：台湾
项目进度：2014 年建成
建筑设计：廖伟立建筑师事务所
建筑师：廖伟立

关键词
钢构桁架
一楼挑高
屋顶的覆土绿化

项目概况

触口游客服务暨行政管理中心，位于台阿里山公路 32K 处，是上阿里山前的必经之地。

设计理念

项目采用了地景交织、漂浮和动线穿梭的设计概念。漂浮的量体，大跨度的钢构桁架，建筑如同一梭轻舟，匍匐在地貌上，多媒体的清水混凝土量体，提供了停泊的岸。这里在数百万年前曾是八掌溪河道，船舶的意象与河阶地形和游客中心送往迎来的功能形成了呼应。

建筑下方的风雨广场为游客集散地，是一个半户外空间，回应了当地多雨、炎热多变的气候。几支立柱错落散置，与前后树林及阿里山的杉木林遥相呼应。南侧的台 18 线是快速移动的履带，北侧绵长的山脉则如同屏障。设计顺应地形，前后两种截然不同的特色交织其中，打造出了与自然和谐共存的地景建筑。

游客后花园位于游客中心与后山之间，以小火车、樱花、邹族凉亭、神木与茶等为设计元素。之字形与 8 字形铁轨，如同阿里山的缩影，环绕在土丘之上。施工时挖出的大石头被用作景石、座椅或围挡。一楼办公室屋顶的覆土绿化，在为二楼办公室提供了视觉绿意的同时，也降低了建筑外壳耗能。如此生态环境加上外壳节能、水资源回收等绿建筑做法，使得本案获得铜级绿建筑标章。

建筑中心提供的广大的空间，与自然环境亲密融合、消解，人们在此自由活动、自在交流，人、环境、建筑、景观长久地在一起。这也符合嘉义县浪漫的观光主题。

01

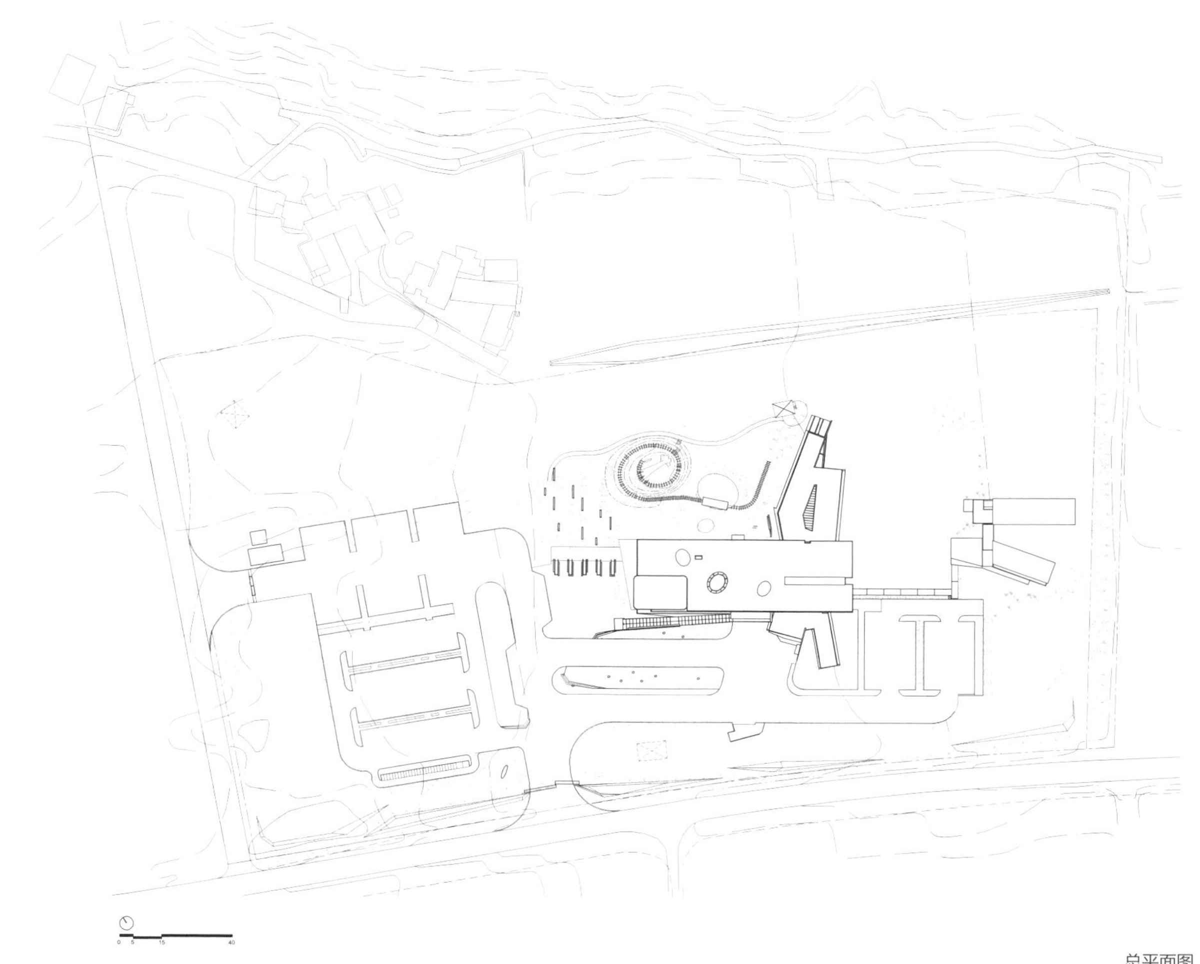

01 鸟瞰图
02 从公路看建筑
03 正面入口夜景

总平面图

04

05

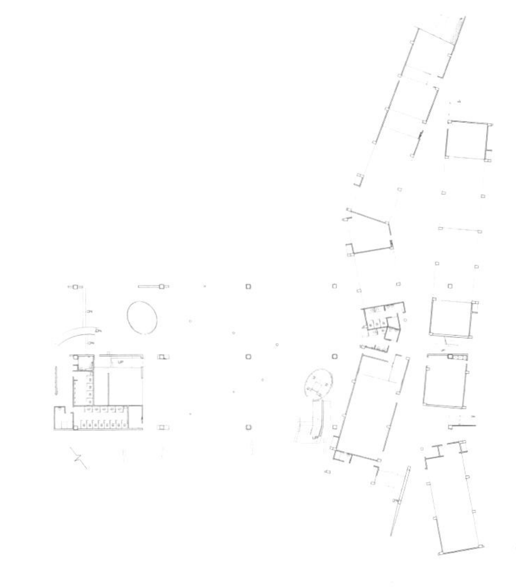

一层平面图

06

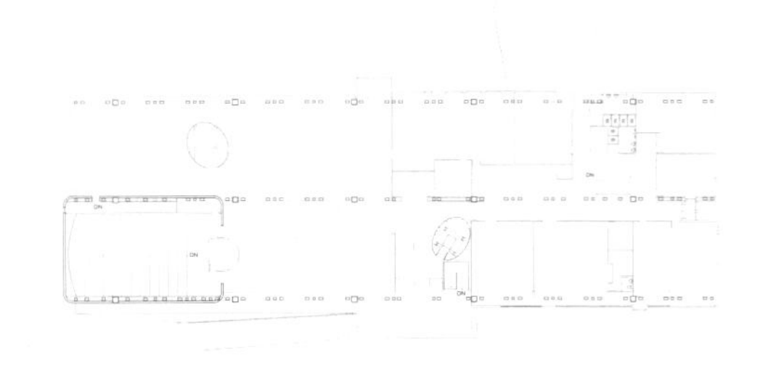

二层平面图

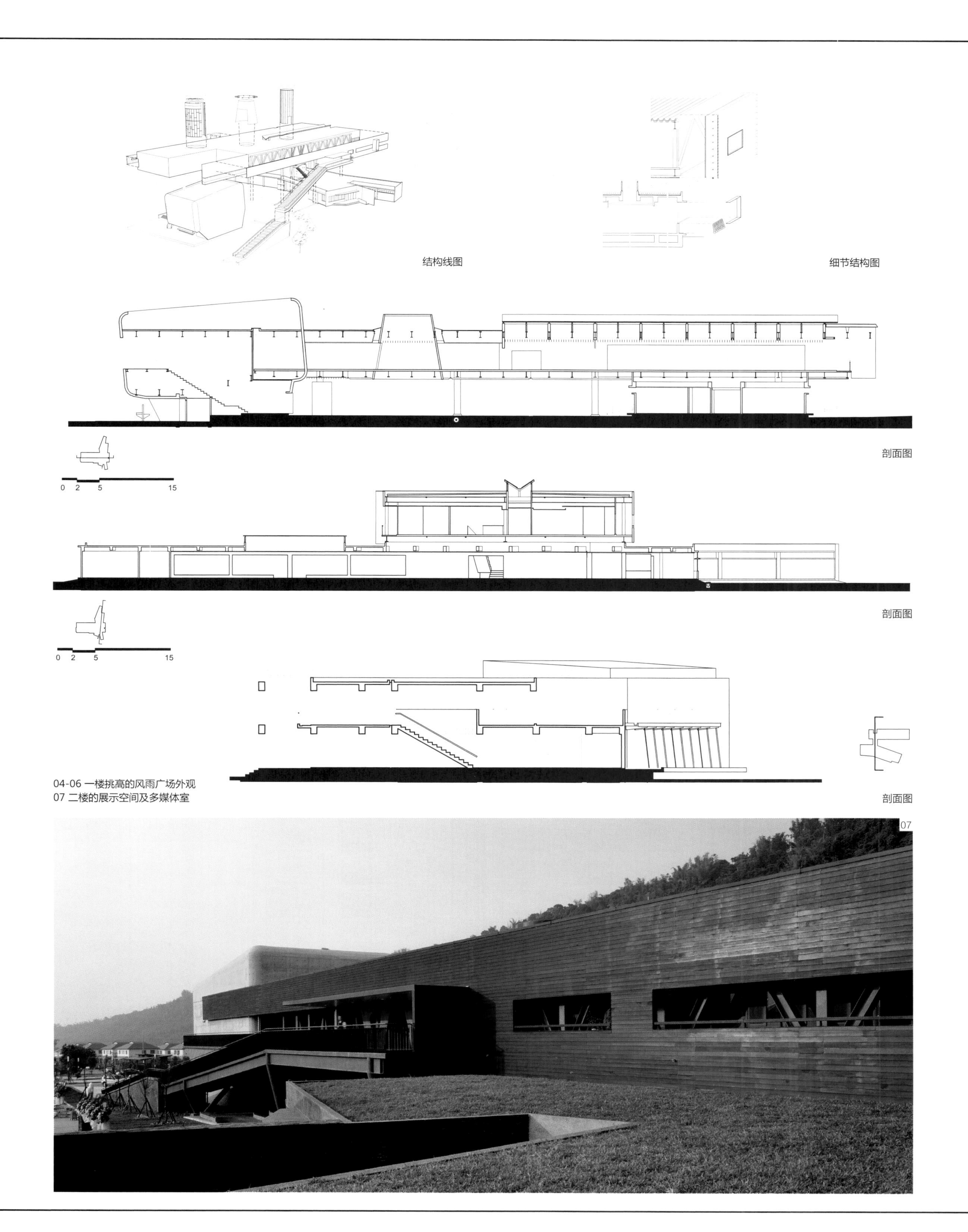

04-06 一楼挑高的风雨广场外观
07 二楼的展示空间及多媒体室

08

09

08 办公区域
09 游客后花园
10-14 室内空间

10

11

12

13

14

HANGZHOU LONGSHEZUI XIXI WETLAND TOURIST SERVICE CENTER

杭州西溪湿地公园龙舌嘴游客服务中心

项目地点：浙江杭州
项目进度：在建
建筑面积：4 722 平方米
建筑设计：北京三磊建筑设计有限公司

关键词
绿色节能

项目概况

西溪湿地三期绿色建筑位于三期东南侧龙舌嘴区块，主要功能为游客服务中心、生态展示区、生态环保教育区、办公、会议餐饮区等内容。其中生态展示区为大于 1 000 平方米的两层通高建筑，便于室内种植植物和布展，生态环保教育区为与浙江大学生态环境研究中心合作的教育点，可以作为小学生、中学生甚至浙大本科生的校外教育点。

01

设计理念

本建筑是绿色节能示范建筑，设计中因地制宜地利用被动式的设计理念，充分利用自然采光，自然通风，优化完善建筑外围护结构体系和遮阳系统，并且采用整合设计方法，合理高效地应用了地源热泵、太阳能光热光电、光导管照明、绿化屋面、综合水处理再利用和建筑能源智能管理系统等多种绿色建筑技术，同时室内设计充分利用环保材料、本地速生材料和可循环利用材料，以充分体现绿色建筑理念。

通过绿色建筑设计结合智能控制和模拟分析，本建筑试图在满足人员健康舒适使用的前提下，最大限度地节约能源消耗。该项目目前已获得 LEED 铂金认证。

效果图

01 入口夜景
02 立面日景

02

03

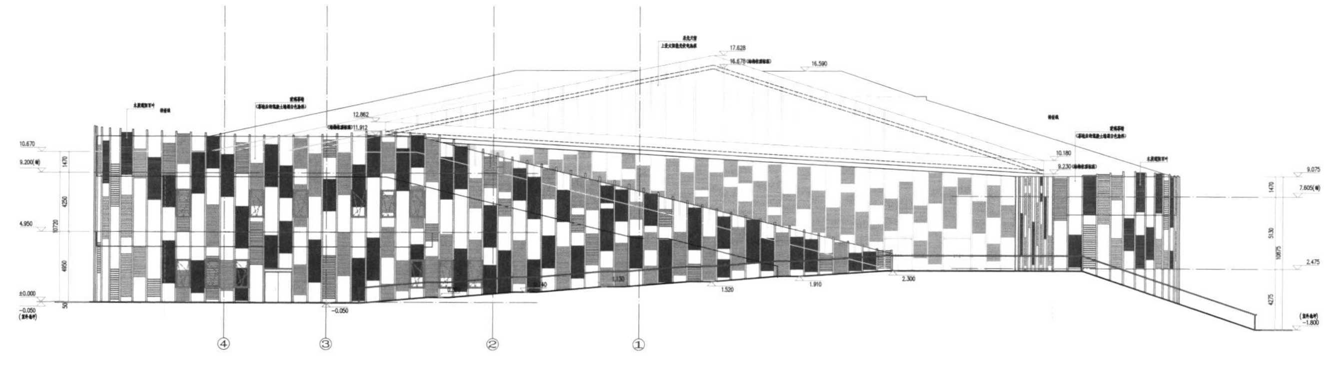

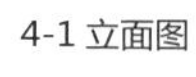
4-1 立面图

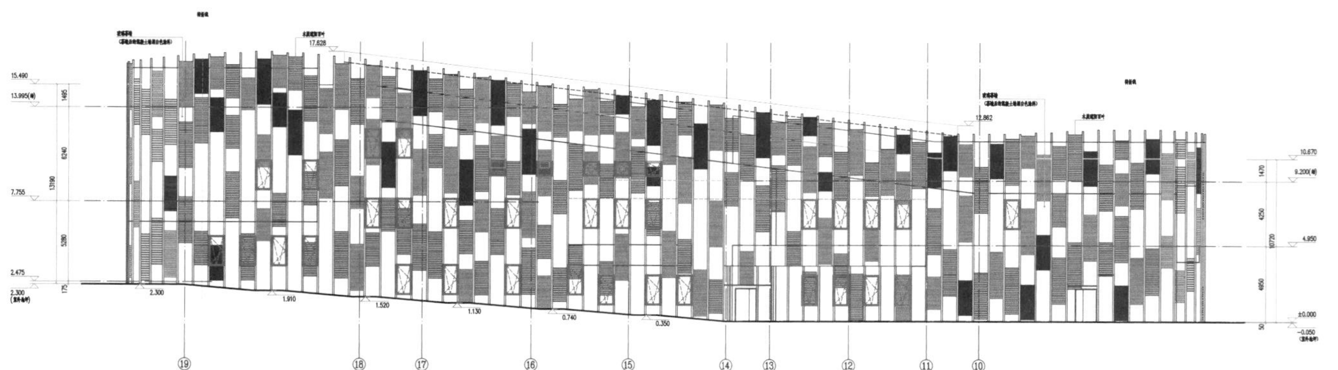
19-10 立面图

03 日景
04 建筑围合形成的庭院

05

06

07

08

05 立面夜景
06-08 室内

一层平面图

二层平面图

ZERO CARBON BUILDING
零碳天地

项目地点：香港九龙湾
项目进度：2012 年建成
建筑面积：3 300 平方米
建筑设计：吕元祥建筑师事务所

关键词
产能建筑
被动式建筑设计

项目概况

项目集工作、教育及小区康乐于一体，连地库共有三层，包括展览及教育场地、绿色办公室、绿色家居及会堂。公众休憩绿化区包括广场、室外展区、绿色茶室及香港首个都市原生林。

设计理念

产能建筑

项目设计可以把剩余的能源回馈电网，以抵消建造过程及主要建筑材料制造和运输过程中所消耗的能源。以每年运作计算，项目每年制造的能源，将会高于建筑物营运时消耗的能源。

设计运用了被动式建筑设计，可减少 20% 能源消耗。而建筑物地理位置坐向及形态亦经过巧妙设计，考虑到微气候的研究，尽量采用该地块的大自然热能及风能。

此外，建筑物锥状和长形的形态，能同时增加室内的空气流通和采光，并减少建筑物吸收到太阳热量。而内部的对流通风布局，可增强自然通风，减低空调运作。

01

外立面上采用了高性能外墙和玻璃及室外遮阳以降低建筑物的总热传值。项目设计高度结合了再生能源科技及建筑技巧，体现了环保效益。

优化气候

透过全面的可持续发展规划及高绿化率，项目可改善微气候，其建筑外形有助于缓冲邻近交通造成的环境滋扰。绿化区占项目总面积逾 50%，栽种的树多达 370 棵，其中超过 300 棵为本地品种。

景观设计可达到吸收二氧化碳和降温的效果，大约可降低空气温度约摄氏 1～2℃，从而减低城市热岛效应，同时为该处及邻近的道路提供自然的遮阴。

剖面图

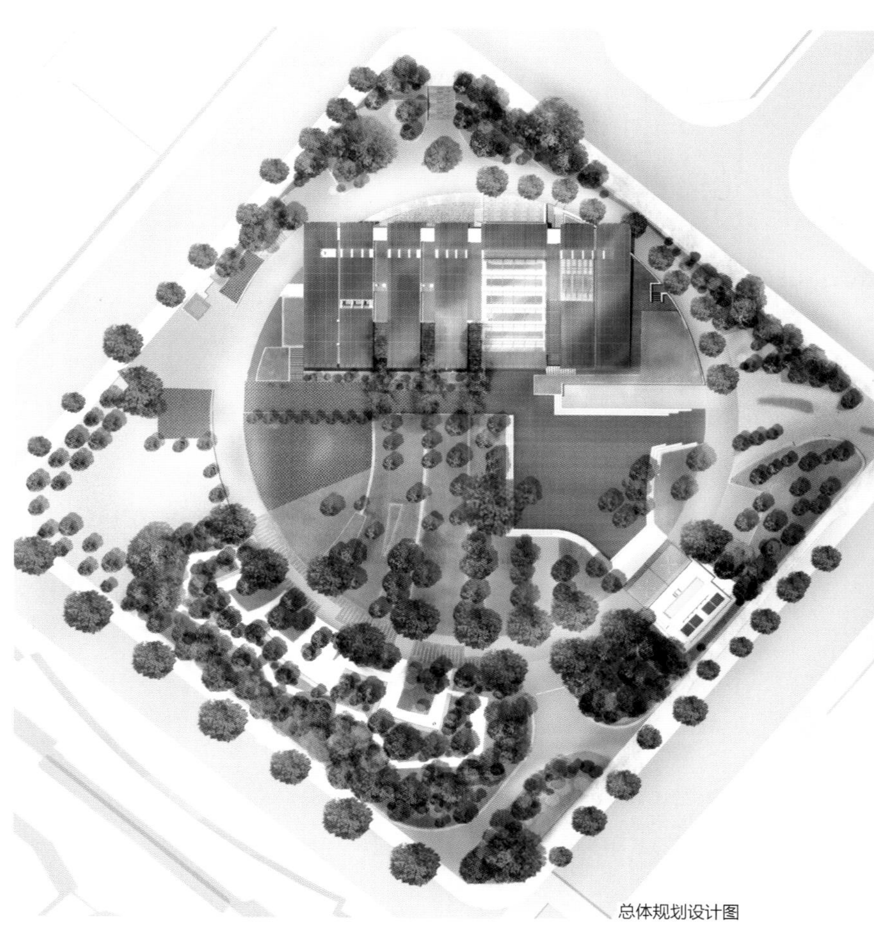

总体规划设计图

01 鸟瞰图
02 侧立面

03

04

05

06

07

08

09

03 外立面上的植被
04 外立面
05-07 室内采光充裕

08 室内展厅中的绿色建筑环评标板
09 室内对流通风布局，增强自然通风

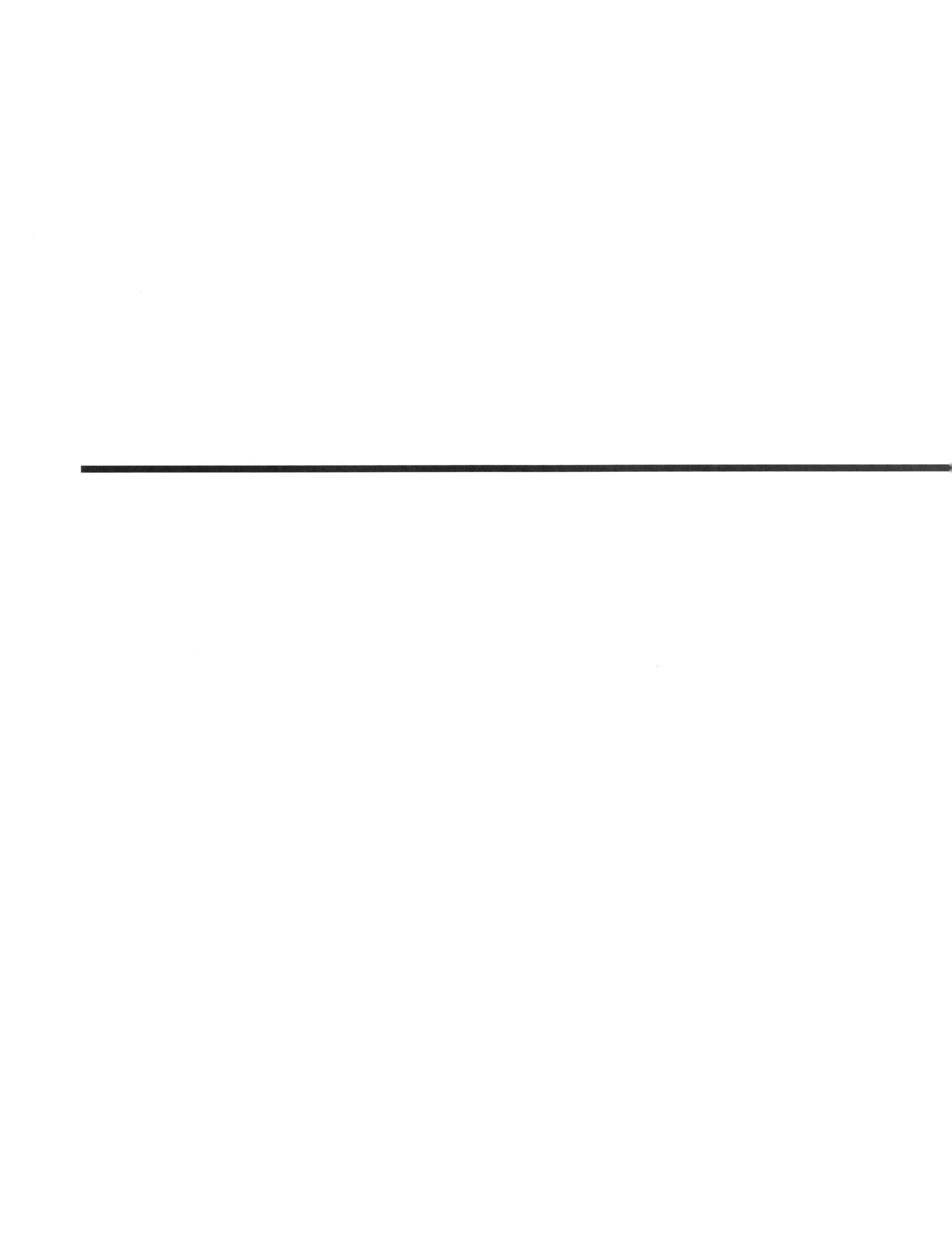

居住空间
RESIDENCE SPACE

LUOFU TIANFU
罗浮 · 天赋

项目地点：广东惠州
项目进度：2013 年建成
建筑面积：87 000 平方米（地上）
建筑设计：艾麦欧（上海）建筑设计咨询有限公司

关键词
建筑与自然的融合

项目概况

此项目为开发总面积超过 70 万平方米的高端别墅，建设栋数超过 100 栋。项目极大程度地保持了原有生态地貌，只对局部作了少量改造。

设计理念

通过甄选不同类型的天然景观，结合个性化的场景，设计创造了简单中不乏奢华的建筑个体，强调融于自然、忘记自我的“无为空间”；通过场景营造，建筑空间的引导，让人忘却空间存在、时间流动，将自身完全融入自然。

在别墅单体方面，设计结合各基地的特征，考虑“人”位于此处最想做什么事，从而创造出仅属于每个个体的空间。建筑与自然完美地结合，营造出的无为空间引导居住者以超然的心态融入自然，放松自我。

01

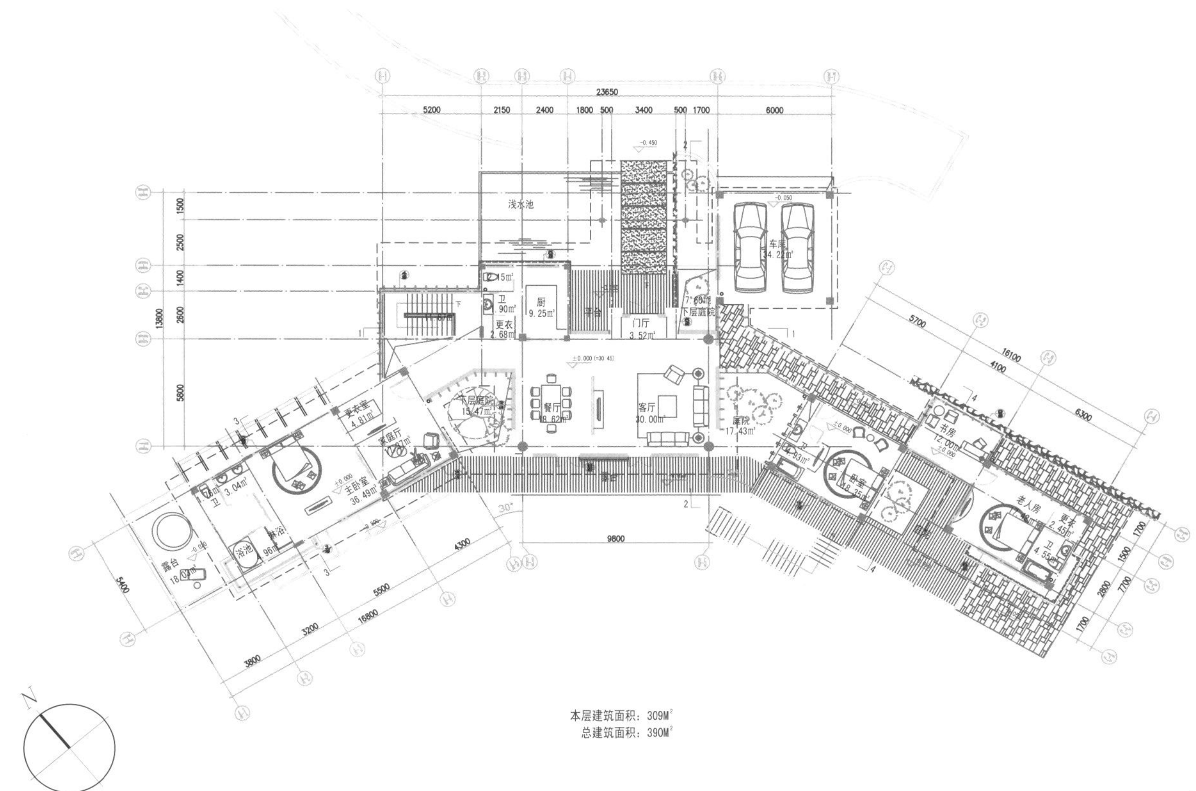

15 号别墅一层平面图

01 鸟瞰图
02 15 号别墅

02

03

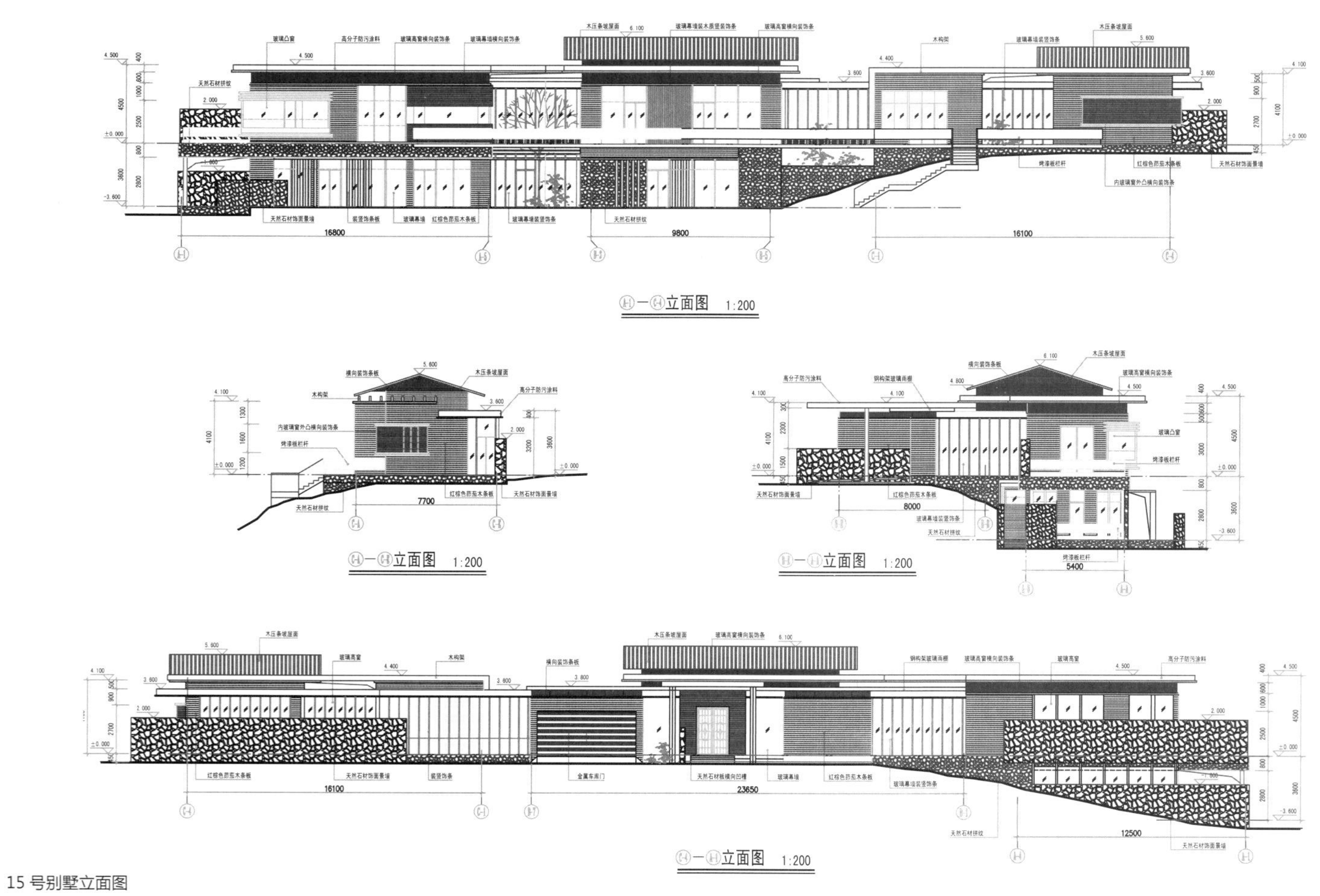

15 号别墅立面图

03-04 15 号别墅

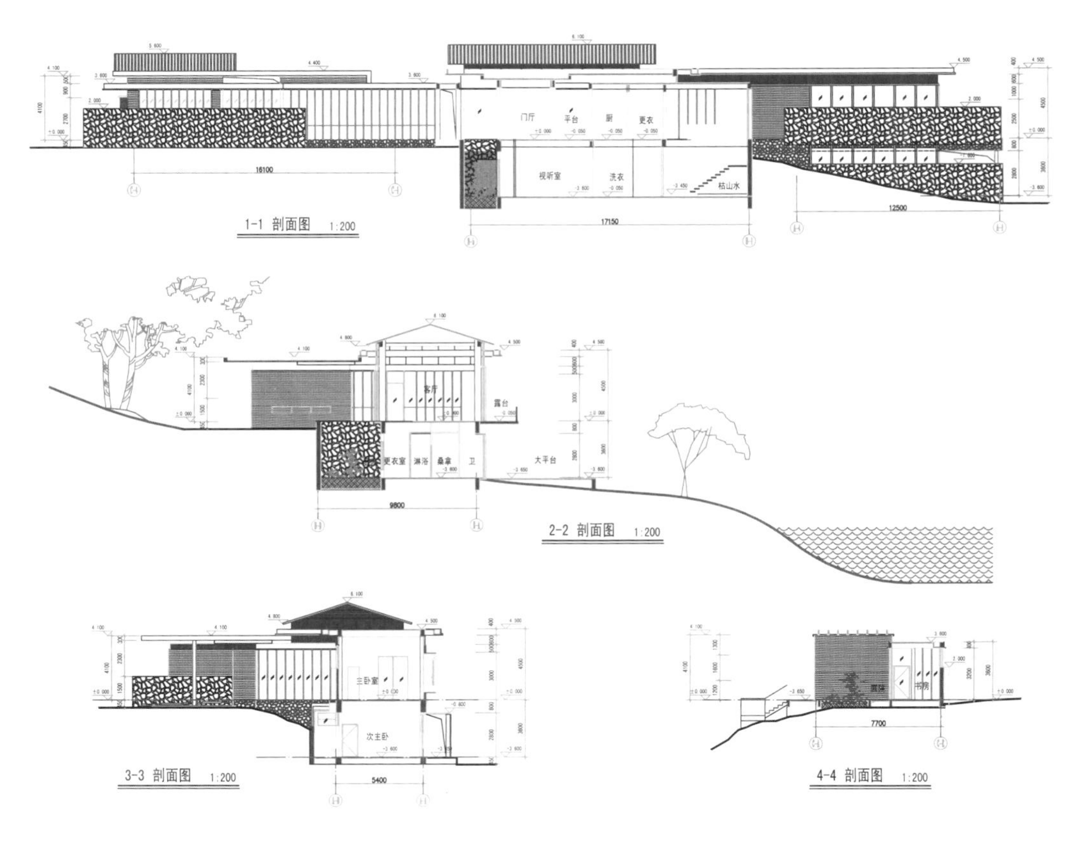

15 号别墅剖面图

05

06

07

08

09

05-09 14 号别墅

10-11 13 号别墅

ZEN HOUSE
远洋华墅

项目地点：海南海口
项目进度：2013 年建成
用地面积：158 746 平方米
建筑面积：110 000 平方米
建筑设计：日兴设计 • 上海兴田建筑工程设计事务所
设计团队：张峻、王世昌、孙晓梅、王金蕾
摄影：朱克家

关键词
徽派
村落

项目概况

项目位于海口市西海岸盈滨半岛旅游度假区，北临琼州海峡，南靠内海。别墅区占地面积 158 746 平方米，建筑面积 110 000 平方米，周边配套完善，交通便利。项目黄土作墙、木屋黑瓦，依山傍水，环境宜人。采用徽派建筑风格，营造小桥流水人家的意境，置身其中，能够忘却城市的喧嚣，回归心灵的原点，感受宁静的自然。

设计理念

设计初衷是将徽派的村落及传统的文化元素融入海口的地域和环境之中，打造蕴含徽派特色的休闲、度假第二居所住区。项目的特点是精致，建筑、院落、景观在一个宜人的居住尺度中有层次地铺陈展开，中国传统园林的小中见大的特点在本项目中充分体现。

鸟瞰图

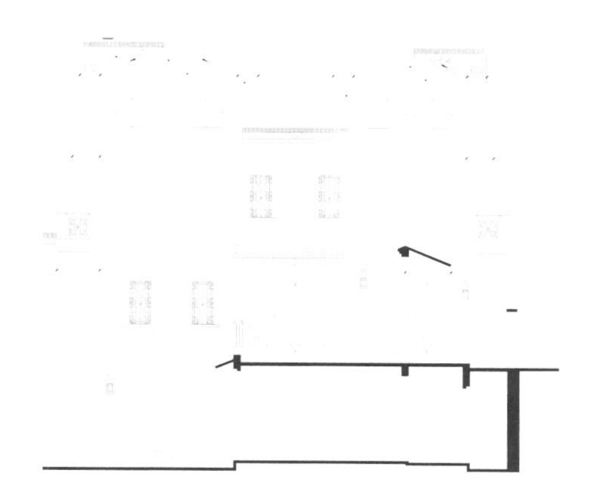

1-1 剖立面图

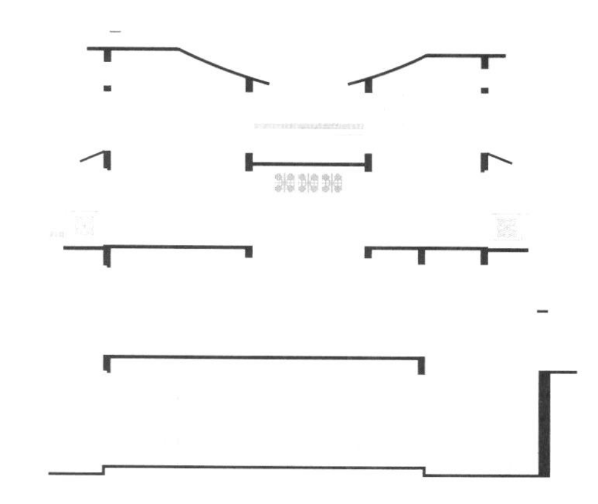

2-2 剖面图

01 别墅组团

设计特色

中央景观以水为设计主题，水作为小区的景观基本元素，用水形成住区景观，以传统音律的“宫商角徵羽”和古琴名曲作为景观的主题，串联起整个小区，自然、生态的景观主轴仿佛是一曲悠扬的古曲在演奏。鱼骨状的规划结构简洁明确，中央的主轴串联起一条条的街巷，街巷内回到了传统村落的宅院模式，门头、院墙、照壁让人宛如置身徽派的古村落之中，组团内的独栋通过院落划分将场地完全分配到每家，院落是传统建筑的灵魂，有了这些前后院落，平凡的住居才有了灵魂和情趣，中式园林幽深细腻的情致才得以续存。

独栋的设计采用“前二后三”的竖向设计，相对入户道路层数是两层，地下室向下沉院落面打开，相对下沉建筑层数为三层。建筑外立面是徽派的元素，内在却有着当代的生活方式和居住美学，不同的户型空间满足了居家、度假、聚会、工作室、静修及收藏等需求，项目整体的徽式风格产生的沉静气质及文化内涵让居住文化得以升华，拓展了第二居所的内涵，让更多的人愿意穿越到海口不远处这个小小的村落之中，沉醉其中，找寻到一个不一样的自我。

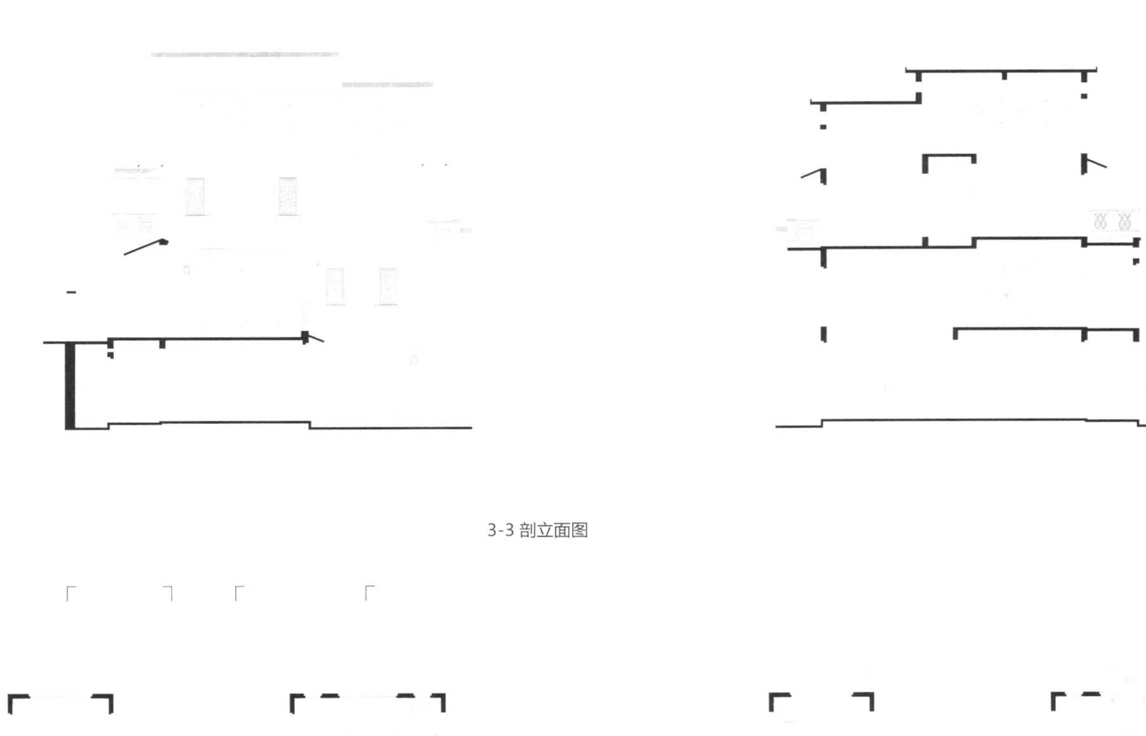

3-3 剖立面图

4-4 剖面图

首层平面图

二层平面图

02 组团内部鸟瞰
03 住宅及环境

02

03

XI'AN XINXING SINTAYANA VILLA
西安新兴圣堤雅纳别墅

项目地点：陕西西安
项目进度：在建
总用地面积：49 308 平方米
总建筑面积：43 280 平方米
容积率：0.88
主要材料：文化石、涂料、木材
规划设计、建筑设计：博德西奥（BDCL）国际建筑设计有限公司

关键词
院落
立面

项目概况

项目位于西安浐灞上游区位，占据灞河一线壮阔水域，零距离接触2.5公里滨河天然水岸。本案定位为低密度高端宜居社区。项目与2011西安世界园艺博览会主会址隔河相望，水岸线优雅静谧，悠长蔓延。广运潭湿地公园、桃花潭公园、雁鸣湖公园环伺四周，独特的自然生态景观成为项目的后花园。

设计理念

为了在这里营造一种宜人、舒适、浪漫、轻松的居住氛围，设计把建筑风格定位为现代南加州风格。异国风情的建筑与中国传统的院落文化相结合，解决了传统别墅组合方式的结构单调及容积率低的缺点，使得每个合院不仅拥有私家庭院，具备更多的采光面，也兼具更多的私密性，同时拥有公共庭院，形成良好的邻里生活氛围。与此同时，设计从单体建筑到院落、组团的各级尺度上贯穿使用院落围合的布局手段，形成鲜明的空间特色。

01 别墅全景

设计特色

规划设计

小区用地形状近似矩形，相对规整。整个地块因用地性质不同分为两部分，南区三分之二的用地属于住宅用地，剩下北侧的三分之一用地属于公建用地。

南区住宅用地布置了三种别墅产品，靠近西侧城市道路的一侧相对喧闹，设置容积率较高的叠拼别墅，中间布置联排别墅，东边临河一侧布置品质相对高的双拼别墅。三种别墅产品在布局上整齐排列，尽可能最大化利用土地。

建筑设计

外立面设计充分尊重原生地表肌理和环境，并体现出当地的文化积淀与建筑内涵。立面材料使用文化石、高级涂料与木材，明快而又不乏质朴温暖的色彩给建筑融入了阳光和活力。细部处理强调古朴，师法自然，在材料的划分上注重通过细节与尺度营造柔和、内敛、尊贵的生活氛围，同时不失南加州住宅的特色。立面整体风格质朴典雅，豪气内敛，有一种发自内心的宁静安详，追求与自然环境的和谐共生，并强调时代感和地域性，通过设计保证功能与文化的和谐统一。

景观设计

南区以水景为主体的集中景观区设在主入口附近，售楼处向道路开放的公共性空间在靠近联排别墅区域与住宅用地紧密接触，使得私有院落和建筑能够更好地亲近水景。水景结合售楼处及入口，也是小区面向城市界面的主要形象标志，入区道路在规划上留有足够的空间，以细化景观、彰显气派。一条南北向主景观轴线更成为视觉的核心，该轴线将人的注意力引向中心大面积的水景区和漂浮在水面上的售楼中心，成为小区的标志性景观。依托水面的景观向别墅区渗透，将景观和建筑融为一体。

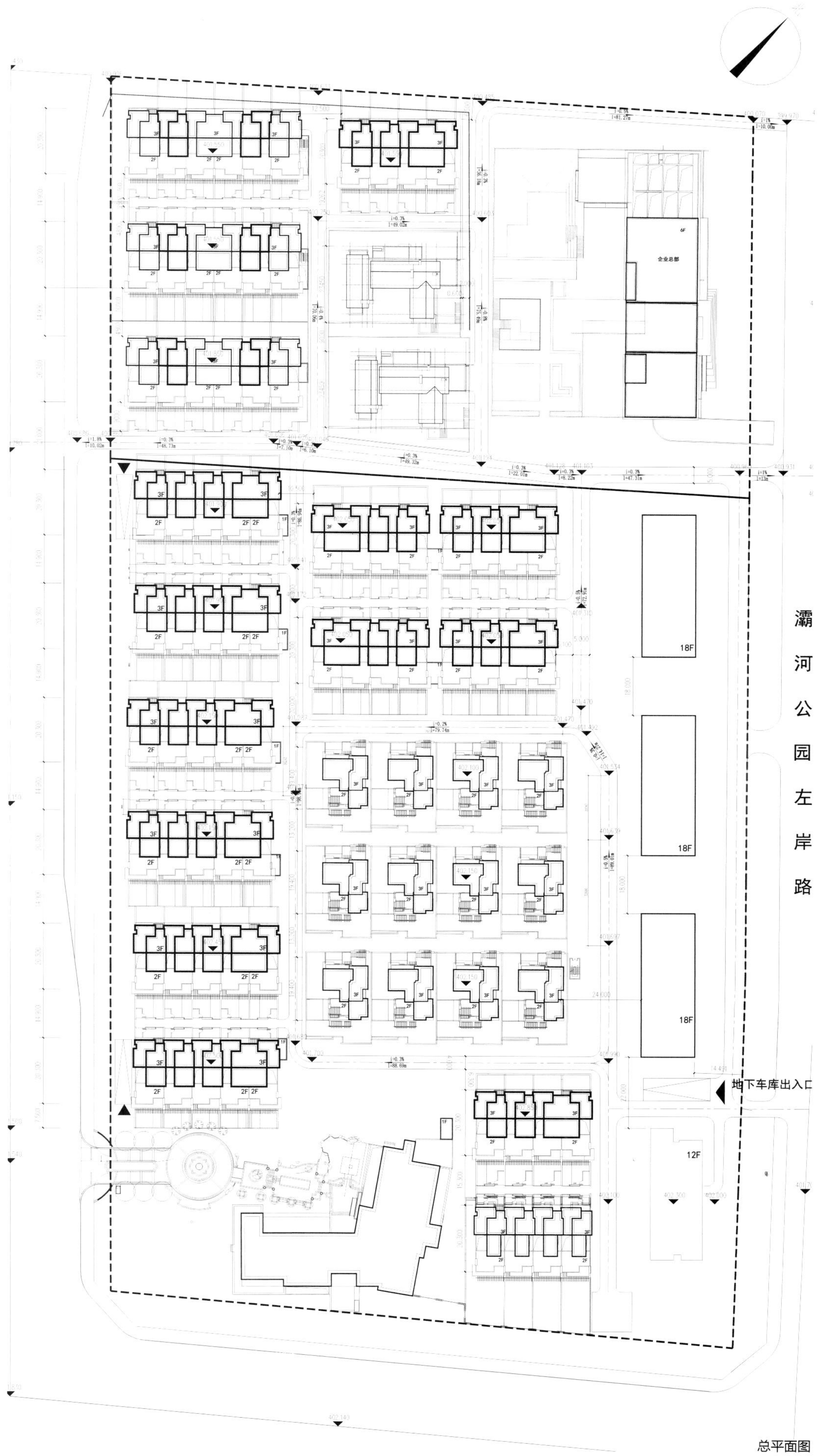

总平面图

02

03

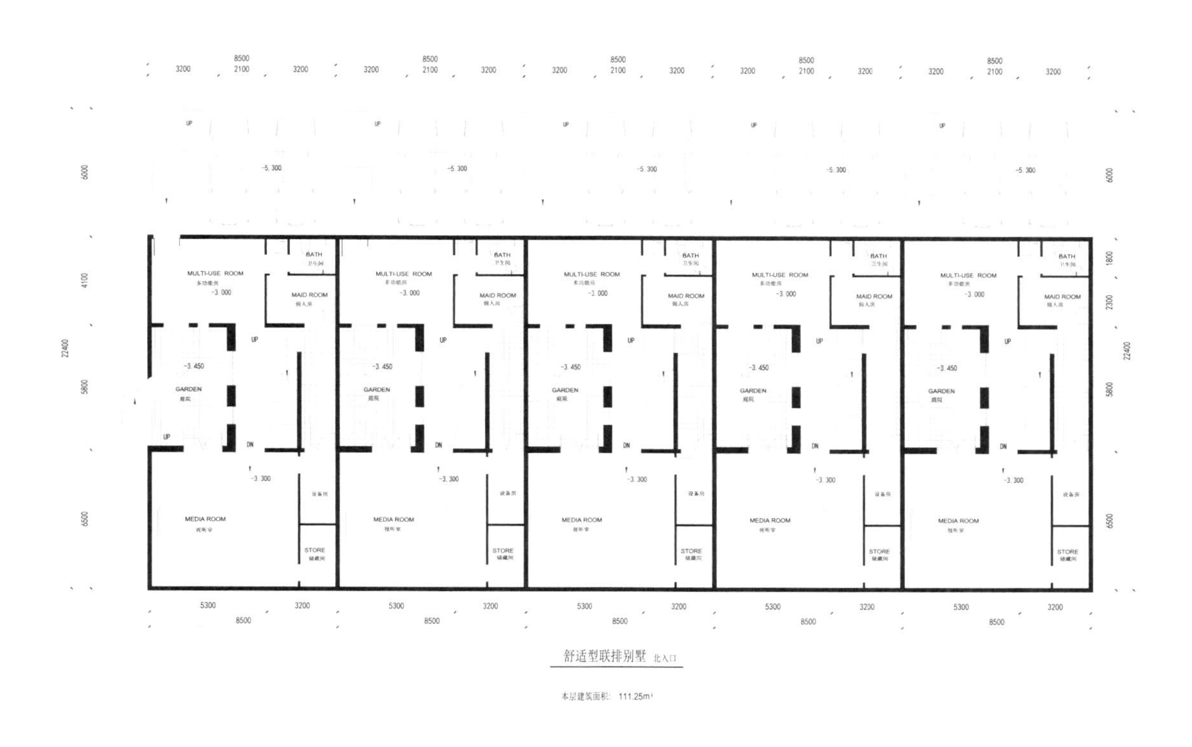

舒适型联排别墅 北入口

本层建筑面积：111.25m²

地下一层平面图

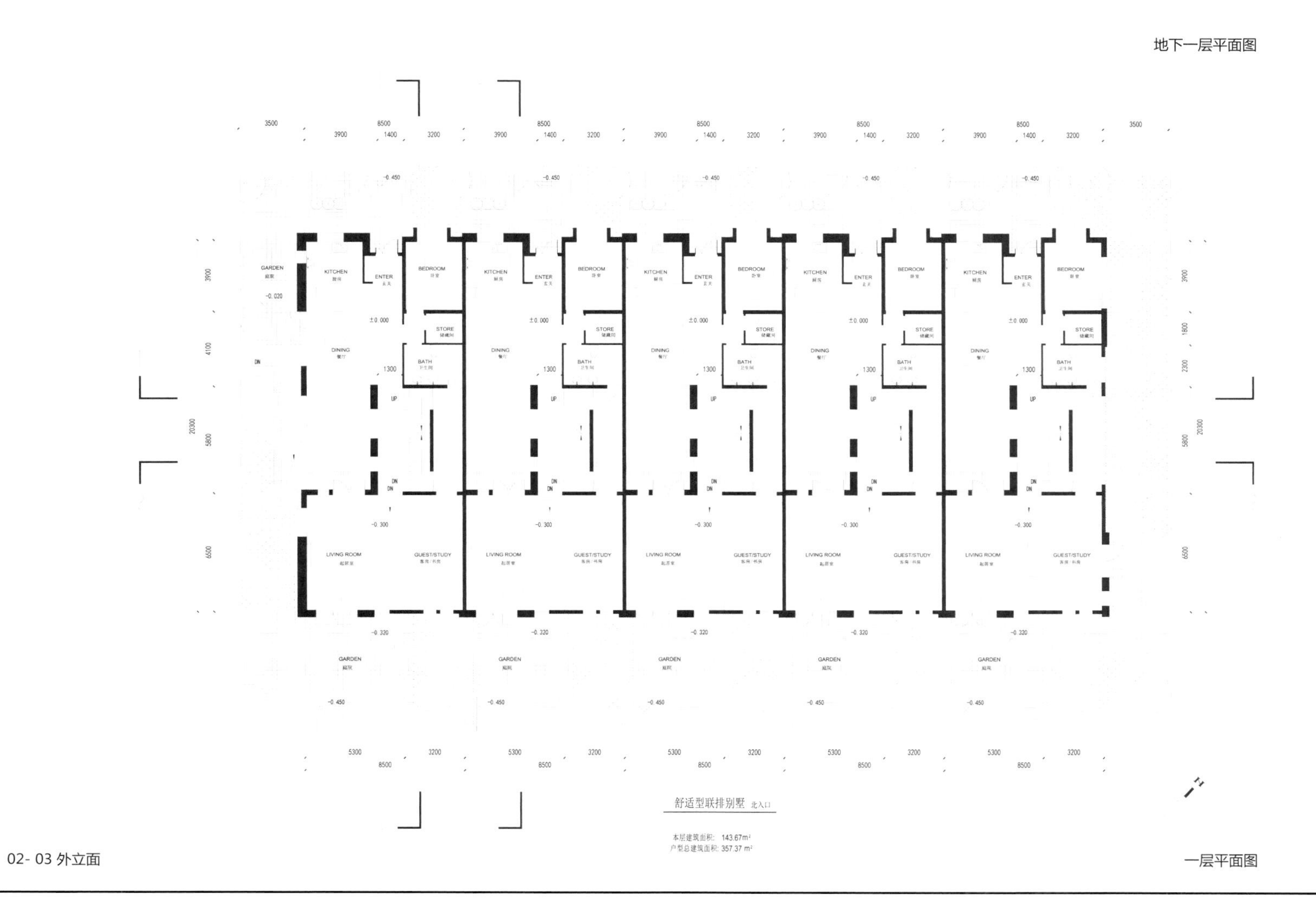

舒适型联排别墅 北入口

本层建筑面积：143.67m²
户型总建筑面积：357.37 m²

一层平面图

04

05

06

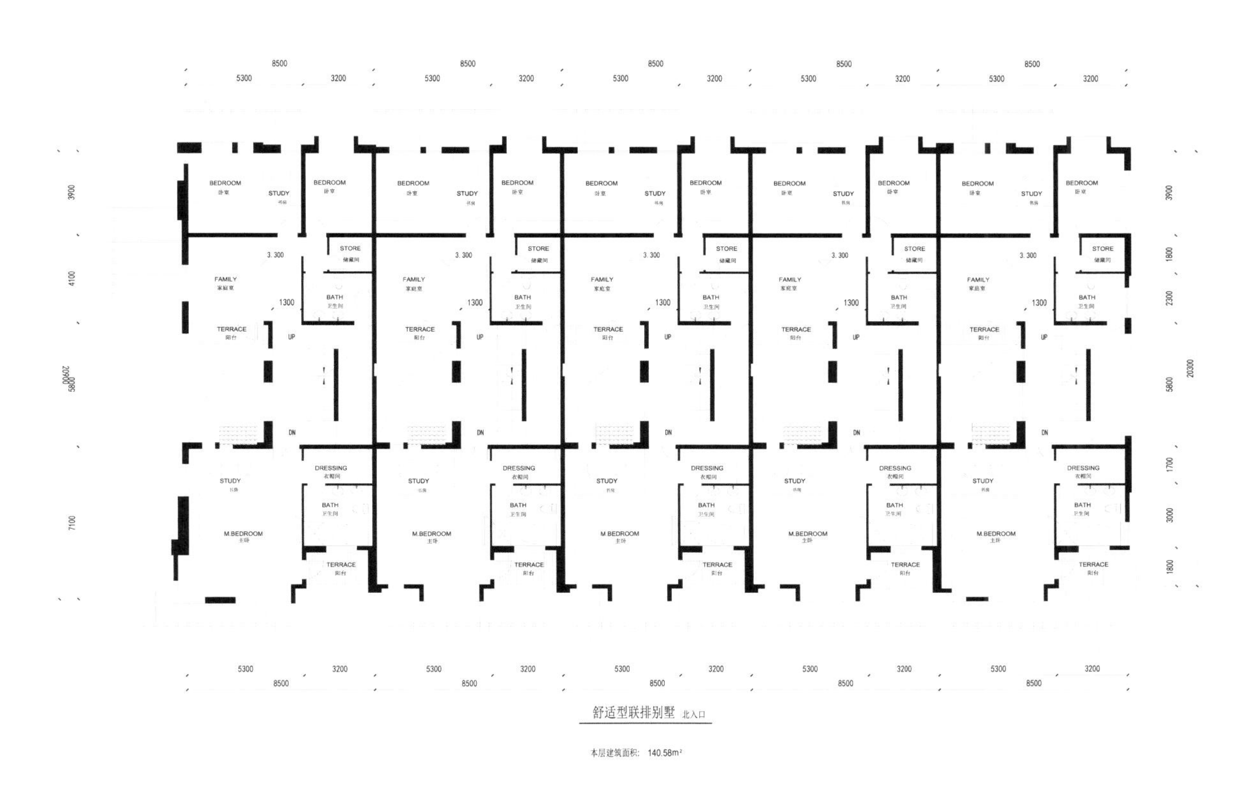

二层平面图

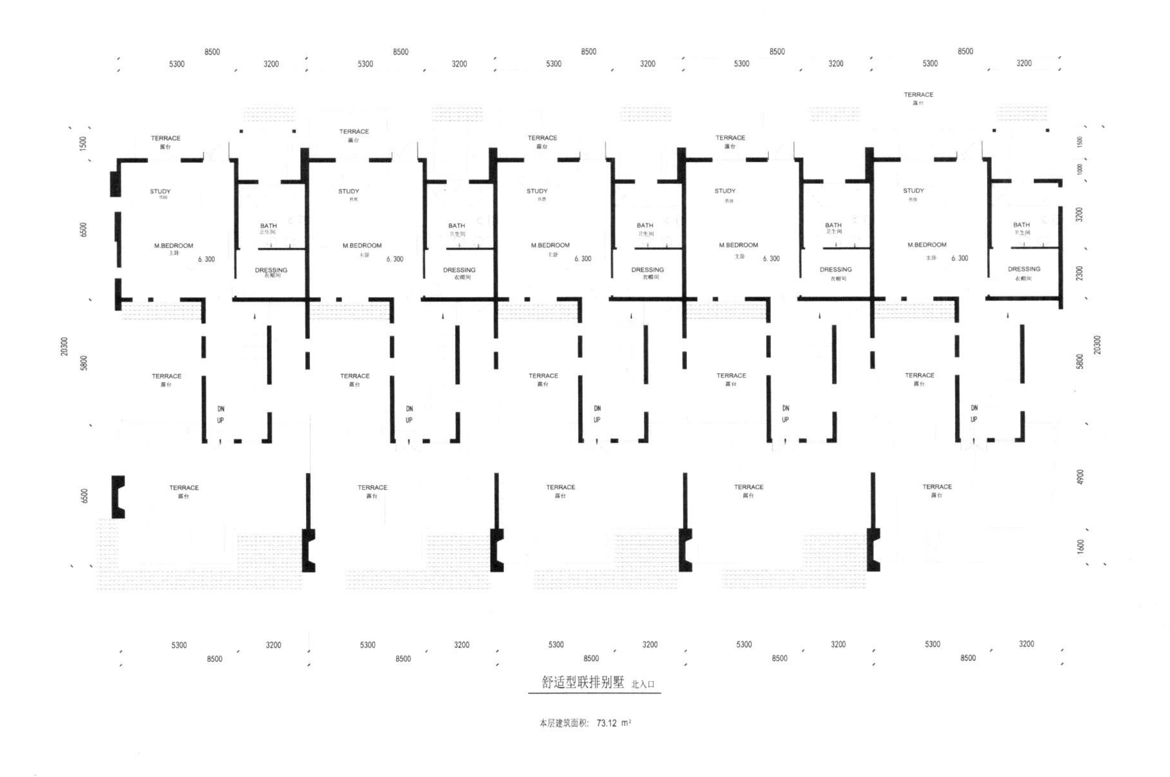

04 庭院
05 水景
06 外立面细部

三层平面图

ZHUJIAJIAO JIUJIANTANG WEST GARDEN

朱家角九间堂西苑

项目地点：上海青浦区
项目进度：2012 年建成
总建筑面积：161 000 平方米
建筑设计：加拿大 CPC 建筑设计顾问有限公司
主设计师：邱江、韩强

关键词
新中式
江南水乡风格

项目概况

项目位于毗邻上海的水乡古镇朱家角。朱家角是距离上海最近的传统水乡古镇，在当下的发展中已经融入了许多现代而又具有人文气息的新功能和新生活。如课植园里定期上演的实景“牡丹亭”，水边老建筑中的谭盾音乐厅，以及许多的展览、艺术家工作室和特色作坊等，古镇朱家角的生活在慢慢改变和发展中。在这样的特殊地理位置和文脉背景下设计的总体指导思想是将新生活和传统相互融合，发扬和传承江南水乡建筑传统，努力建立一种现代和传统之间的平衡。

大宅总平面图

01 大宅沿河夜景

设计特色

规划布局

以西镇项目总体规划及策划为基础，延续朱家角江南古镇特色肌理和建筑文脉，营造“自然和谐，生态宜居”的新中式低密度居住环境；传承江南传统村落鱼骨状原结构，以朱家角民居院落为空间特色，营造空间层次丰富、建筑风格鲜明的院落别墅群；强调江南水乡小镇的景观规划特点，引入天然河水，演绎中国江南水乡风格的古典园林精神，塑造丰富、变幻、生动而醇美的空间与景致；户型设计引入“中庭花园”等院落空间，强调空间的递进感，推崇中式人居生活方式。

大宅西立面图

大宅北立面图

大宅东立面图

大宅南立面图

02

03

04

05

单体空间设计

在单体的平面和空间设计中，设计摒弃通常情况下将户型的各个功能空间集中布置在一起的做法，借鉴江南园林和传统民居的手法，将户型的各个功能区域和院落相互间隔布置融合在一起。在南北进深方向分别结合建筑的使用功能布置了前院、中庭、后院三个院落空间，形成了秩序鲜明的空间递进关系。产生了“院落深深”的传统建筑意向和空间体验。

02 大宅入口走道及水池
03 大宅庭院
04-05 大宅室内
06 大宅院中水景

06

联排别墅总平面图

07

07 联排别墅庭院沿路立面
08 联排别墅院落

形体和立面设计

建筑的形体和立面设计，强调通过对比例、形体关系、色彩和材料等的控制，对传统建筑构造和建造方式的研究和演绎，使新建筑产生中式建筑的意向和联想而不是使用过多的符号和复古手法。同时，设计中积极探索使用新的技术和新的材料以期用现代的方式演绎和传承传统建筑。

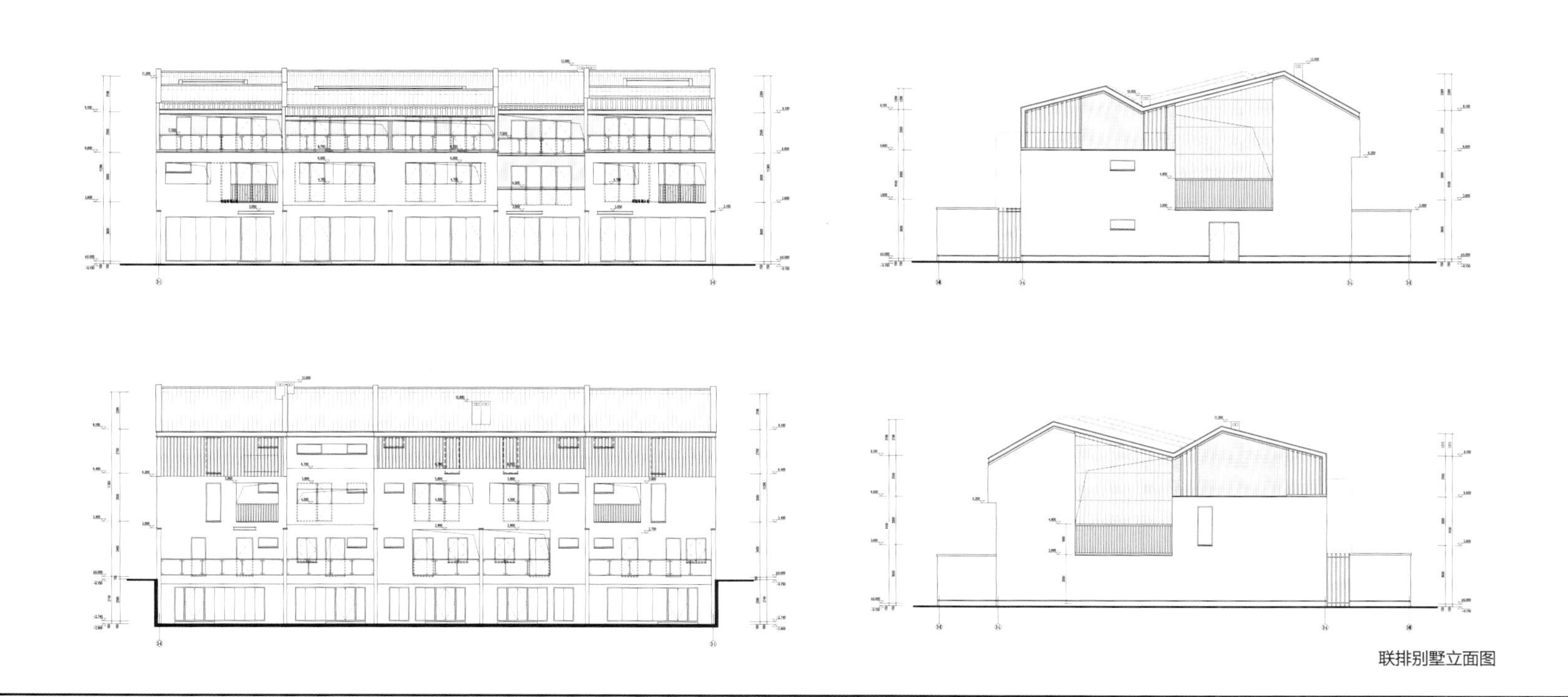

联排别墅立面图

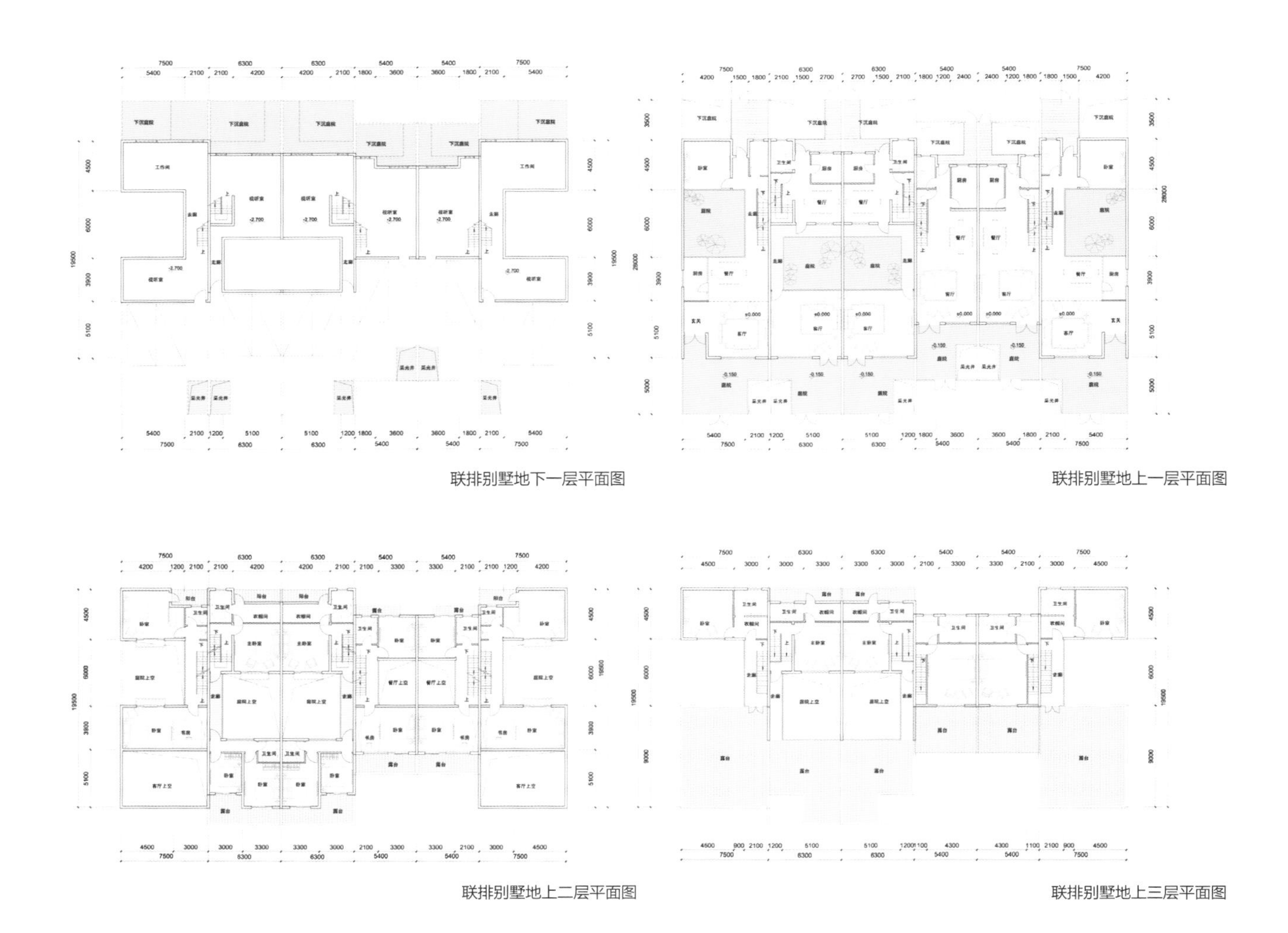

联排别墅地下一层平面图

联排别墅地上一层平面图

联排别墅地上二层平面图

联排别墅地上三层平面图

09

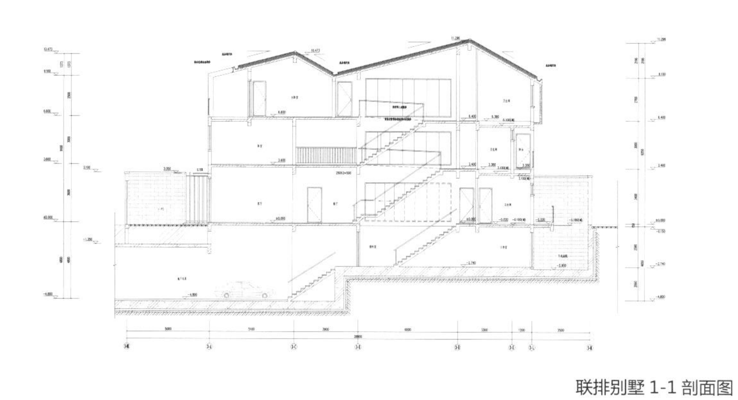

联排别墅 1-1 剖面图

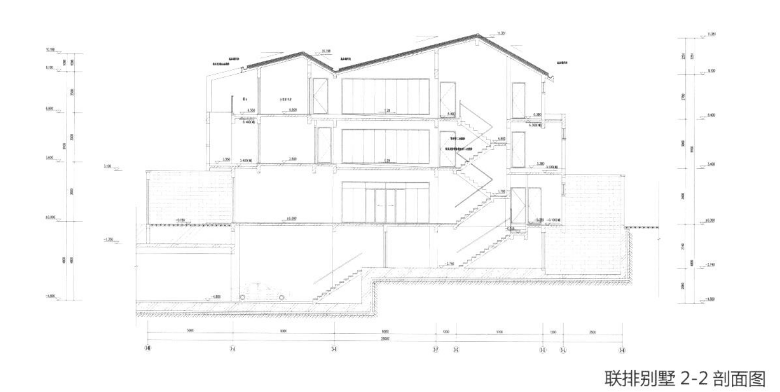

联排别墅 2-2 剖面图

09 联排别墅院落
10 联排别墅庭院一角
11 联排别墅间的水景

10

11

PAN ZUYIN'S FORMER RESIDENCE TRANSFORMATION

潘祖荫故居维修整治

项目地点：江苏苏州
项目进度：2013 年改造完工
建筑面积：22 97 平方米
主要材料：砖、木、瓦
结构形式：砖木结构
建筑设计：苏州设计研究院股份有限公司
主设计师：查金荣、蔡爽、祁昭

关键词
修缮改造
修旧如旧

项目概况

在苏州古城东北隅的平江历史街区，历史上许多文人雅士、达官贵人曾生活于此，区内保留着为数众多的古建筑，潘祖荫故居就是其中一处。故居又名竹山堂，是一座三路五进、坐北朝南的大宅子，由清末探花潘祖荫晚年退居苏州时改建堂兄潘祖同住所而来。解放后，这里曾被用作工厂、招待所，历经岁月的沧桑，昔日盛景已不再，宅第逐渐破败。为了延续建筑文脉，保护名士故居，潘宅作为苏州市控制保护建筑进行维修整治。

设计理念

在修缮中，建筑师坚持修旧如旧的原则，参考史料记载，最大限度地复原建筑原有的风貌，力争与整个历史街区的气息氛围融为一体。故居内原有的传统建筑都被完整地保留下来，过楼、书斋以及中路后两进楼厅都受到了一定程度的修缮保护；而后期改建、搭建的建筑由于影响到故居的传统风貌，全部予以拆除，并按历史记载进行复原。潘宅在修缮后恢复了原有的风貌和格局，古宅的生命得以重新绽放。

01

屋顶总平面图

一层总平面图

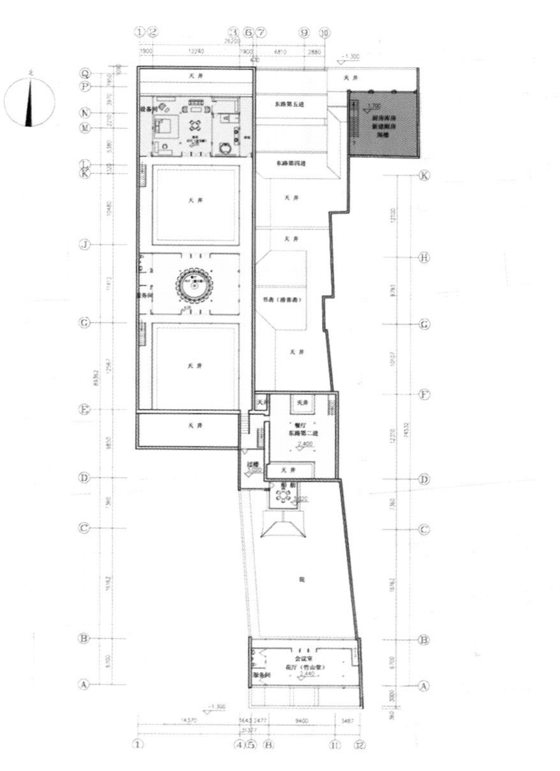

二层总平面图

01 全景鸟瞰
02 花厅一角

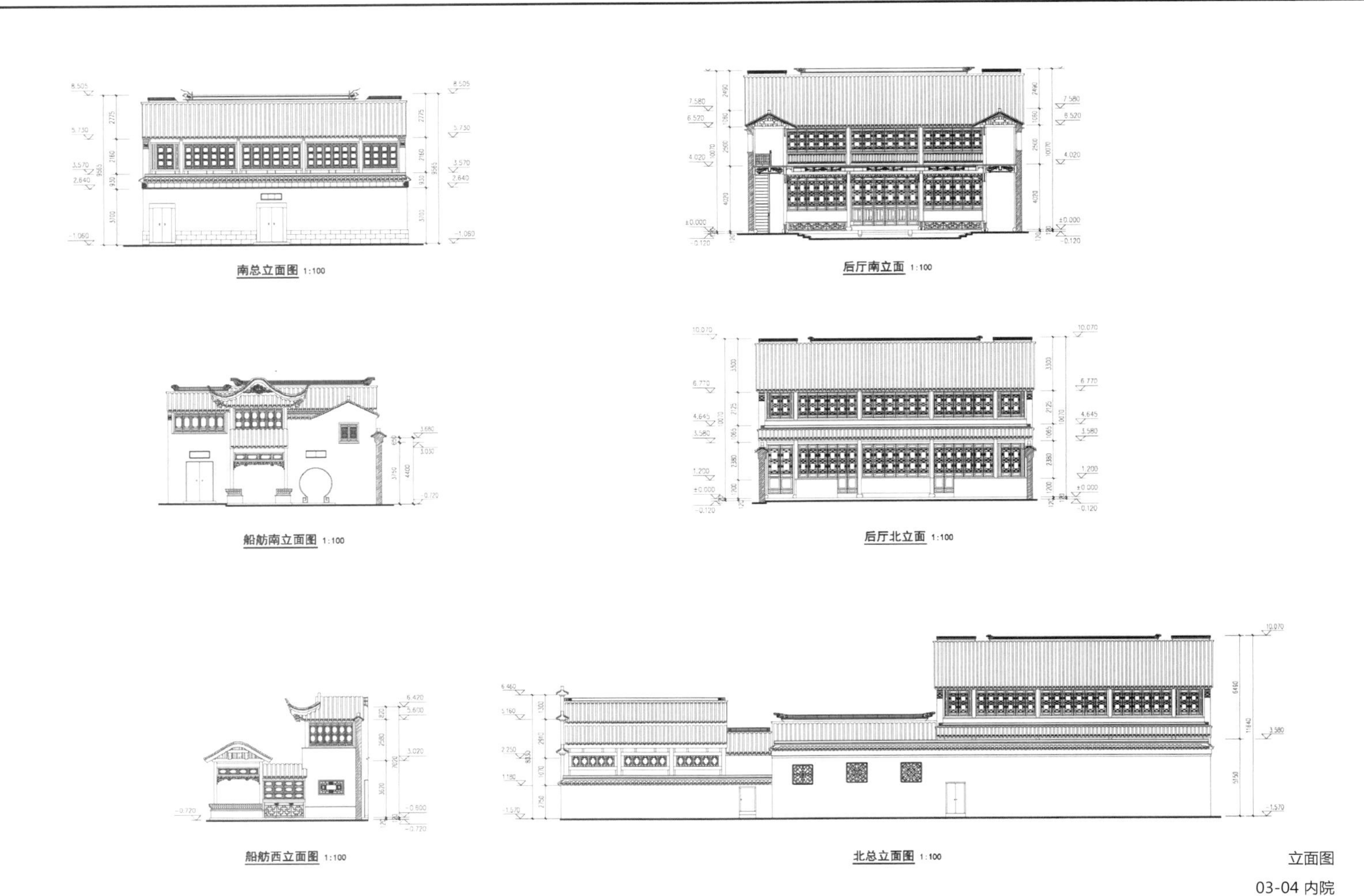

立面图

03-04 内院

05-08 改造前后对比

03

04

05

06

07

08

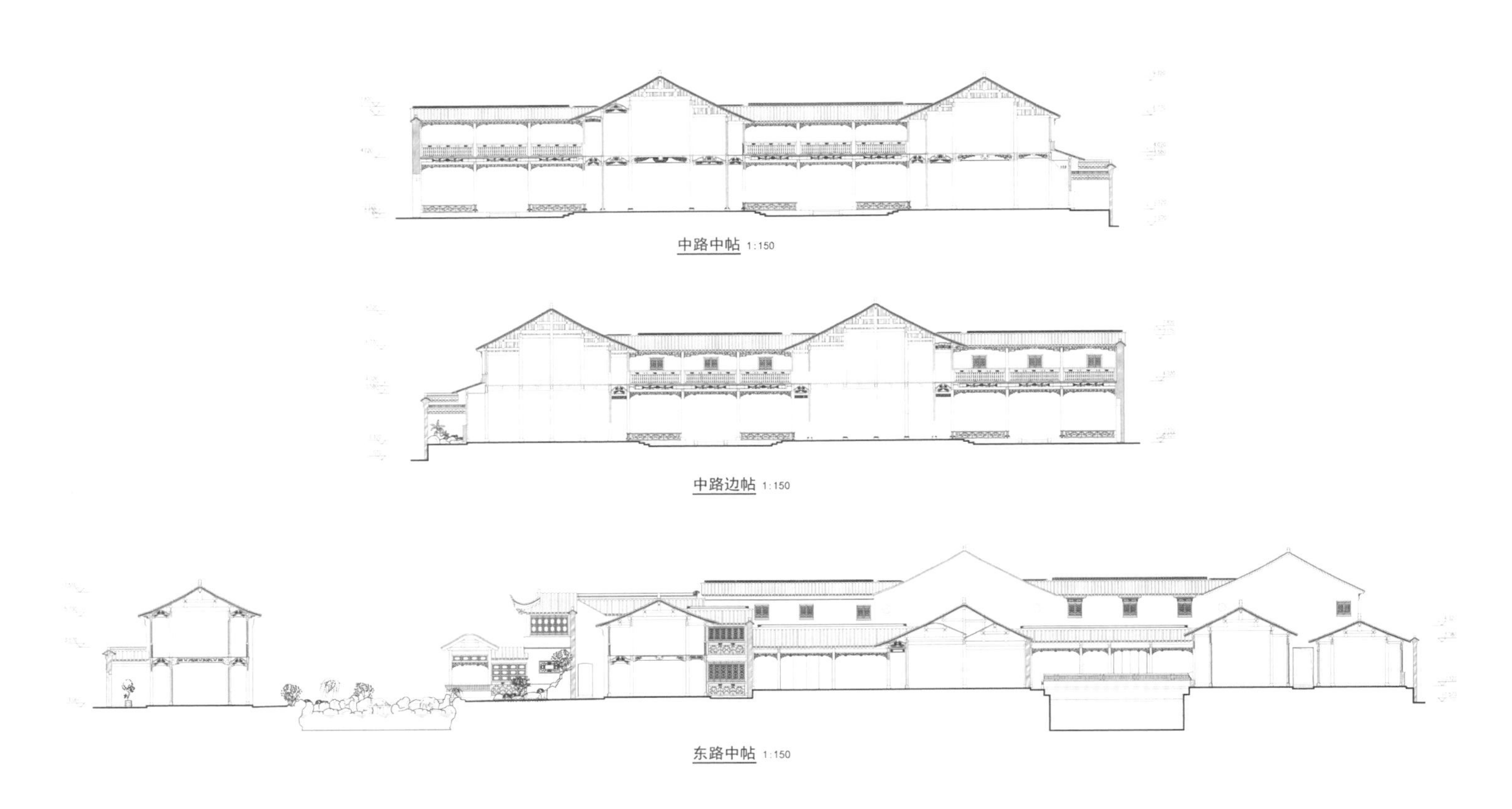
中路中帖 1:150

中路边帖 1:150

东路中帖 1:150

剖面图

09

09 内院
10-11 细节
12 室内

CHANGZHOU LONGHU XIANGTI STROLL

常州龙湖香醍漫步

项目地点：江苏常州
项目进度：别墅已交付、高层在建
建筑面积：735 400 平方米
主要材料：石材、面砖、涂料
建筑设计：上海霍普建筑设计事务所有限公司

关键词
规划布局
景观设计

项目概况

项目位于常州市中心城区西北部，西至青丰路，北至北塘河路，东至三新路，南邻青业路。贺家塘河及永宁路贯穿其中。基地毗邻规划中的东经 120 公园，距恐龙园 1 500 米，新北区中心 4 公里，常州市新的行政中心 2.5 公里，常州市中心城区（核心商圈）5 公里，区位条件优越，交通方便。

设计特色

规划布局

整个项目工程规划分三期开发。为低层及高层住宅产品。目前在建一期开发项目，其中低层住宅均已交付，高层在建。部分实景已呈现。

项目规划将流畅、共享及和谐作为设计出发点。整体布局将高层呈围合状布置于别墅外围，有别于传统将高层区与别墅社区完全分隔的手法，本项目将开放性邻里空间作为纽带，将高层的活动范围延伸至别墅区，连接别墅区主轴与亲水景观带，最大化高层居住价值，并通过设置别墅小尺度节点加强私密性。

01

住宅建筑设计

联排别墅以 220 平方米为主，不同的建筑风格为有不同需求的业主提供了丰富的选择。功能分区合理的房型设计满足了业主的生活需要，住宅套内设计以起居室为中心，内部空间公私分离、居寝分离、洁污分离，室内布置紧凑，走道短捷，提高面积的使用率及使用的舒适度，高层住宅套型设计依据总体布局灵活多变，创造更多的自然通风、采光的室内空间，节约能源。平面分区明确，流线顺畅，布局经济合理。

住宅平面强调明厅、明厨、明卫及自然采光与通风的设计原则，厅房方正实用，统一设计室外空调机位、冷凝水管、厨房烟道、热水器排气口等，每户皆有工作阳台，主阳台进深不少于 1.5 米，并有晒衣设施。水、电、煤表均出户。住宅设地下车库。单体设计强调建筑近人尺度、细部设计以及尽端单元的空间变化和形式处理，充分利用景观资源。

建筑造型设计中，注重建筑的人性化设计，侧重设计的现代性和情感性的结合，同时突出本设计与目前流行样式的差别，体现产品的差异性，使得该住宅形式成为未来国内住宅产品设计中的前沿经典之作。设计以简洁的形式、精致的细部以及现代而鲜明的色彩来体现未来住宅建筑的风格趋势，塑造其独特的个性特征。

景观设计

设计主要体现龙湖的景观特色，将别墅的景观理念融入高层空间中。将河道及社区主轴线进行重点打造并带动其他景观节点形成点、线、面的景观布局，并结合龙湖多种植多层次的景观理念，对景观的进深感进行视觉拓展，高层区灵动贯穿、一气呵成，别墅区层次分明、步移景异。

01 沿河别墅
02 别墅

02

03

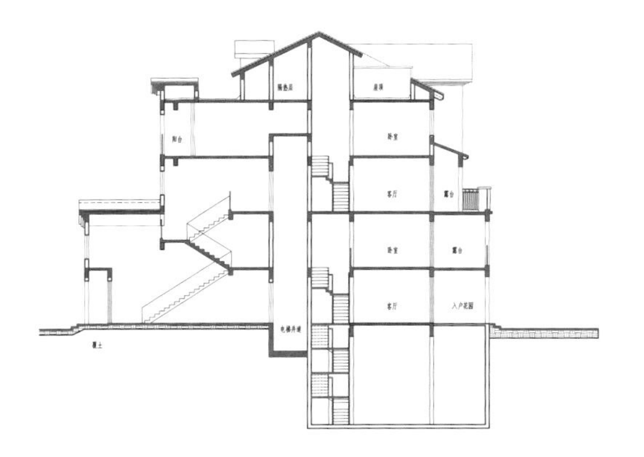
1-1 剖面图

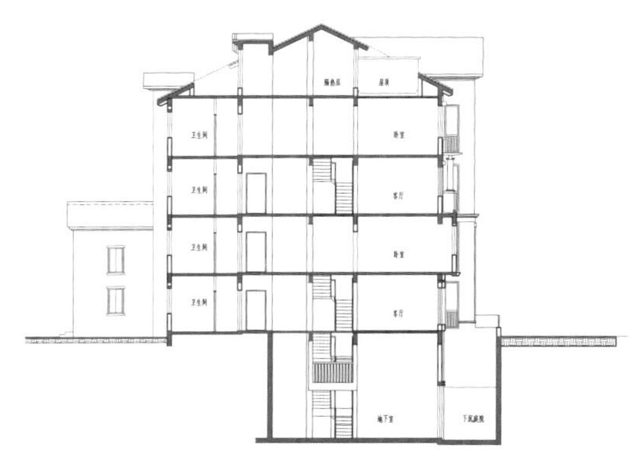
2-2 剖面图

04

03 别墅立面细部
04-05 别墅
06 别墅庭院
07 别墅走廊

06

07

VANKE EGRETS JUNXI

万科白鹭郡西

项目地点：浙江杭州
项目进度：2013 年建成
建筑面积：108 700 平方米（地上）
主要材料：涂料、石材、木材
建筑设计：上海中房建筑设计有限公司

关键词
四坡屋顶
外立面

项目概况

项目位于杭州万科良渚文化村内，项目规划总用地面积 33.66 公顷，地上总建筑面积约 108 700 平方米。

设计特色

外形设计充分考虑项目所处良渚地区的大环境，从其悠久的历史传承及现代的居住开发中汲取灵感。设计采用四坡屋顶，墙身采用粗骨粒涂料，基础部分及局部设置的壁柱采用粗犷的石材处理。在一些节点部位，通过具有符号性的独特细部彰显项目的独特品质。本项目

采用实木门窗，在一些檐口、廊下以及露台等近人尺度的局部也采用本地木材装饰。通过这些设计处理，着力营造一种粗野中不乏精致，乡土中又不乏诗意的居住建筑意境，使整体造型既符合杭州良渚地区独特的区域特质，又符合山地建筑这个特定的场地条件，同时充分利用新时代新工艺以更好地满足住户的需求。

总平面图

01 别墅单体及水景

01

02

03

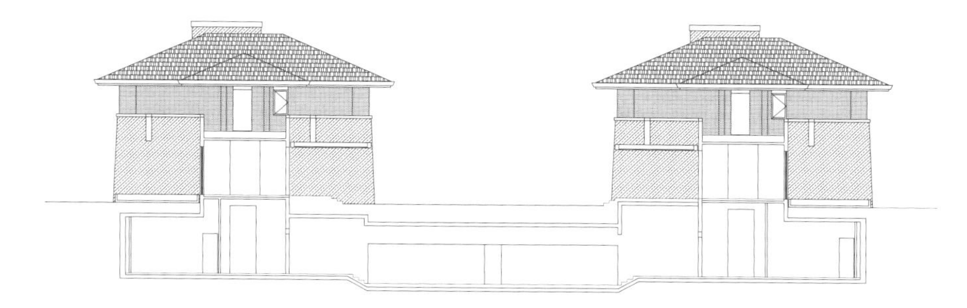

别墅组团立面图

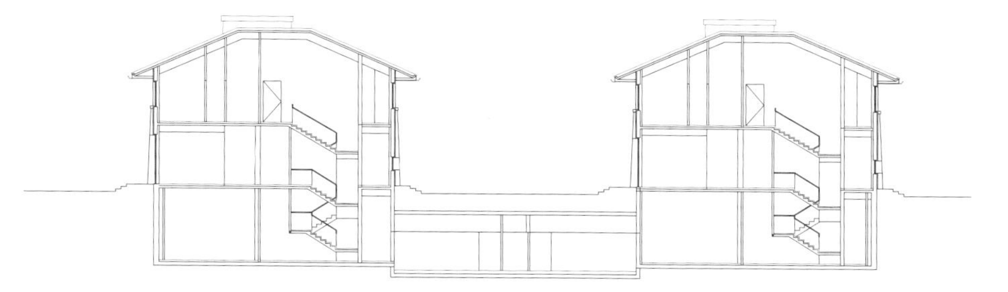

别墅组团剖面图

02-03 别墅单体与周边环境
04 庭院

05

06

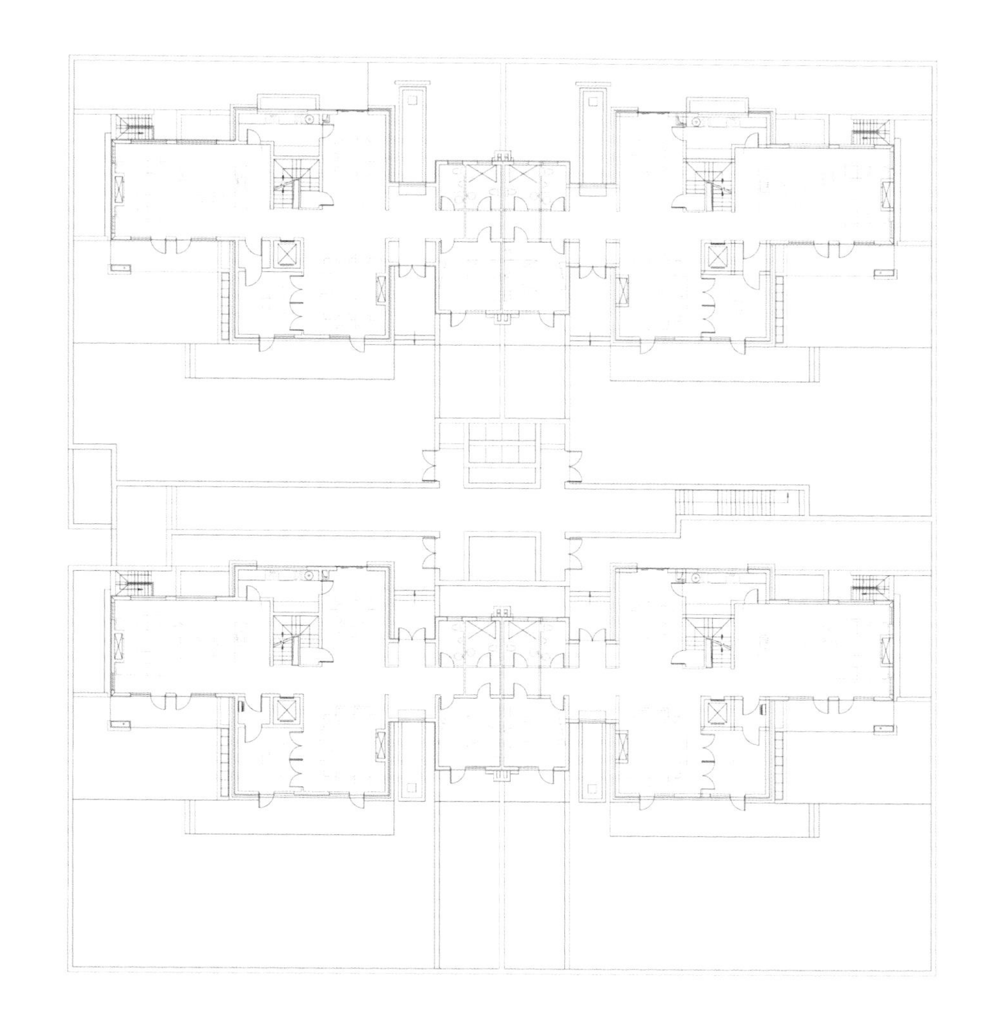

别墅组团平面图

05 水景
06 露台
07 室内

07

NANTONG SHANSHUI NUMBER ONE
南通山水壹号

项目地点：江苏南昌
项目进度：2013 年建成
建筑面积：96 000 平主米（地上）
63 000 平方米（地下）
主要材料：木材、金属、面砖、石材、涂料
建筑设计：上海中房建筑设计有限公司

关键词

草原式田园风格
外立面
实景式园林设计

项目概况

项目位于南通五山风景区板块，军山以东，北临城市景观干道星湖大道。地块中部有自然河道贯穿南北，景观资源十分优越。项目交通便利，8 分钟可达南通新都市中心，1 小时接轨上海，3 小时接轨长三角。

设计构思

项目坚持以人为本，强调与环境的和谐，在空间布局、建筑排列、户型选择及建筑风貌上均以遵循地形地貌、城市景观为原则，实现有机规划、有机建筑和有机景观的设计主题。

01

设计特色

有机规划

规划设计从城市空间入手，考虑已有景观资源的积极因素并适当改造，从四个方面逐步落实。重塑资源：原有河道非常平直，规划在保证河道宽度和深度的前提下对河道走向适当调整，形成弯曲有致、生态宜人的自然景观；留路搭桥：规划设计了一条围绕河道的景观路，并与东、西两侧城市道路相连形成社区的车行林荫道。沿路（河）布置独栋或双拼别墅以体现景观的通透性。另外，在景观河道的中部另外设计了两条人行景观桥以加强东、西组团的景观联系；山水人家：景观道的外围通过堆坡手法形成四座山地组团。加强了区内景观的空间层次，营造仁者乐山、智者乐水的居住意境。同时，通过建筑层数和布局的控制，丰富了城市界面的空间效果；开门见山：在西侧住区主出入口处，设计了 VIP 会所作为整个社区的景观中心。通过建筑的围合布局结合中心广场、玻璃金字塔采光窗及入口门廊正对军山的设计，突出建筑群的地标性，也营造出住区入口“开门见山”的规划特色。

另外，规划积极利用北侧城市主干道的城市景观带，以自然坡地为主，结合运动健身主题的融入，使景观由静而动，富有活力。

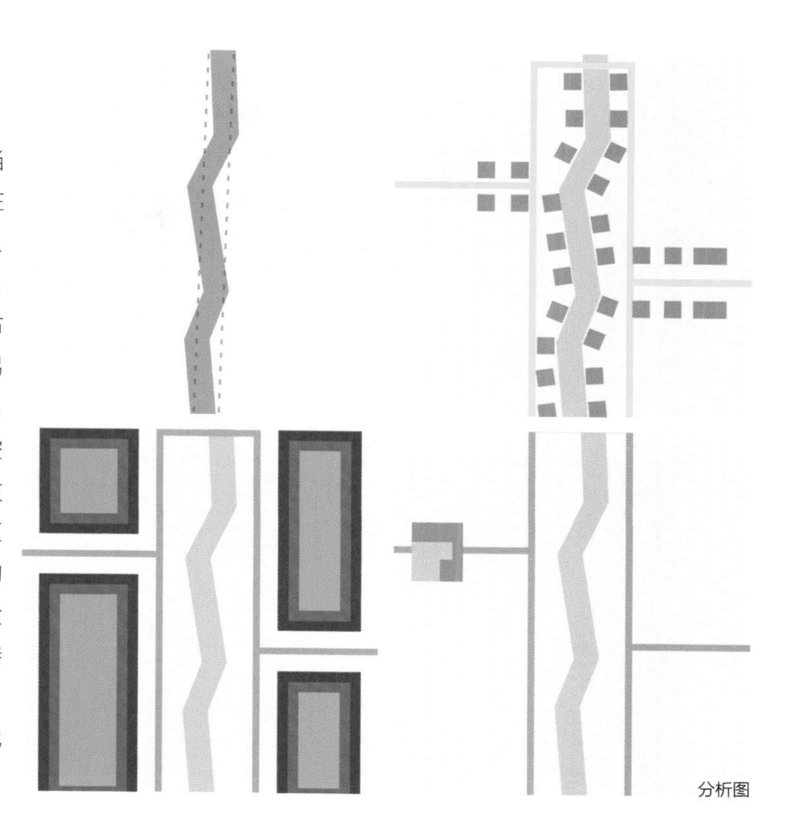
分析图

01-02 全景

02

03

有机建筑

用地规划完成之后，根据每个地块的基本资源属性如景观、位置、山地或是滨水等特点排布建筑产品，做到因地制宜，并尽可能多地创造产品的溢价空间。独栋别墅被安排在中心滨水处，然后由内而外布置双拼别墅、联排别墅和叠加别墅。

建筑立面采用类赖特草原式风格，体现出生态有机、温暖宜人的形象特征。设计通过形体的尺度推敲，木材、金属、面砖、石材、涂料等多种材料的配合运用，形成丰富而精致的质感。尤其是大面积坡顶、深挑檐、竖向条窗，Art Deco 元素的装饰细节运用以及高低错落的第五立面处理，带有较明显的草原式住宅的风格。

项目样板间 6 米挑高客厅设计，气派十足。书房三面环窗，结合原木装饰，展示出惬意的书卷气息。餐厅设计为中西双式餐厅，西式厨房采用开放式厨房设计，使空间自由延伸，而独立的中式厨房设计，保持了空间的私密性。阳光地下室配备有家庭电影院、儿童游戏室、健身房等，每个家庭成员都可以找到属于自己的休闲空间。

与风情化的住宅产品不同，会所采用较现代的建筑风格以体现楼盘的时尚特征，并在建筑材料的选择和细部的推敲上与住宅风格相融合。

一层平面图

04

有机景观

景观设计遵循师法自然的设计理念，打造实景园林。设计针对不同自然属性营造出滨水景观和山地景观，结合不同的功能属性营造私密庭院、组团庭园与公共花园广场。景观寄情于山水，建筑融情于自然，与环境共生长。

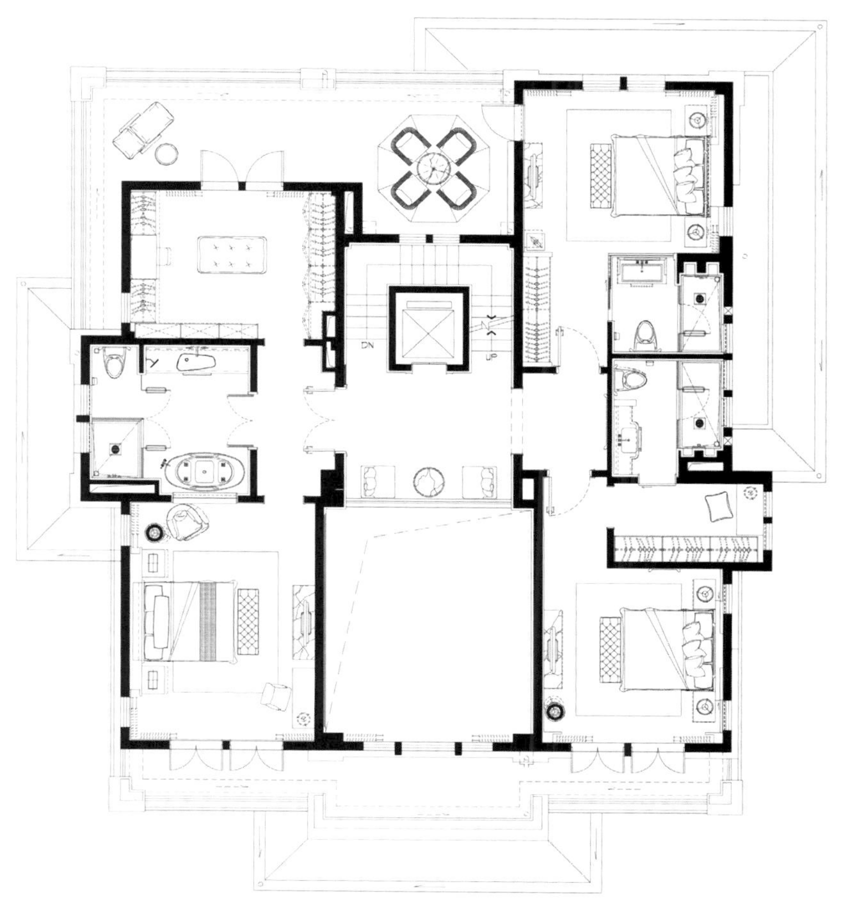

03-04 滨水住宅

二层平面图

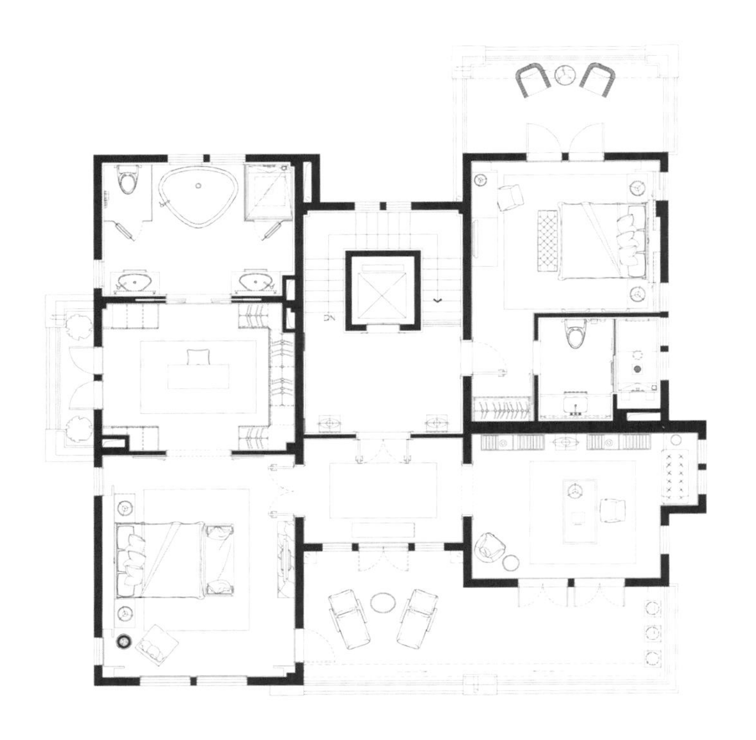

三层平面图

地下一层平面图

05 露台
06-07 室内

06

07

LAKESIDE VILLA

唯亭美庐

项目地点：江苏苏州
项目进度：2013 年 4 月示范区建成
总建筑面积：48 000 平方米
建筑设计：AAI 国际建筑师事务所
建筑设计团队：方治国、邵晨、孙青、陆祎、陶晶、李匀菲、胡晋诚等
合作单位：中铁工程设计院有限公司

关键词
坡屋顶
立面细节设计

项目概况

项目所在的区域预计将成为最具投资价值的城市核心居住区与高尚社区密集带。整个区域都按低密度、低容积率进行规划和开发。小区的西面紧临阳澄湖东岸的体育公园，有着优越的自然环境。

设计理念

在规划设计前期，建筑师经过调研，发现基地周边的住宅项目均有各自的风格特色。在考虑建造便捷的同时，为了突出项目自身的可识别性，将新鲜元素注入当地的传统生活方式中去，建筑师决定以成熟的北美建筑风格为基调，赋予项目独树一帜的生活色彩，带来别具一格的建筑风貌，与当地的传统文脉共鸣出新的滨水居住文化。

总平面图

01 效果图

设计特色

低调大气的和睦空间

在规划方面，建筑师整合利用现有的土地资源，打造了东高西低的场地形态，营造出更有安全感的围合式布局，让场地形成有层次的组团，并于其中构建适宜的生态景观。整个规划给人一种有序又富于变化的空间体验。小区内的各个组团空间属于半公共区域，通过尺度适宜的铺装、葱郁繁茂的绿化处理使其别具特色，身处其中，邻里间更多了一种交往互动的可能。

整个小区由一条南北中央轴线所贯穿，中心景观带位于其间，设计中依靠地形高差的处理手法塑造景观形态，并结合小溪、跌水等景观节点和会所地下庭院融为一体，为每位住户提供了更多公共活动的选择可能。

地块内有独栋低层住宅共 76 幢，为保证住户居住其中的私密与舒适，建筑师在相对紧凑的用地中围绕建筑，设计了尺度适宜的庭

02

03

02 社区入口
03 住宅入口
04 外立面近景

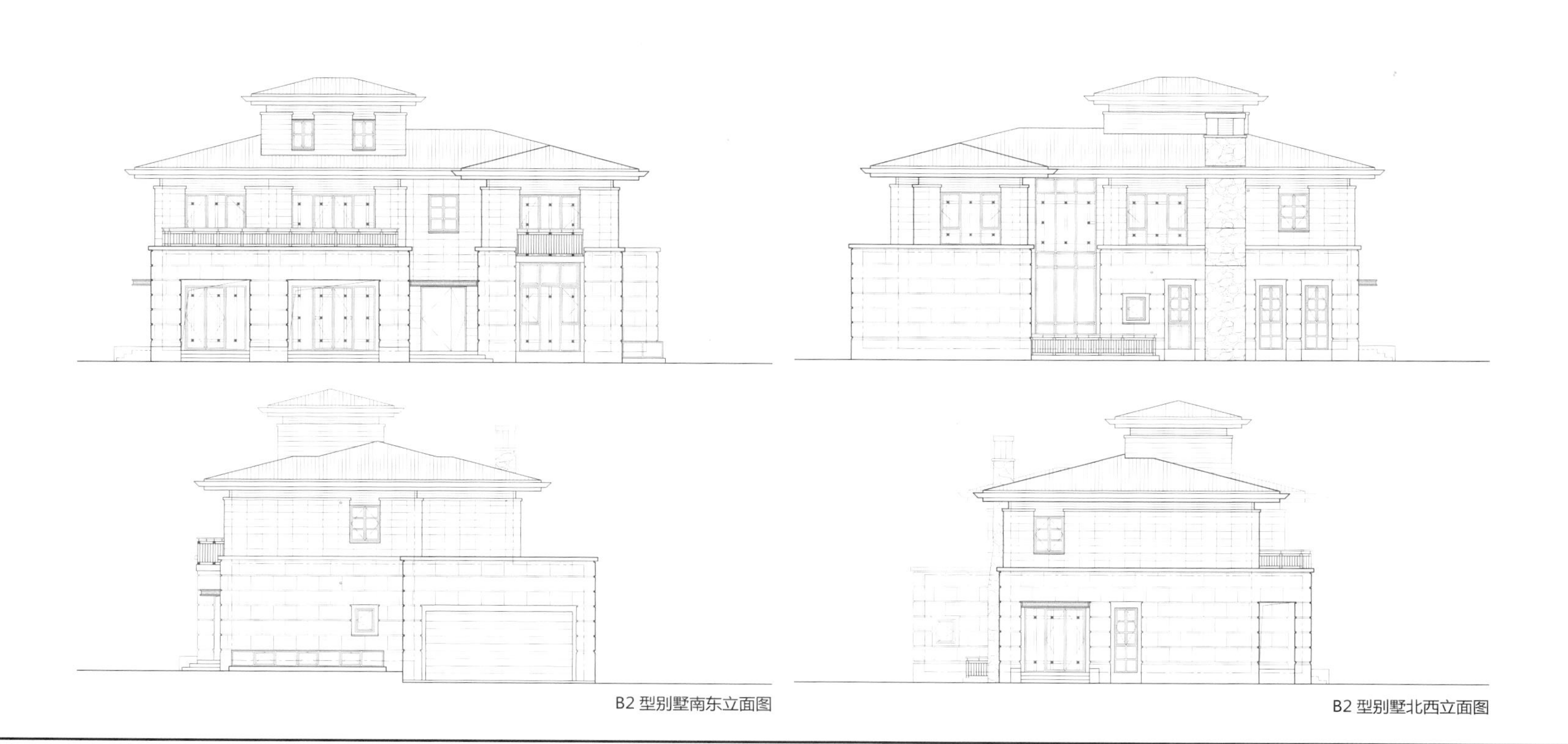

B2 型别墅南东立面图

B2 型别墅北西立面图

05

06

院，结合景观绿化对视线进行一定的遮挡，同时增加了局部地形的空间趣味，透过绿篱院墙，组团空间与私人空间相互渗透，却互不干扰。独立景观步道通向各户住宅入口的设计，增添了人们回家时的愉悦体验。露台和庭院的设置为每户带来更多的生活情趣，公共空间和私密空间层次分明，让户内各生活流线相对独立，注重业主隐私保护。

细节中散发出的魅力

在材质的运用上，建筑师选用了多种石材，在现场搭建模型，研究材料肌理及其搭配组合改变带来的观感变化，最后决定在外墙饰面采用暖色的干挂石材，一层颜色略深，增强基座的厚重感，二层为浅色石材，减少对周边环境的压迫。檐口外包铝板，将内檐沟的排水管藏在完成面之内，最大限度保证外立面的完整性。

门窗采用美式风格，美观大气。为了增强门窗细部表现力，建筑师与门窗厂家协力研发了一种新的窗花系统，在方便后期维护清洁的同时，又使立面富于变化，生动活泼。而且门窗玻璃均采用保温隔热性能优异的新型玻璃，充分满足节能环保的要求。

小区内所有的住宅都采用了基于地源热泵的新型空调系统，旨在提供热（冷）源的同时，不向外界排放任何破坏生活环境的废气、废水、废渣等污染物。

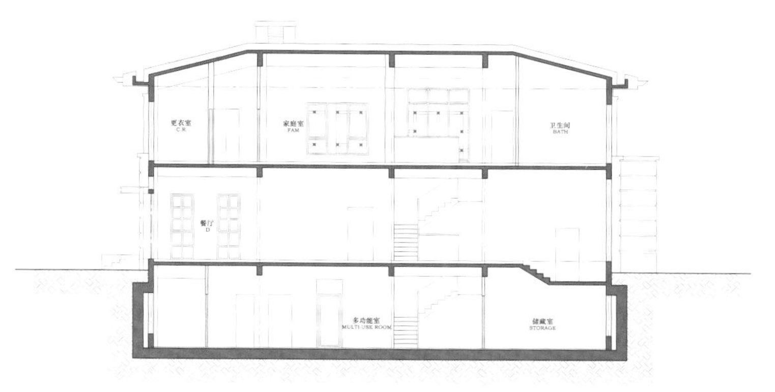

B2 型别墅剖面图

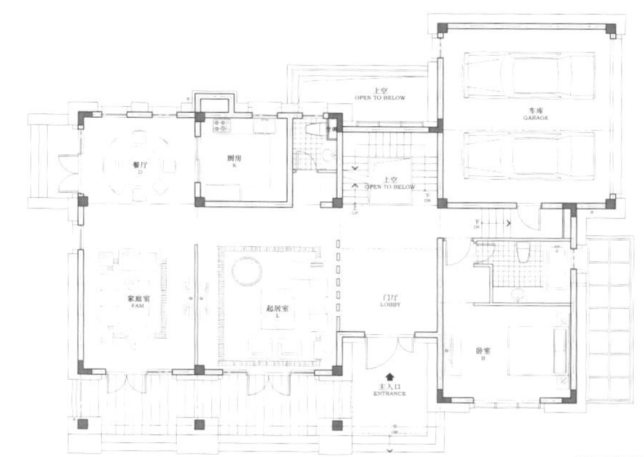

B2 型别墅一层平面图

05-07 夜景

07

FUZHOU VANKE JINYU RONGJUN

福州万科金域榕郡

项目地点：福建福州
项目进度：2013 年建成
建筑面积：650 平方米
建筑设计：上海日清建筑设计有限公司
设计团队：刘振、宋晧、林国桢

关键词
景观主轴
立面

项目概况

规划布局上，高层住宅环绕用地东、北、西三面，和南面的公园共同形成一个大院落，院落中央为多层住宅，形成建筑南低北高的建筑总体布局，而沿福飞路建筑又以高耸的点式高层沿道路一字排开，结合退道路红线的 34 米空间共同打造极具冲击力的城市形象。

设计理念

设计追求技术美与人情味的统一。设计始终以“人居”为基准点，追求居住的舒适度与品位，同时建立社区的独特性，将“以人为本，科学居住，健康生活”的理念贯穿整个设计。

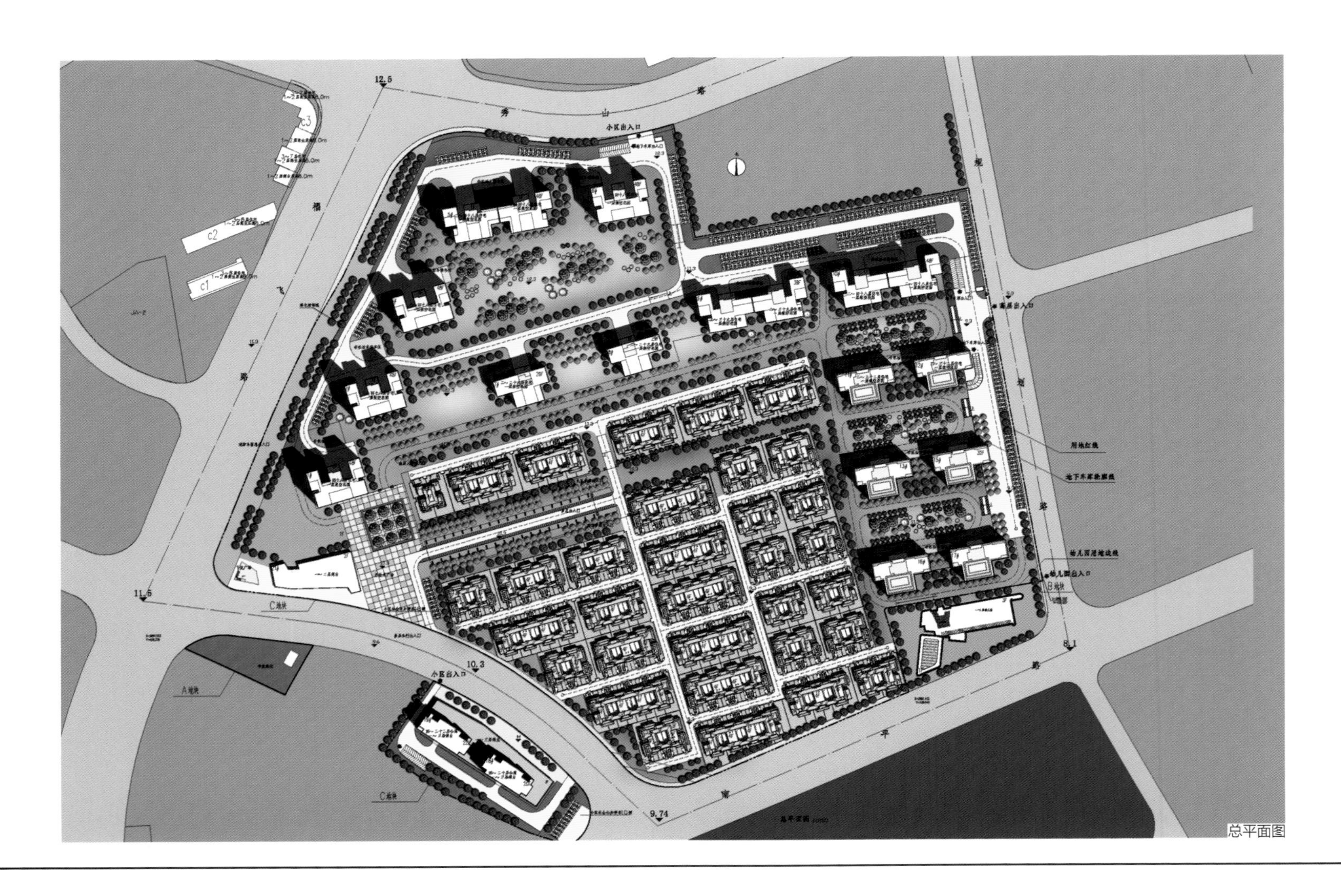

总平面图

01 社区全景
02 商业区

设计特色

本小区居住空间种类丰富，满足不同类型的住户需求。多层单元两两相对，设计倡导邻里空间的交流又辅以退台，强调室内的交流。交通流线上人车完全分流，创造了一个休闲宁静的氛围。立面设计上，形态稳重，色彩典雅，细节精致的立面效果，展现出富于东方神韵的空间形态。

平面上对入口区原有建筑进行重点设计。深色木百叶门、铜网、玫瑰钛框屏风、酒架等现代构件有机布局，并结合玻璃幕、金属百叶、金属穿孔板等能够强化空间的现代建筑元素，以一个整体的，富于细节的低层建筑群落让所有居民在进入小区的一刹那就可以享受到休闲、宁静的居住氛围。

在社区景观主轴的规划中，原先的大厂房体量巨大，如果完全保留会产生很大的压抑感，设计最终决定移除大厂房的旧顶及侧墙，保留作为结构的大柱廊，并结合厂区内的铁轨、吊车、炼钢炉等来设计。曾经巨大的吊装车被翻新、刷漆，在铁轨的两旁，有摇曳的竹子、圆滑的鹅卵石、等车的月台、迷宫树阵、儿童游乐场，铁轨尽头则是极富热带风情的白色张拉膜遮盖下的泳池。整个展区以“留旧创新”为设计理念，给人以独特的空间体验。与这些时尚元素相伴的是裸露的厂房骨架、略显斑驳的红色砖墙，新旧材质对比之下，一个散发出时尚气息又极具历史韵味的建筑空间雀跃而生。

03-04 社区景观主轴
05 示范区

05

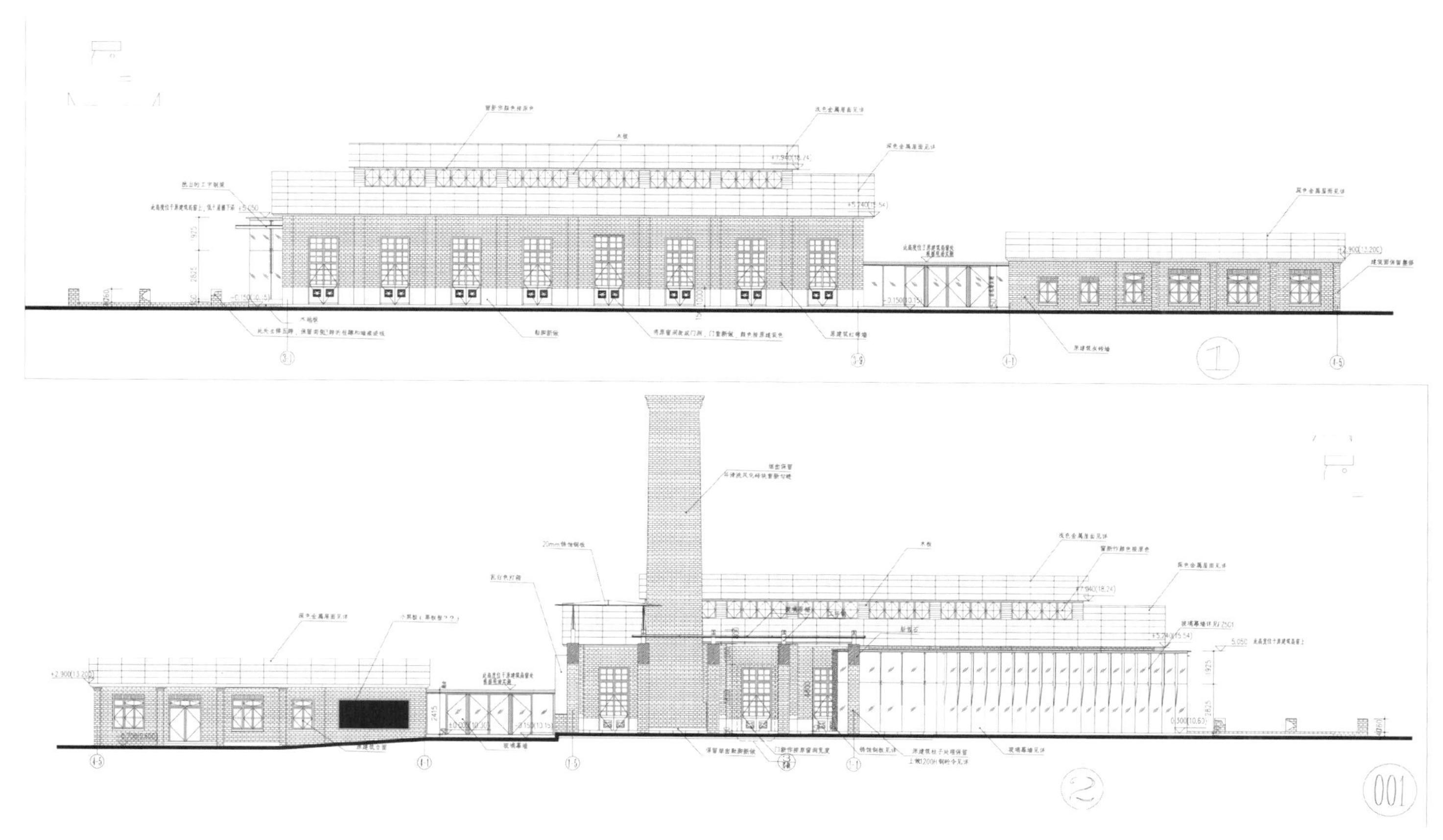

示范区立面图

06

06-07 双拼住宅

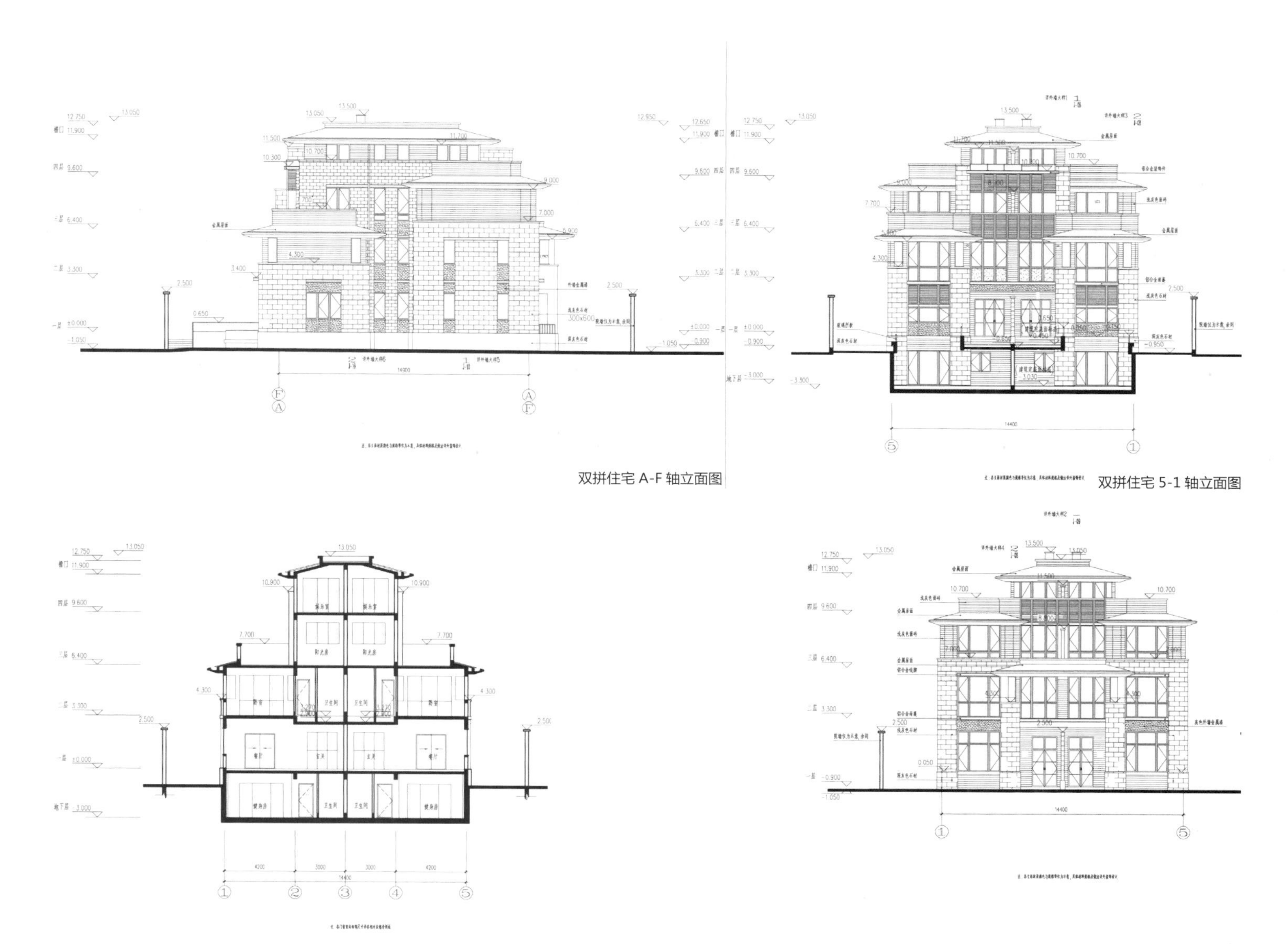

双拼住宅 A-F 轴立面图

双拼住宅 5-1 轴立面图

双拼住宅 1-1 剖面图

双拼住宅 1-5 轴立面图

08

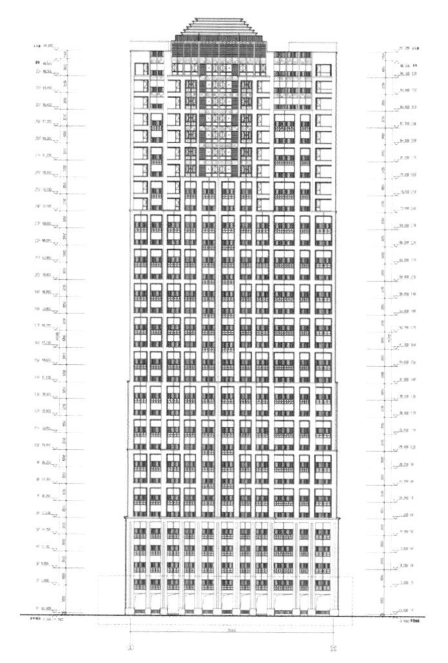

多层住宅 1-13 立面图

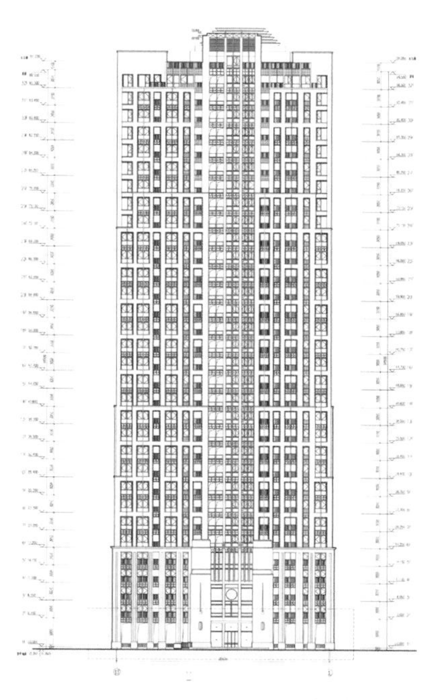

多层住宅 13-1 立面图

08 双拼及多层住宅
09 多层住宅

CHENGDU ZHONGHAI JINSHA MANSION

成都中海金沙府

项目地点：四川成都
项目进度：2013 年建成
建筑面积：189 000 平方米
主要材料：真石漆、石材、面砖
建筑设计：水石国际

关键词

Art Deco 风格外立面
细部纹样

项目概况

项目位于金沙区域——古蜀金沙王都所在地。时至今日，摸底河公园、金沙遗址博物馆环伺周边。整个金沙府项目规划用地呈 L 形，总建筑面积 18.9 万平方米，主要包括 8 栋 31 层住宅、2 栋 18 层住宅、3 栋 3 层联排住宅以及附属 1 层商业用房。高层及底层商业用房围合成 C 字形，车行流线行于建筑背面，除别墅的私家停车位，其余的停车完全依靠地下车库解决，为业主营造一个安全、安静的出行环境。半围合的中心留出大面积完整的中央绿化，健身、娱乐、休闲、小憩，打造出一个家门口的生态公园。3 栋联排住宅和两栋 18 层住宅沿规划路展开，与摸底河公园隔路相望，并有良好的私密性，避免与高层组团间的相互干扰。“C+ 一”型的布局方式形成了超大楼栋间距和极佳的视野，同时可做到“家家向阳，户户观景”。

基于金沙区域的地理位置及周边现有的楼盘状况，项目定位为面向多次改善住房的高收入人群。基于此，金沙府的主力户型集中为 155 平方米的四房两厅两卫和 175 平方米的四房两厅三卫，整体户型方正大气，主要生活空间皆面向中央绿化，视野开阔，实用性较强。

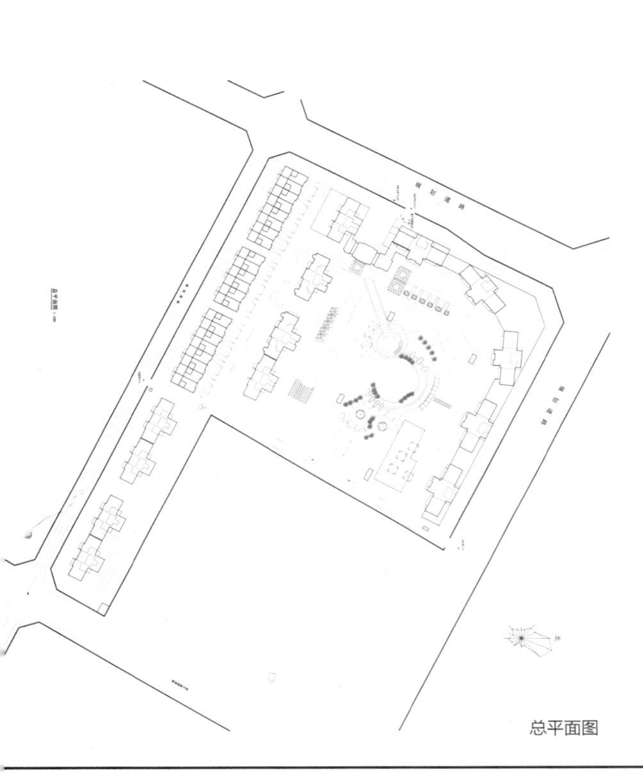

总平面图

01

设计特色

立面形态

四川悠久的历史文化传统以及金沙遗址的文化内涵是本项目外立面设计的构思来源，同时也是设计中的一大亮点。设计力求在整体展现建筑时代感的同时体现四川传统文化的意象，从而增加建筑的文化底蕴，与项目所处的文化环境相协调。高层住宅外立面以 Art Deco 风格为主，强调竖向线条的挺拔和三段式构图，主墙面采用内敛沉静的赭石色真石漆，基座则是浅米黄色石材，与沿街商铺的深褐色一起构建出金沙府沉稳尊贵的色彩体系。别墅沿袭了新古典风的优雅气质，浅米黄色的石材和深褐色面砖搭配，并在挑檐、栏杆、线脚等处装饰深灰色线条，丰富了小尺度建筑的观感。

01 入口
02 别墅

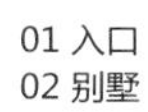

03

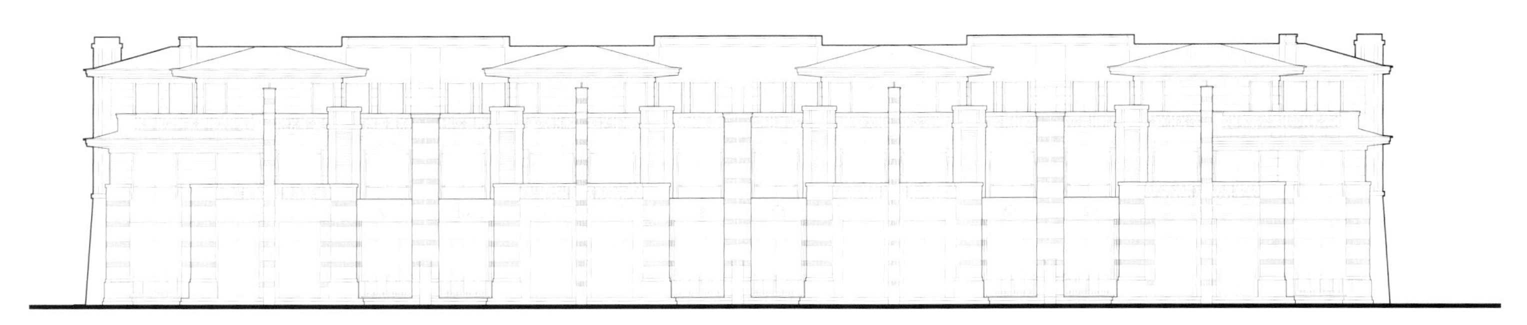

别墅南立面图

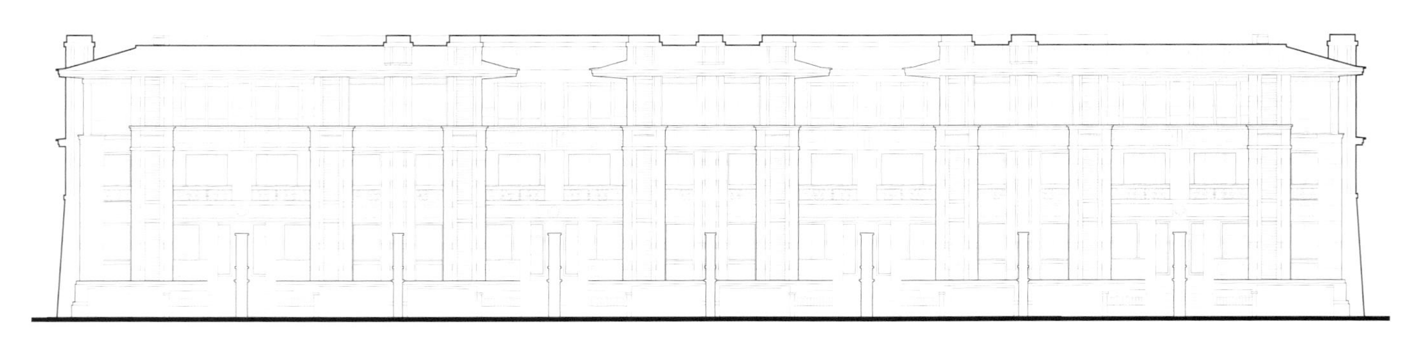

别墅北立面图

细部纹样

如果说新古典和 Art Deco 的立面形态铺筑了金沙府的形体之美，那么，建筑师细细推敲出的装饰纹样便成就了金沙府的灵魂之光。3 000 年前的古都，太阳神鸟、乌木精灵——这些流传下来的神话传说凝结为博物馆里有着神秘图案的徽章和挂件，图腾一样的符号代表了金沙当地的传统文化。建筑师对这些装饰符号进行了提炼与简化，使之与建筑的整体风格相协调。在综合考虑建筑的形体组合、韵律变化、构造方式以及材质分布等的前提下，通过在女儿墙顶、檐口、线脚、栏板等处增加文化符号的装饰使建筑外立面显得更为精致并且具有独特的文化象征意义，构建更加符合该区域特征的建筑形象，适应基地的场所特征。例如，太阳神鸟的图案简化为齿轮状圆形装饰，悬于高层顶部以及别墅门楣上方，勾云形、回字形纹样，也作为连续的装饰图案点缀在檐下及腰线处，丰富细部并耐人寻味。

04

03 别墅外立面
04 别墅细部花纹
05 别墅

05

06

07

06-07 高层住宅
08 高层立面

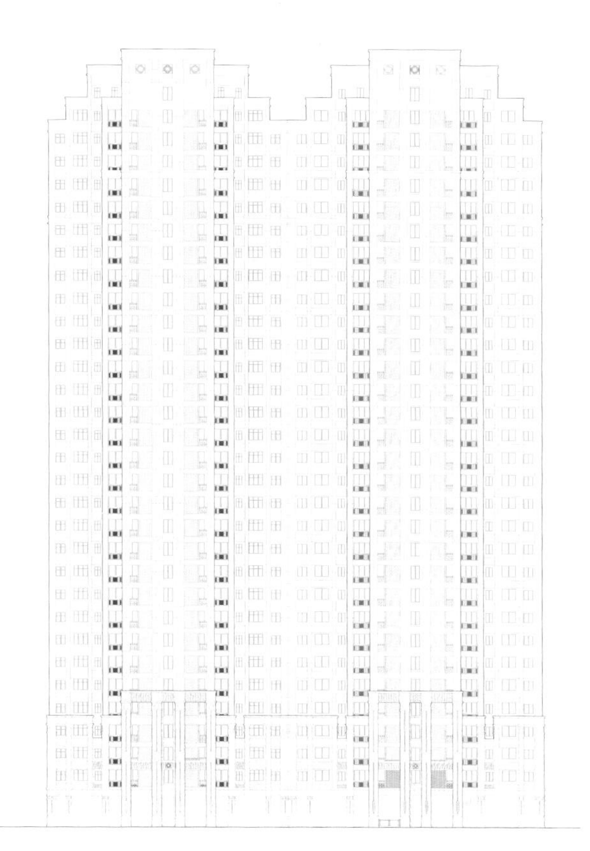

高层北立面图

高层西立面图

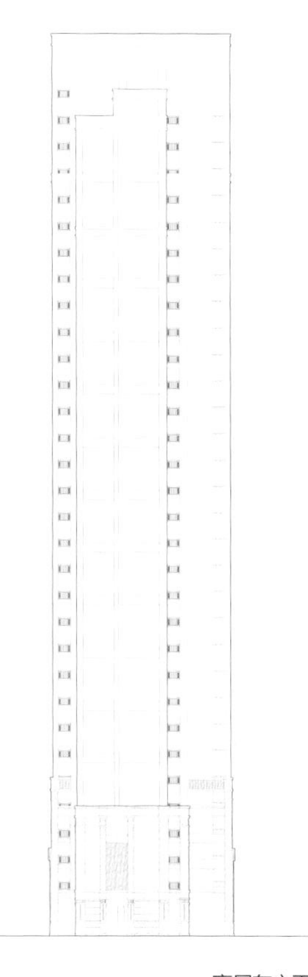

高层东立面图

08

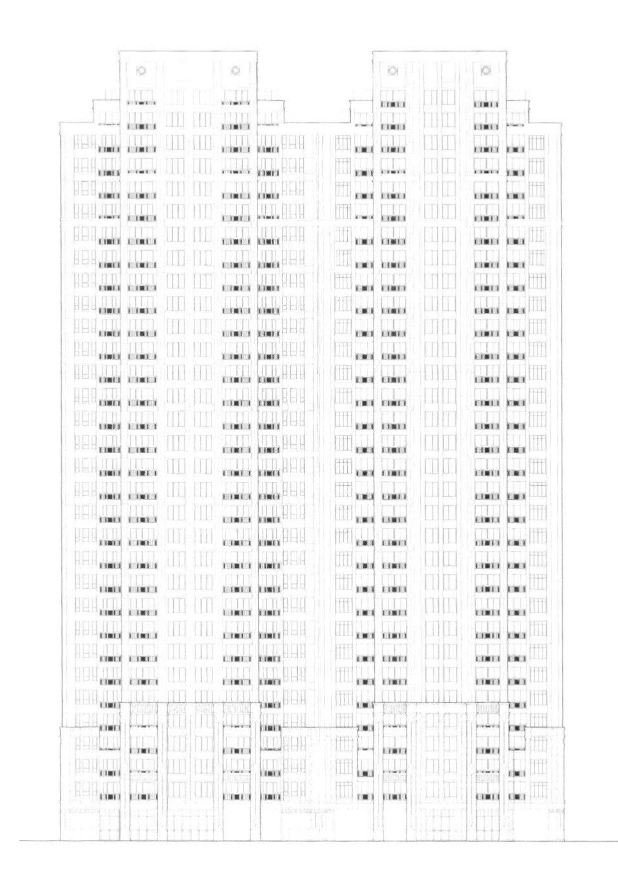

高层南立面图

LONG BEACH MANSION
长滩壹号

项目地点：北京昌平区
总建筑面积：95 910 平方米
项目进度：2012 年建成
建筑设计：AAI 国际建筑师事务所
建筑设计团队：方治国、陶晶、周凯、李匀菲、祁剑等
合作单位：中国电子工程设计院、北京源树景观规划设计事务所

关键词
Art Deco 建筑风格
美国长滩休闲园林风

项目概况

项目位于北京昌平区大中关北扩炙热版图之上，距昌平线地铁南邵站 1 500 米，半小时可到达北京生活圈。

设计理念

设计以美国长滩休闲园林风光配搭新古典 Art Deco 建筑风格，外立面以石才搭配斑斓红砖，展现建筑历久弥新的优雅气质。设计以多彩多姿的别墅以及简洁的高层形象丰富了城市表情。亲人尺度的规划、个性化的设计、人与自然之间的零距离接触，尽展花园别墅区的灵秀宜人，力求成为京北区域的高质量标杆小区。

01

01-02 全景

总平面图

南立面图

侧立面图

北立面图

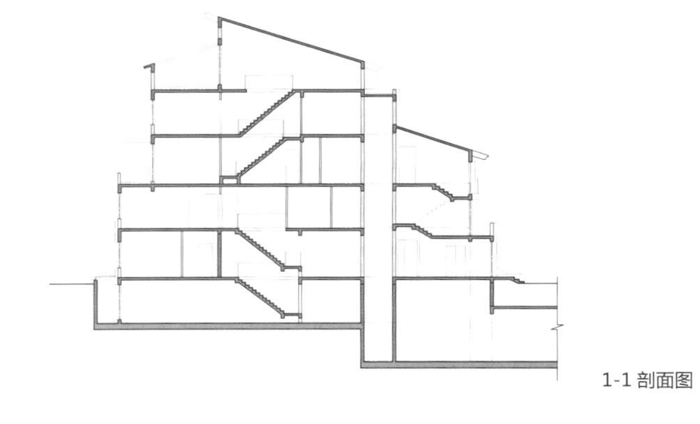

1-1 剖面图

03

04

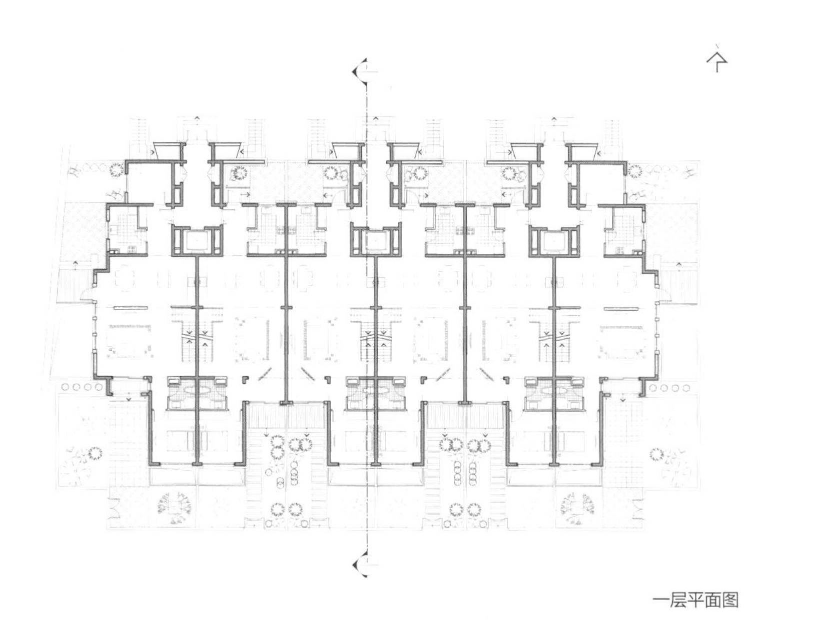

一层平面图

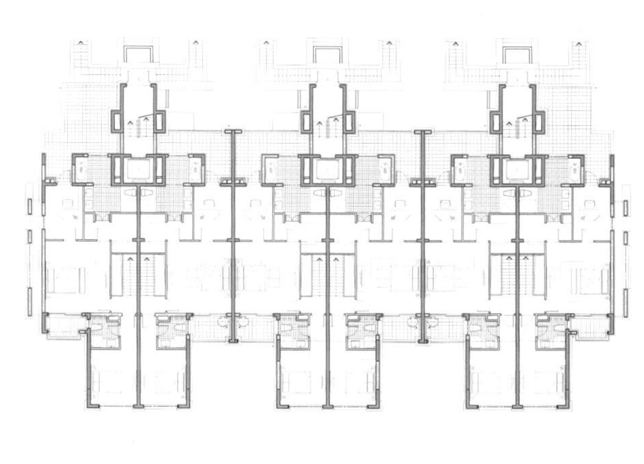

二层平面图

03-05 别墅

05

06

07

北立面图

南立面图

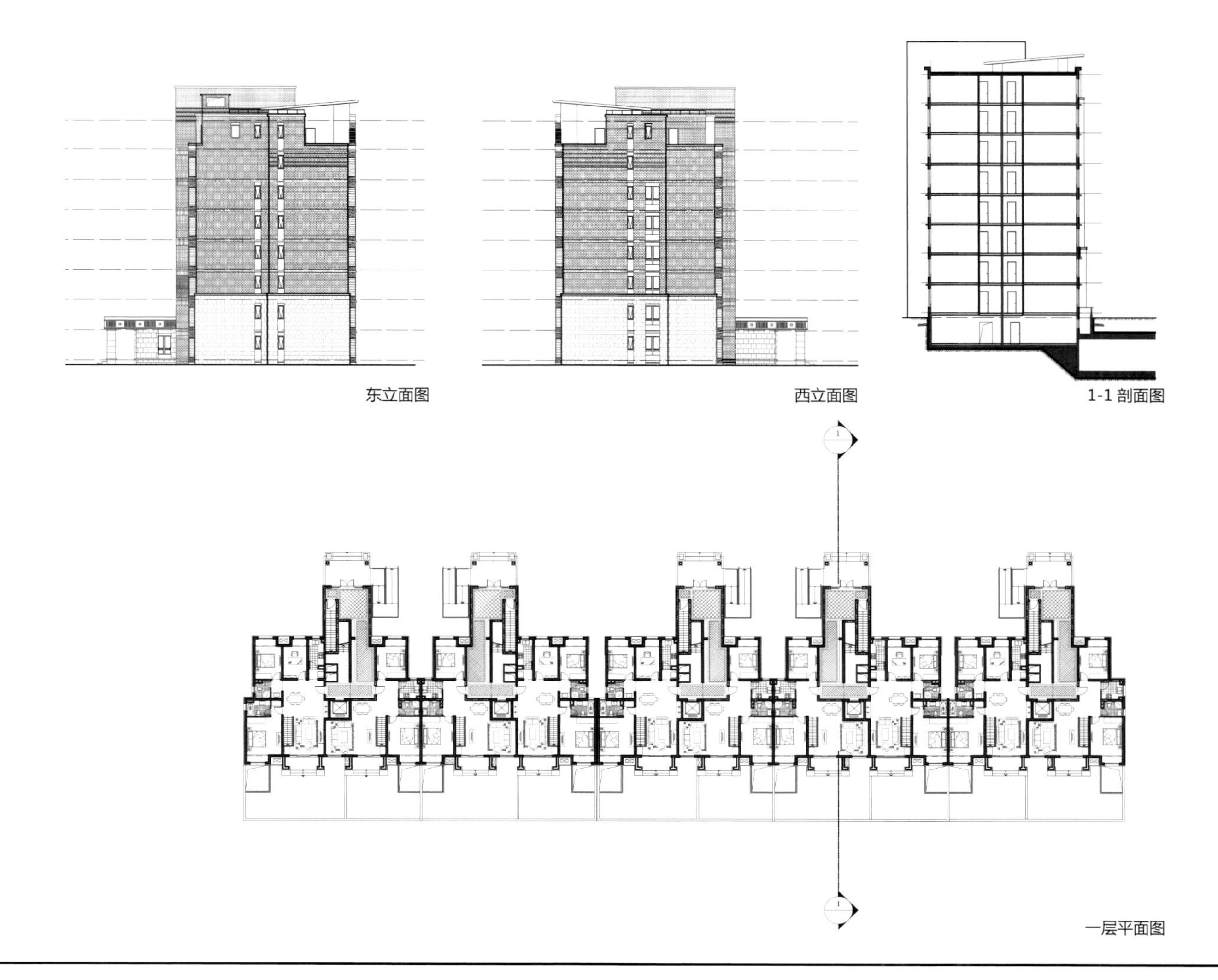

东立面图

西立面图

1-1 剖面图

一层平面图

HUAQIAO YOUZHAN
花桥游站

项目地点：江苏昆山
项目进度：2013 年建成
建筑面积：106 000 平方米（地上）
建筑设计：艾麦欧（上海）建筑设计咨询有限公司

关键词
市集型社区
竖向规划设计

项目概况

项目位于苏沪交界处，处于长江三角洲经济圈的核心位置。这里是中国经济总量最大，经济发展和对外贸易最活跃的地区，地块的产业定位为全国最大规模的客户呼叫中心和外包服务基地。

设计理念

项目致力于在基地内营造一个成熟完善的内部生活环境，满足使用人群的绝大部分生活需求，使人们能够对这片土地产生安心感和依赖感，从而达到最大限度降低人员流动的目的。创造出一个充满活力的“有趣，有故事，能工作，能生活”的青年社区，使这一地块成为整个花桥国际商务城的“发动机”，从而带动整个商务城的发展，并成为花桥国际商务城的一个标志。

作为中国首个市集型社区，项目以其独特的创新模式，采用新概念 SOHO 格局，首创竖向规划设计，商业、办公、居住功能兼顾，打破了传统商场每层仅有单一业态的布局模式，塑造了业态更丰满、容纳更集中、交流更充分、邻里更多元的生活休闲方式。

01

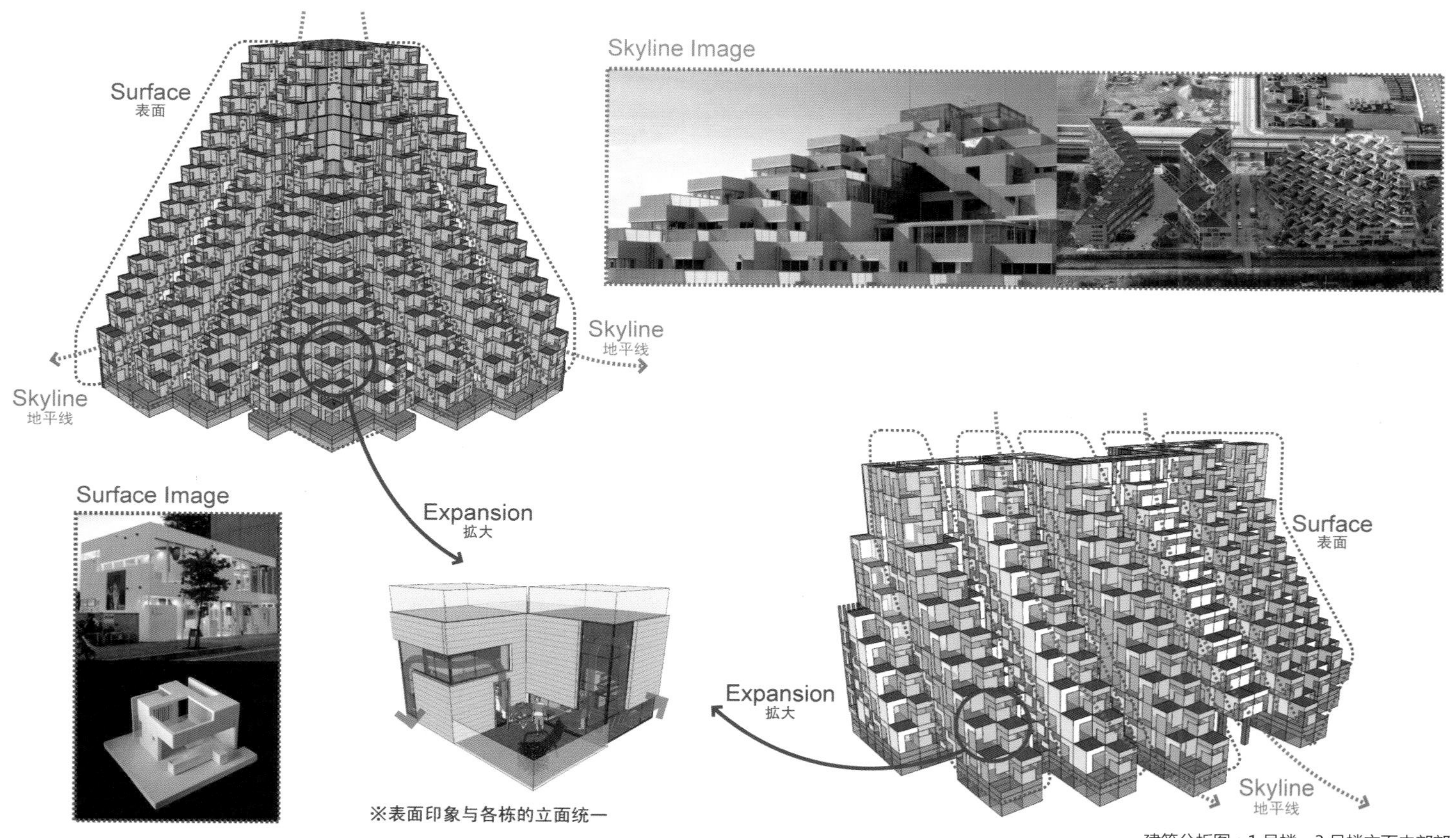

※表面印象与各栋的立面统一

建筑分析图：1 号楼、3 号楼立面内部部分

01 远景
02 近景

03

04

北立面图

南立面图

03 滨水建筑景象
04 近景

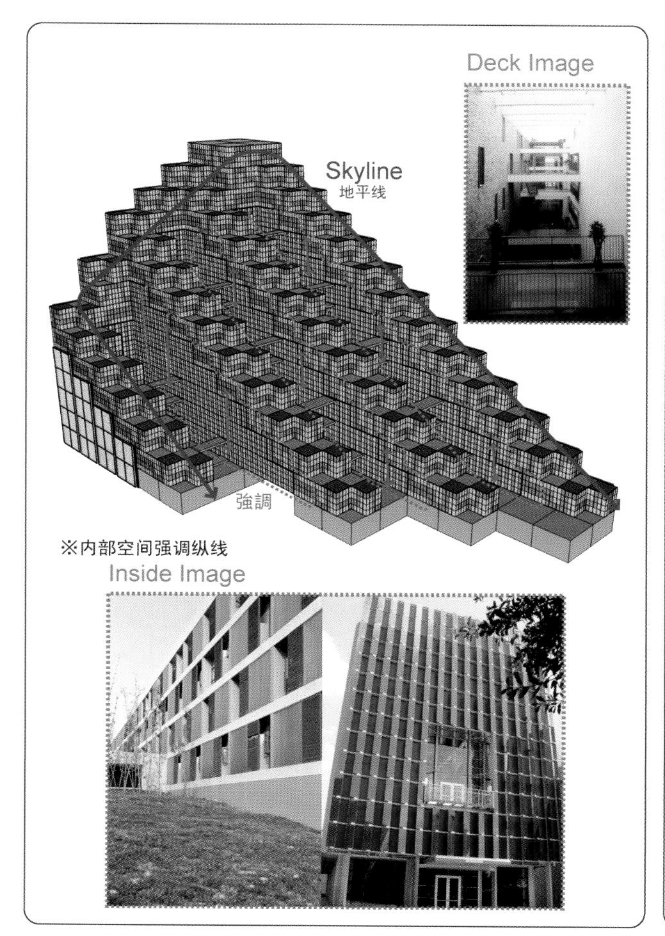

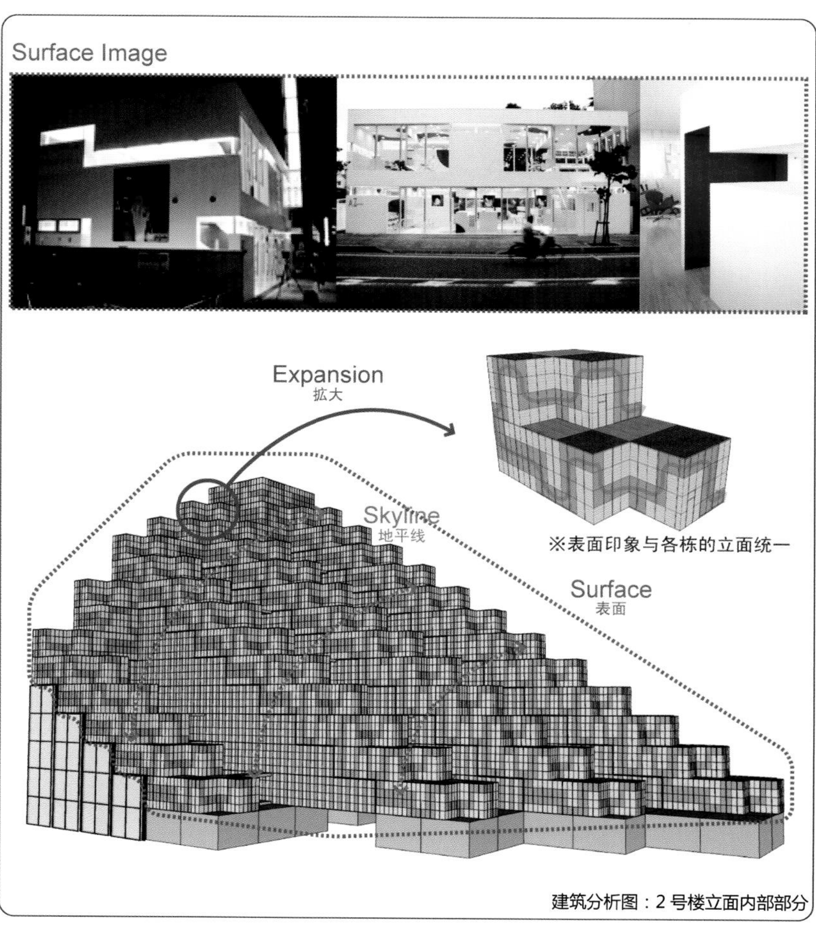

建筑分析图：2 号楼立面内部部分

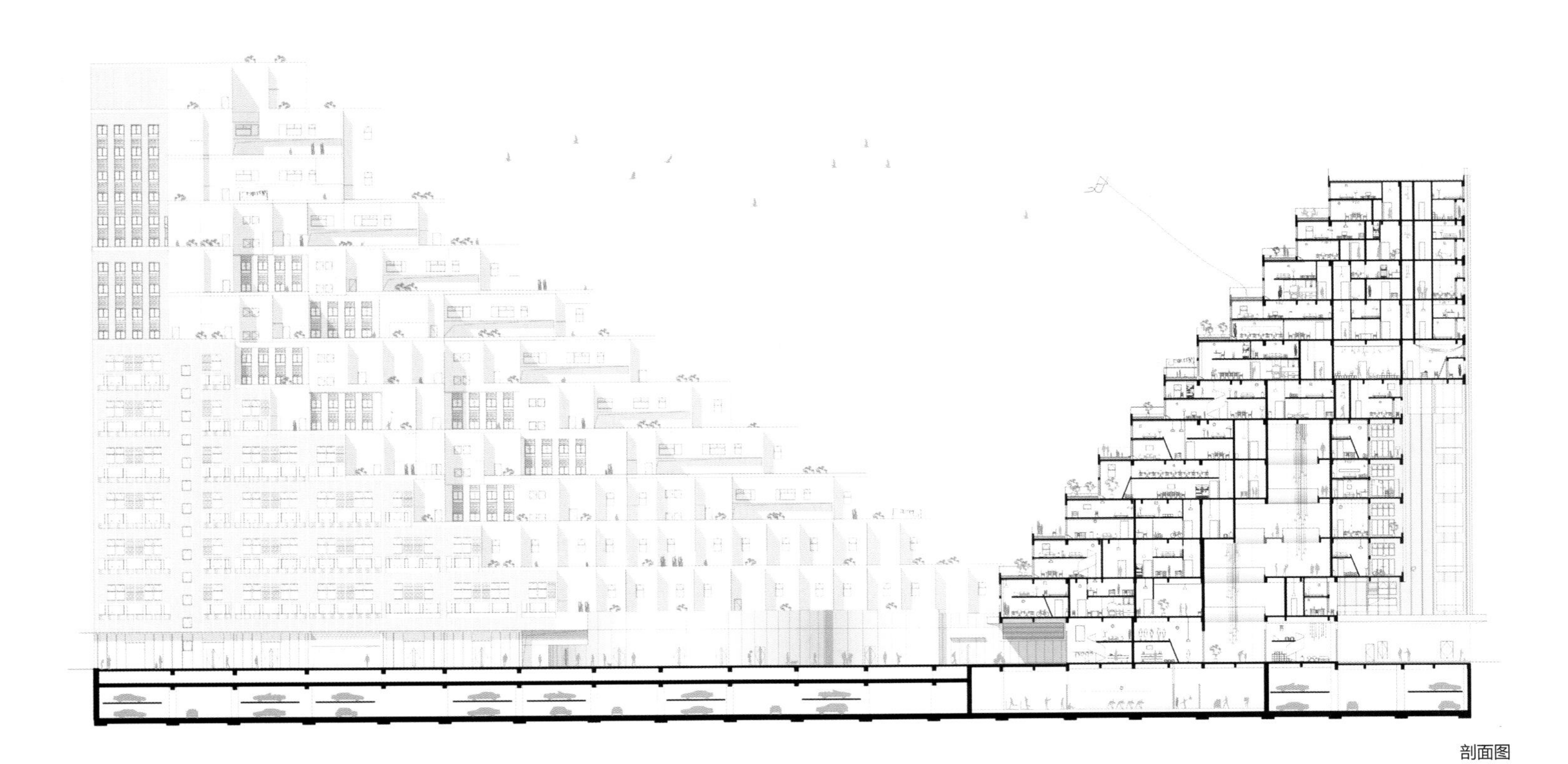

剖面图

05 近景

05

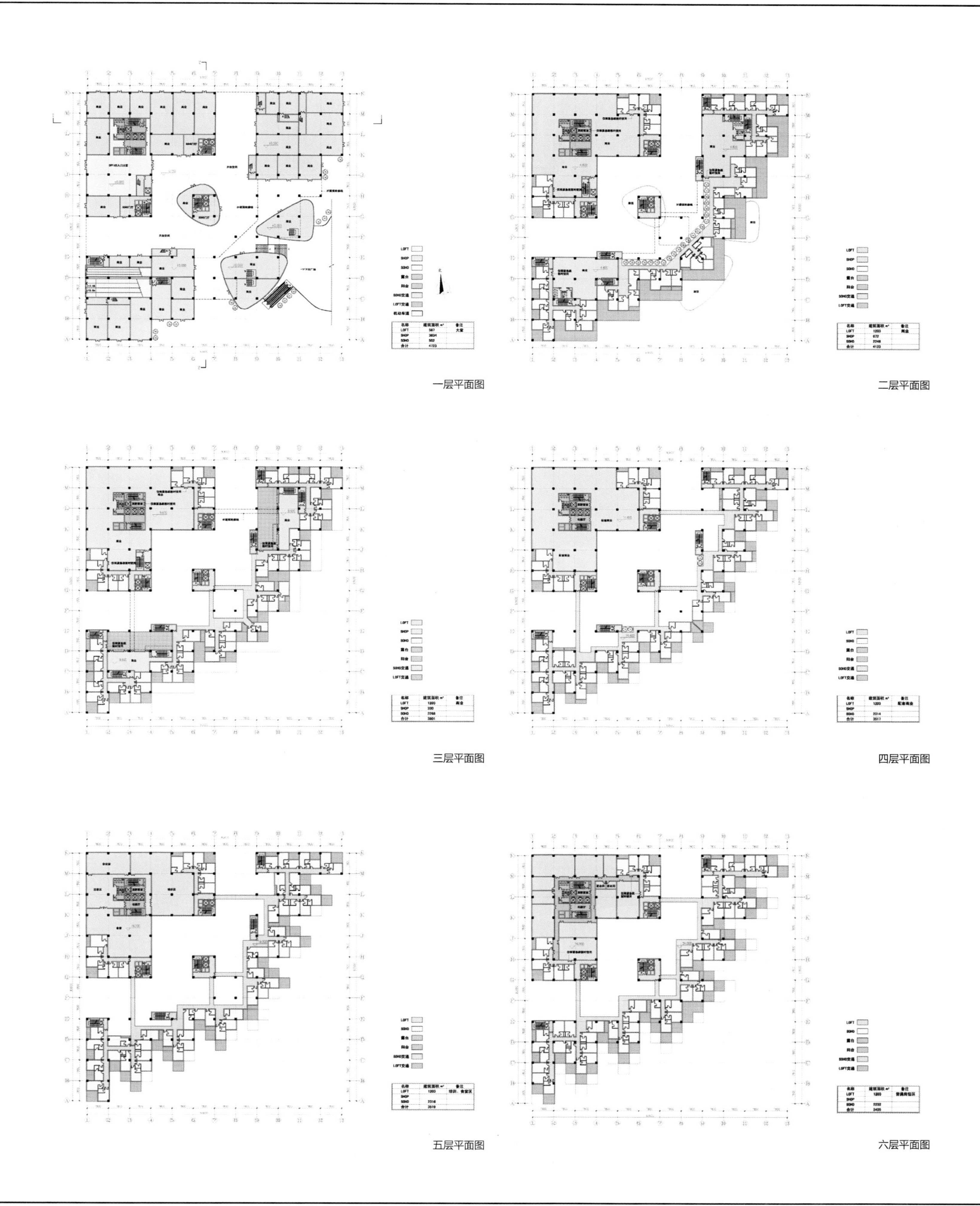

名称	建筑面积 m²	备注
LOFT	587	大堂
SHOP	3634	
SOHO	502	
合计	4723	

一层平面图

名称	建筑面积 m²	备注
LOFT	1203	商业
SHOP	672	
SOHO	2248	
合计	4123	

二层平面图

名称	建筑面积 m²	备注
LOFT	1203	商业
SHOP	330	
SOHO	2268	
合计	3801	

三层平面图

名称	建筑面积 m²	备注
LOFT	1203	配套商业
SHOP		
SOHO	2314	
合计	3517	

四层平面图

名称	建筑面积 m²	备注
LOFT	1203	培训、食堂区
SHOP		
SOHO	2316	
合计	3519	

五层平面图

名称	建筑面积 m²	备注
LOFT	1203	普通商铺区
SHOP		
SOHO	2232	
合计	3435	

六层平面图

FOSHAN VANKE CRYSTAL CITY
佛山万科水晶城

项目地点：广州佛山
项目进度：2013 年建成
建筑面积：957 230 平方米
容积率：2.5
绿化率：35%
建筑设计：上海日清建筑设计有限公司
设计团队：任治国、黄筛华
景观设计：CICADA

关键词
景观庭院
立面流线型态

项目概况

万科水晶城地处佛山市东平新城，位于东平河的分流岔口处，位置极佳。

设计理念

项目由住宅、商业以及服务住区的运动会所和幼儿园构成。地块被市政规划路分成了南、北两个部分，方案通过类似蝴蝶形态的建筑排布把两个地块有机地联系在一起。地块北侧布置多层排屋，而环绕一圈的高层住宅围合出一个大景观内院，使得每一栋楼都有内外两种景观视线，户型排布则根据每栋楼各自的景观价值来确定。沿街商业、运动会所和幼儿园以各自最自然又极具特色的形态嵌入总图关系中。这些建筑以及住宅的立面设计完全延续了总图的流线形态，建筑、景观、室内一体化，整个住区由内而外至上而下呈现出独特的力量和美感。

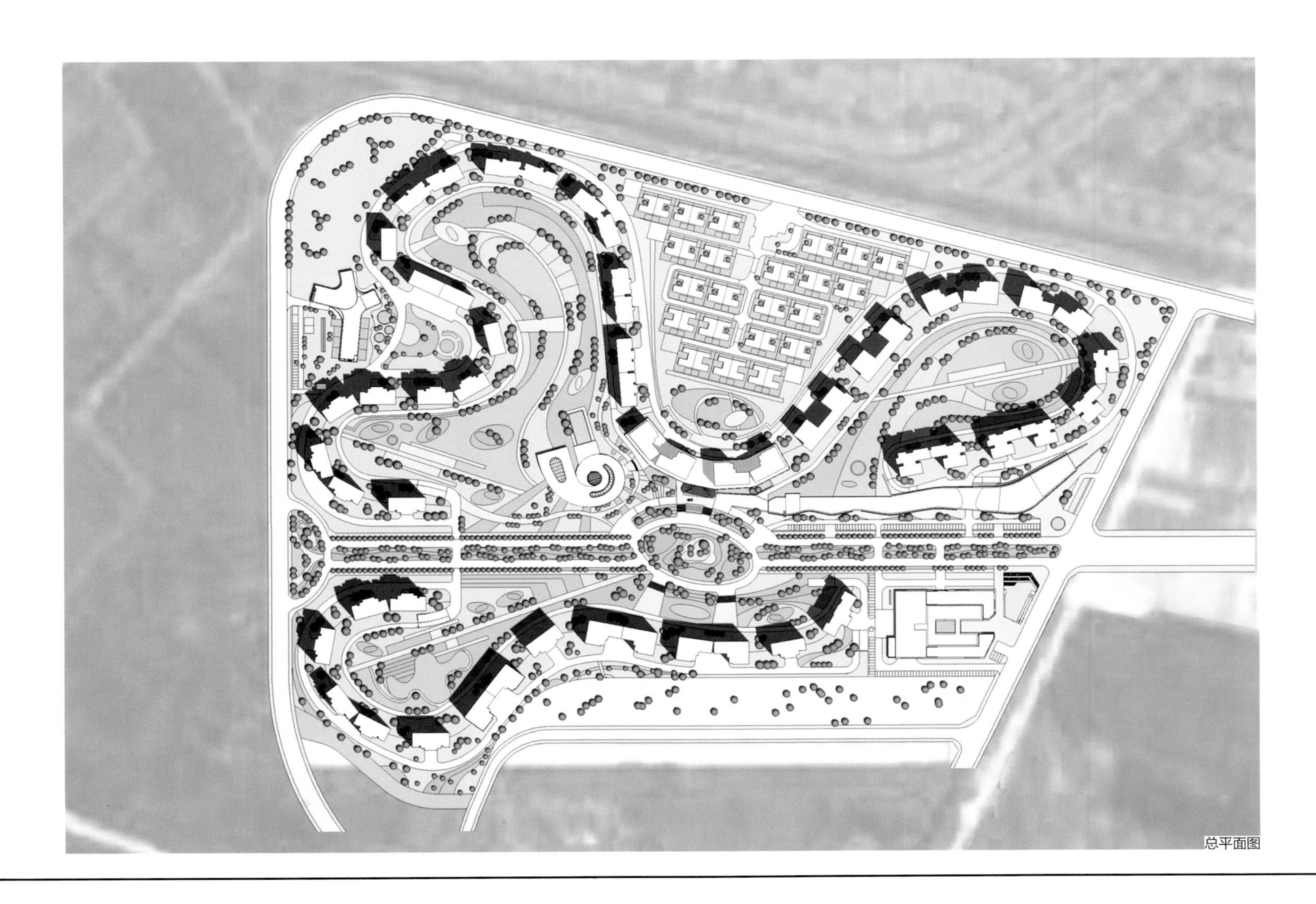
总平面图

01 住宅流线型的外立面

户型平面布置图 1

户型平面布置图 2

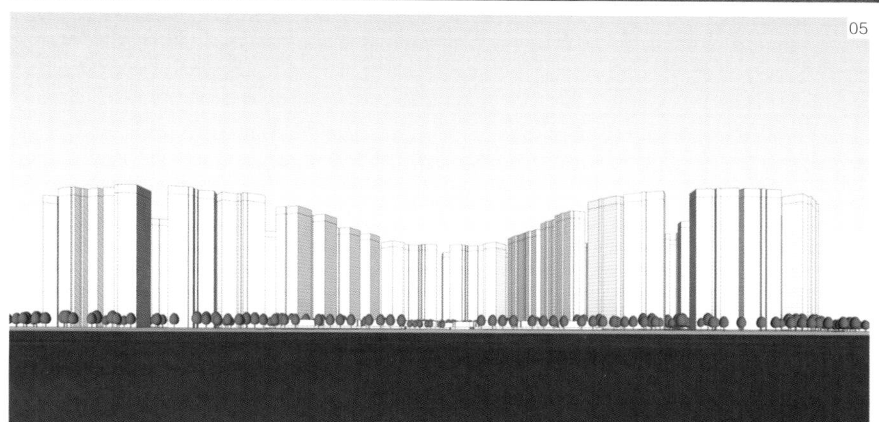

02-03 住宅流线型的外立面细部
04 流线型的商业外立面
05 场地天际线
06 鸟瞰图

设计特色

规划设计

佛山地处亚热带，住宅对日照的要求并没有北方严格，人们更注重通风和视线，从这一点出发我们将水晶城的整个规划呈现出一个生态的社区，而会所、商业以及幼儿园的形态融入了这个体系，呼应了整个项目“自由”的内在精神。地块的业态构成中有一个位于地块右下角的万科生活广场，功能包括超市、影院、餐饮等，从位置、形态到材质，我们都把它处理成了一个相对独立的点，强调住区融合之外的复合性。而生活广场北面的沿街商业则以长达 280 米的极富动感的姿态把人们从右侧导向整个地块的中心——南北区组合入口。南北区入口各自有独立的落客区，两条弧形的落客车道围合成一个椭圆形的中心景观区，南北两个地块的外在通过高层住宅来呼应，而内在则通过这个中心景观落客区来联系，景观跌水层层而下，路上人来人往，车行不息，这是整个住区一个流动的中心。

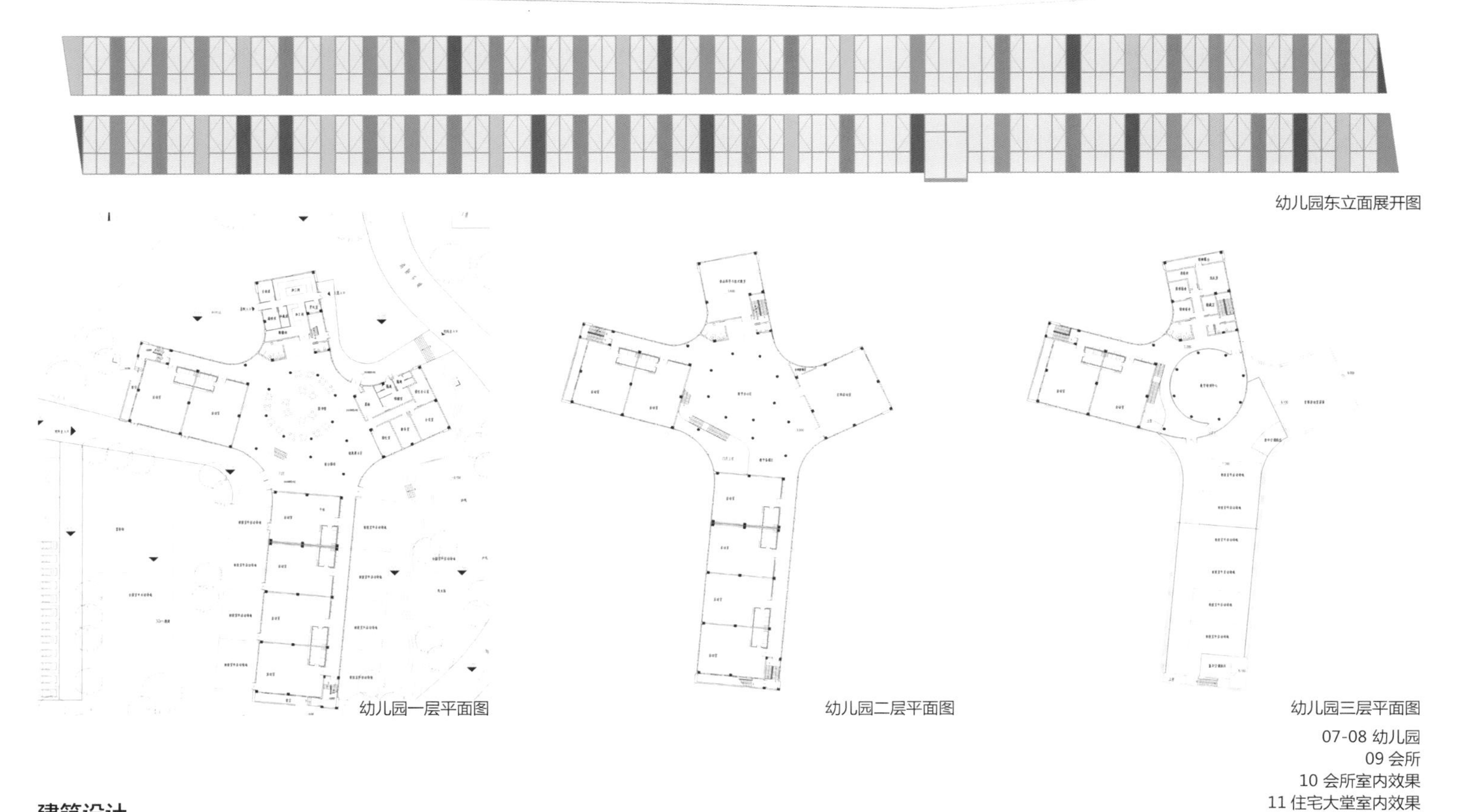

07-08 幼儿园
09 会所
10 会所室内效果
11 住宅大堂室内效果

建筑设计

除了生活广场强调自身独立的商业氛围，整个住区其他建筑形态都围绕一个核心概念——直线与曲线结合中展现刚柔并济。首先每栋住宅的内在户型构架每层都是一样，丰富的立面效果主要通过阳台的横纵向两个维度的连续性变化来呈现。深灰色金属马赛克的大面积运用削弱了住宅主体的纵向感，而阳台飘板的浅色涂料与其形成强烈对比，强化了整个建筑群体的横向延展性，同时每栋楼高度的起伏变化带来了优美的天际线。运动会所以一个采光天窗为核心延展开来大堂、泳池、篮球场等各种功能块，建筑的外表皮由穿孔铝板和玻璃幕墙构成双重幕墙体系，白天室内形成丰富的光影效果，夜间室内的灯光透过空隙，一片璀璨星光。北区商业通过横向和竖向上的三维度的曲线变化来打破长达 280 米的沿街面的单调性，每个玻璃幕墙内衬的彩塑管单元是一个节奏，颜色随机变化，并随着屋顶曲线上下浮动，仿佛一段钢琴曲飘过空中，余音绵绵不绝。幼儿园的形态像两个背靠背的字母 C，相比会所和商业，这个形态则可爱得多。班级活动室、多功能厅和办公室等功能分布在四个体量中，中间连接的核心部分则为环形交通空间和图书馆等公共功能空间。一层的图书馆是完全开放式的，同时兼作小朋友的作品展示空间，二层的屋面则用作了活动场地，这是一个充满趣味的梦想开始的地方。

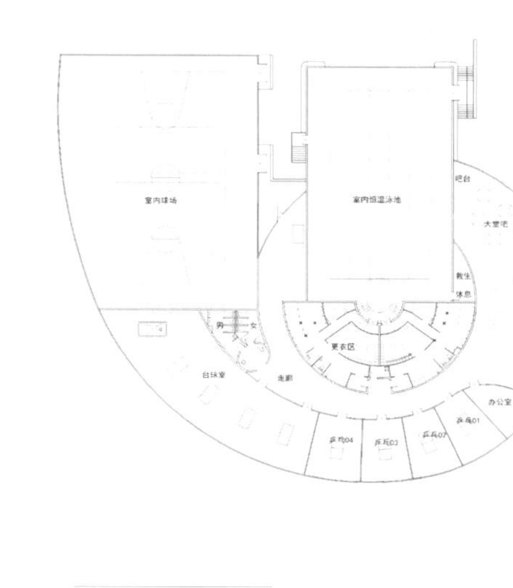

会所一层平面图

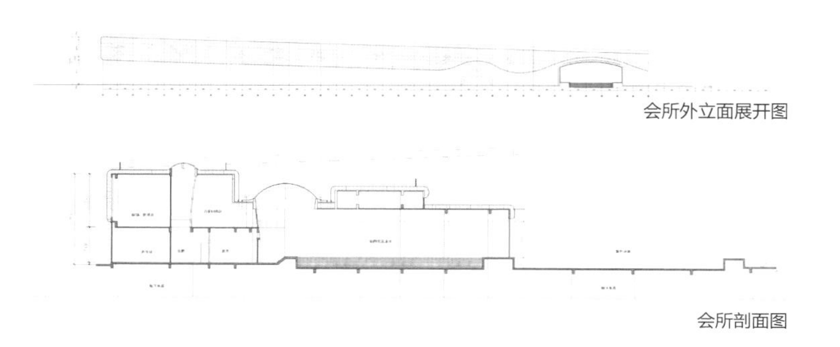

会所外立面展开图

会所剖面图

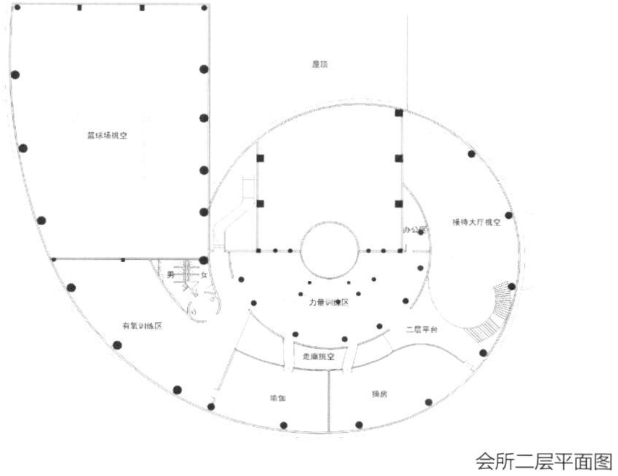

会所二层平面图

HANGZHOU CITY XINYU RESIDENCE
杭州城市芯宇住宅

项目地点：浙江杭州
项目进度：在建
建筑面积：225 000 平方米
建筑设计：筑境设计（原中联程泰宁建筑设计研究院）
设计团队：程泰宁、鲁华、徐雄、陈玲、吴妮娜、杨振宇、田威、段继宗

关键词
板式高层
扇形格局
空中庭院

设计理念

经过板式、点式、点板结合等多方案比较之后，本方案采用了以板式高层为主的建筑布局方式，以此来降低密度，提高整体环境品质，同时赋予小区鲜明的个性特征。

在诸多影响设计的要素中，如何减少基地东北侧的高架对小区的影响，同时尽量减少小区建筑对东西两侧既有居住建筑的影响，是最为重要的因素。为此，本方案有针对性地将五座板式高层沿基地边沿，南北向均匀地进行排布，从而呈现出一种扇形格局。

在板式高层的形态处理上，本方案别具匠心地在其顶部进行斜切与退台处理，又在高层中部架空设置空中庭院。这种处理方式既调和了板式高层之间的日照与视觉影响较大的弊端，在住宅建筑形态方面也可谓是一种创新与突破。

五座板式高层的扇形排比，加上渐次退台的形态语汇，将构成本小区最为独特的整体特征。

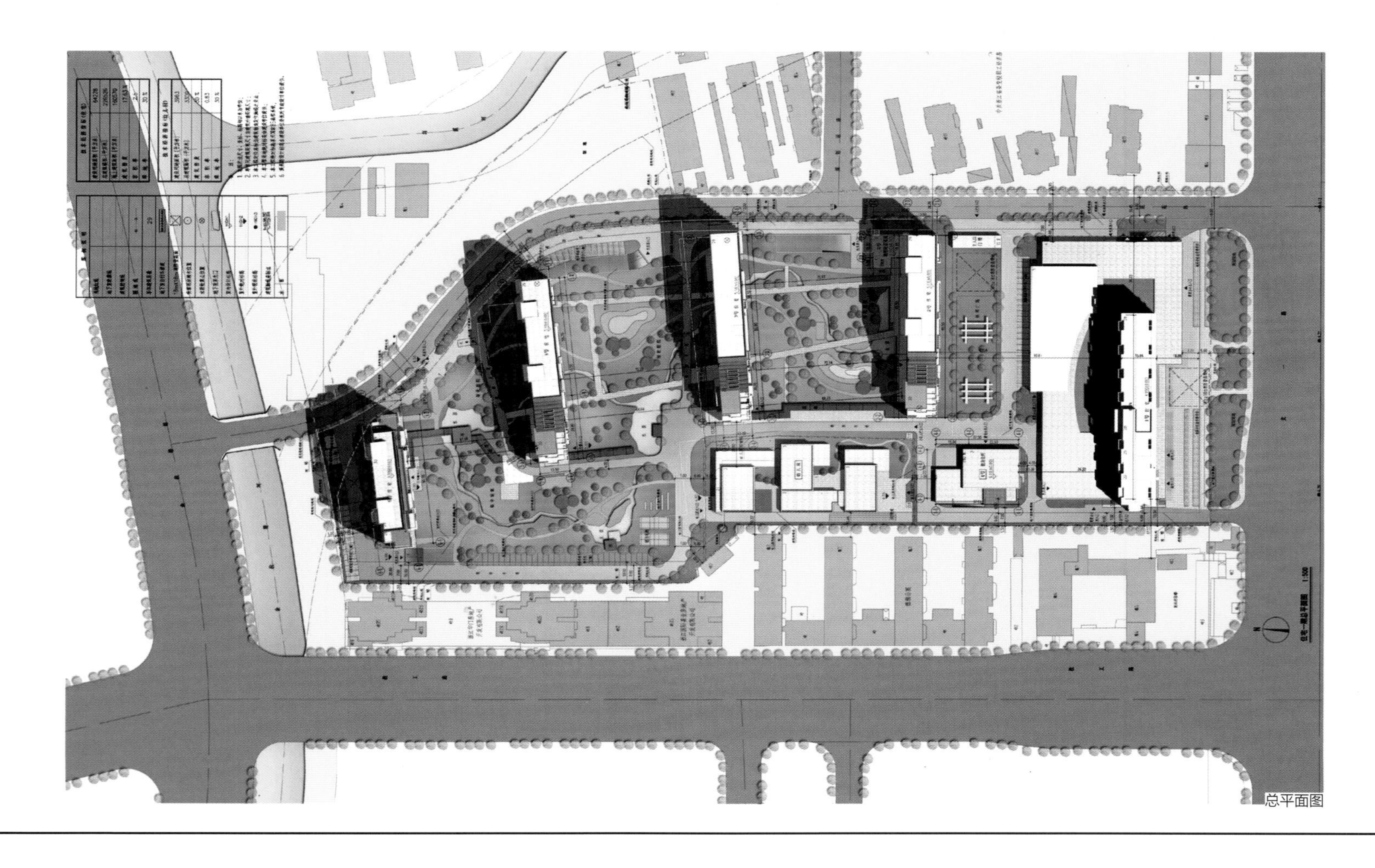

总平面图

01 滨水图

02

02 外立面
03 住宅与周边环境

VERTICAL GLASS HOUSE
垂直玻璃宅

项目地点：上海徐汇区
建筑面积：170 平方米
建筑设计：北京张永和非常建筑设计事务所
主持建筑师：张永和
项目负责人：白璐
设计团队：李相廷、蔡峰、刘小娣
施工图合作：同济建筑设计院

关键词
现浇清水混凝土墙体
复合钢化玻璃楼板

设计理念

垂直玻璃宅作为一个当代城市住宅原型，旨在探讨建筑垂直相度上的透明性，同时批判了现代主义的水平透明概念。从密斯的玻璃宅（如 Farnsworth）到约翰逊的玻璃宅都是田园式的，其外向性与城市所需的私密性存在着矛盾。垂直玻璃宅一方面是精神的：它的墙体是封闭的，楼板和屋顶是透明的，于是向天与地开放，将居住者置于其间，创造出个人的静思空间。另一方面它是物质的：视觉上，垂直透明性使现代住宅中所需的设备、管线、家具，包括楼梯叠加成一个可见的家居系统；垂直玻璃宅成为对“建筑是居住的机器”理念的又一种阐释。

设计特色

该建筑占地面积约为 36 平方米。这个四层居所采用现浇清水混凝土墙体，其室外表面使用质感强烈的粗木模板，同室内的胶合木模板产生的光滑效果形成对比。在混凝土外围墙体空间内，正中心的方钢柱与十字钢梁将每层分割成 4 个相同大小的方形空间，每个 1/4 方形空间对应一个特定居住功能。垂直玻璃宅的楼板为 7 厘米厚复合钢化玻璃，每块楼板一边穿过混凝土墙体的水平开洞出挑到建筑立面之外，其他三边处从玻璃侧面提供照明，以此反射照亮楼板出挑的一边，给夜晚的路人以居住的提示。建筑内的家具是专门为这栋建筑设计的，使其与建筑的设计理念相统一，材料、色彩与结构和楼梯相协调。与此同时，增加了原设计中没有的空调系统。

01 建筑与周边环境

01

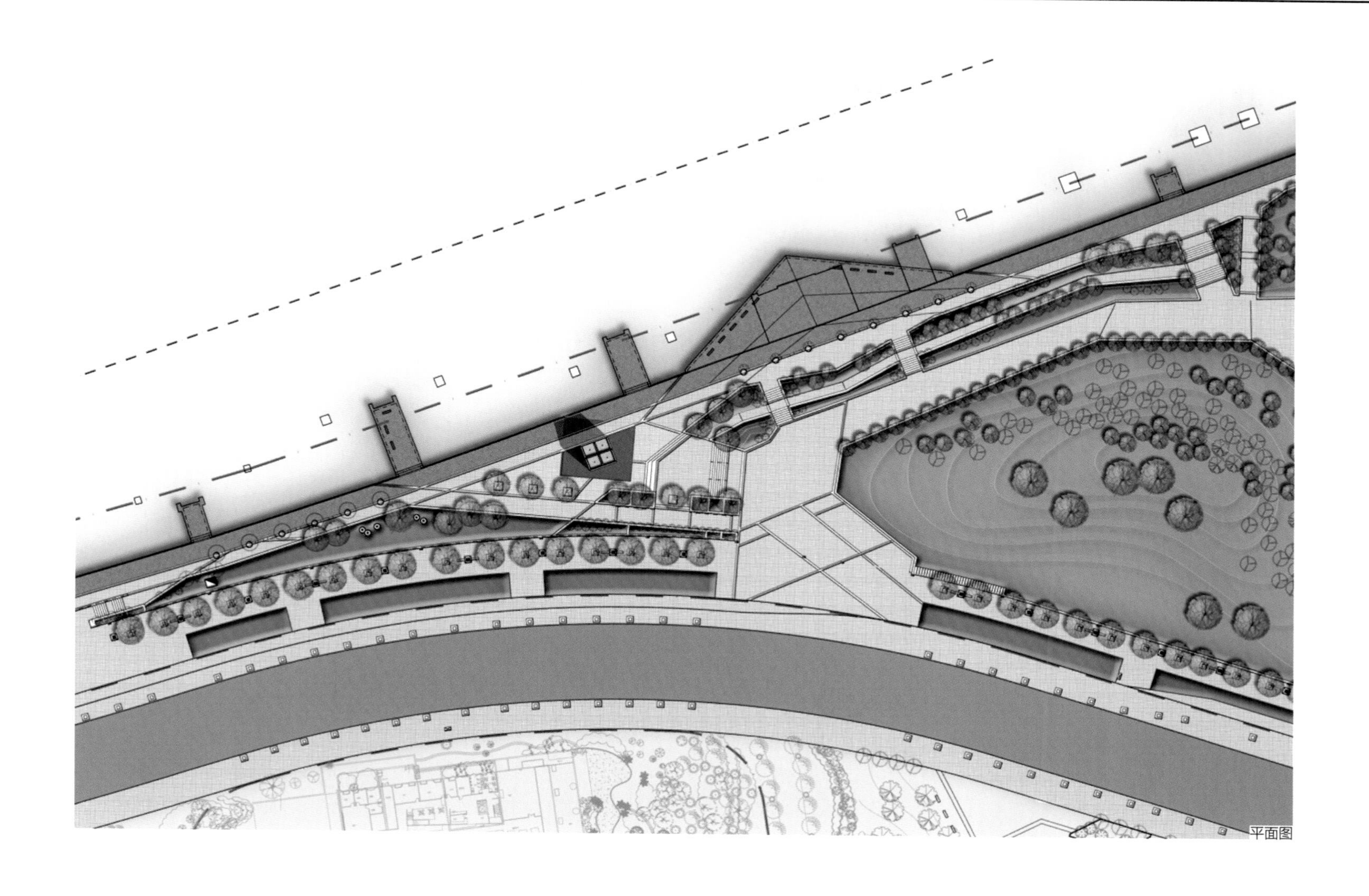
平面图

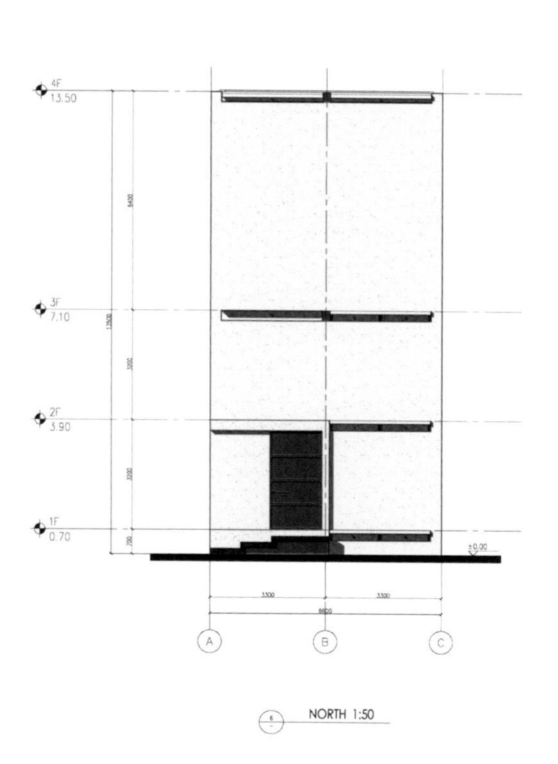

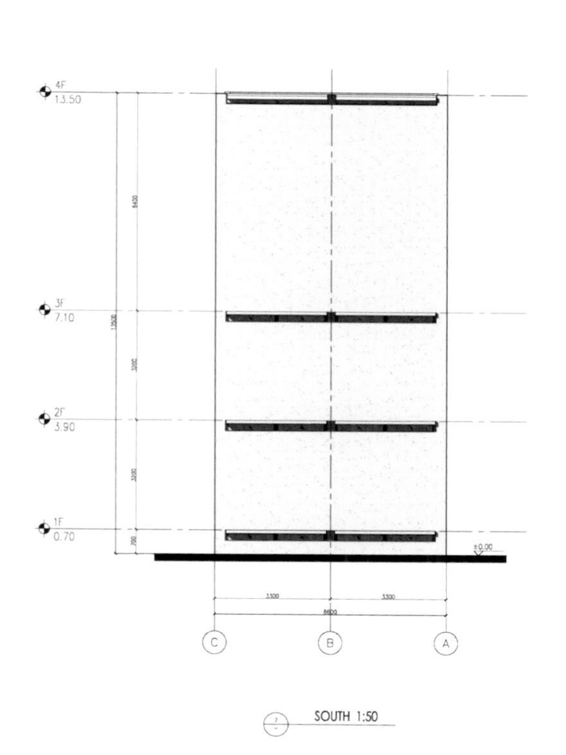

北立面图

南立面图

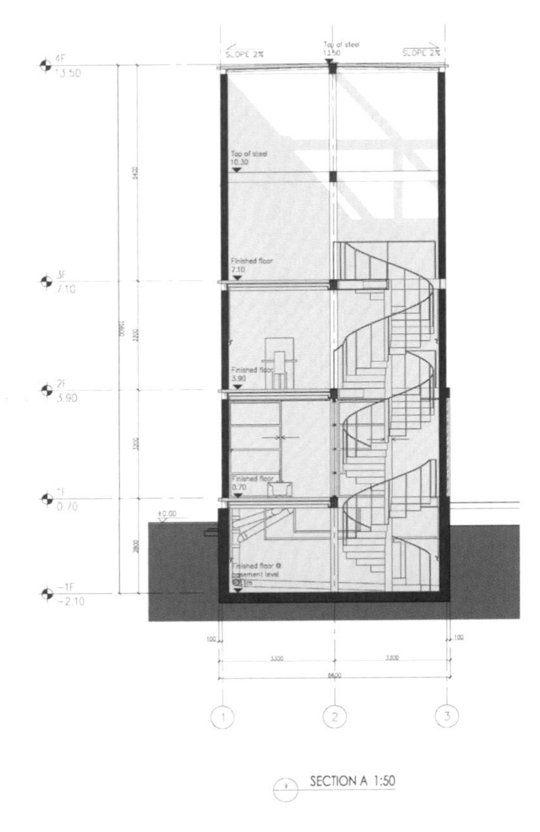

A 剖面图

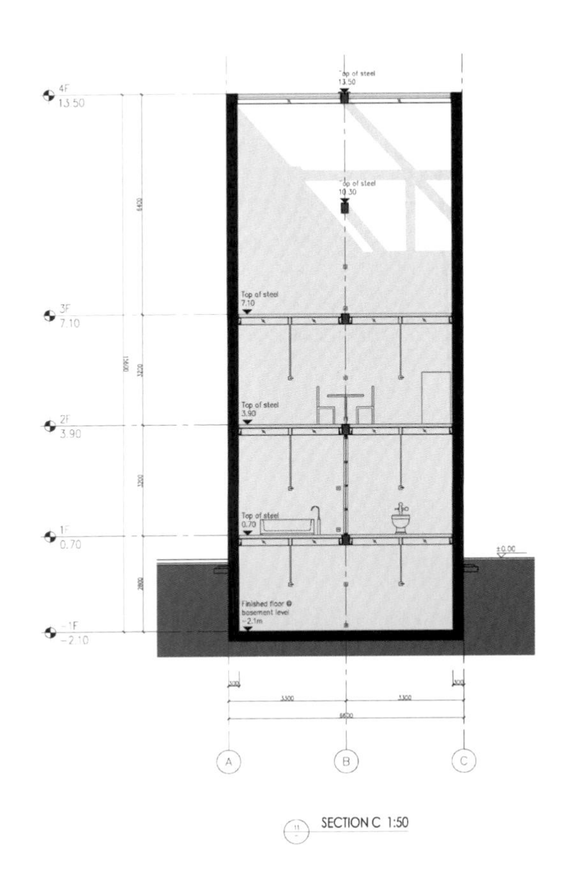

C 剖面图

02

03

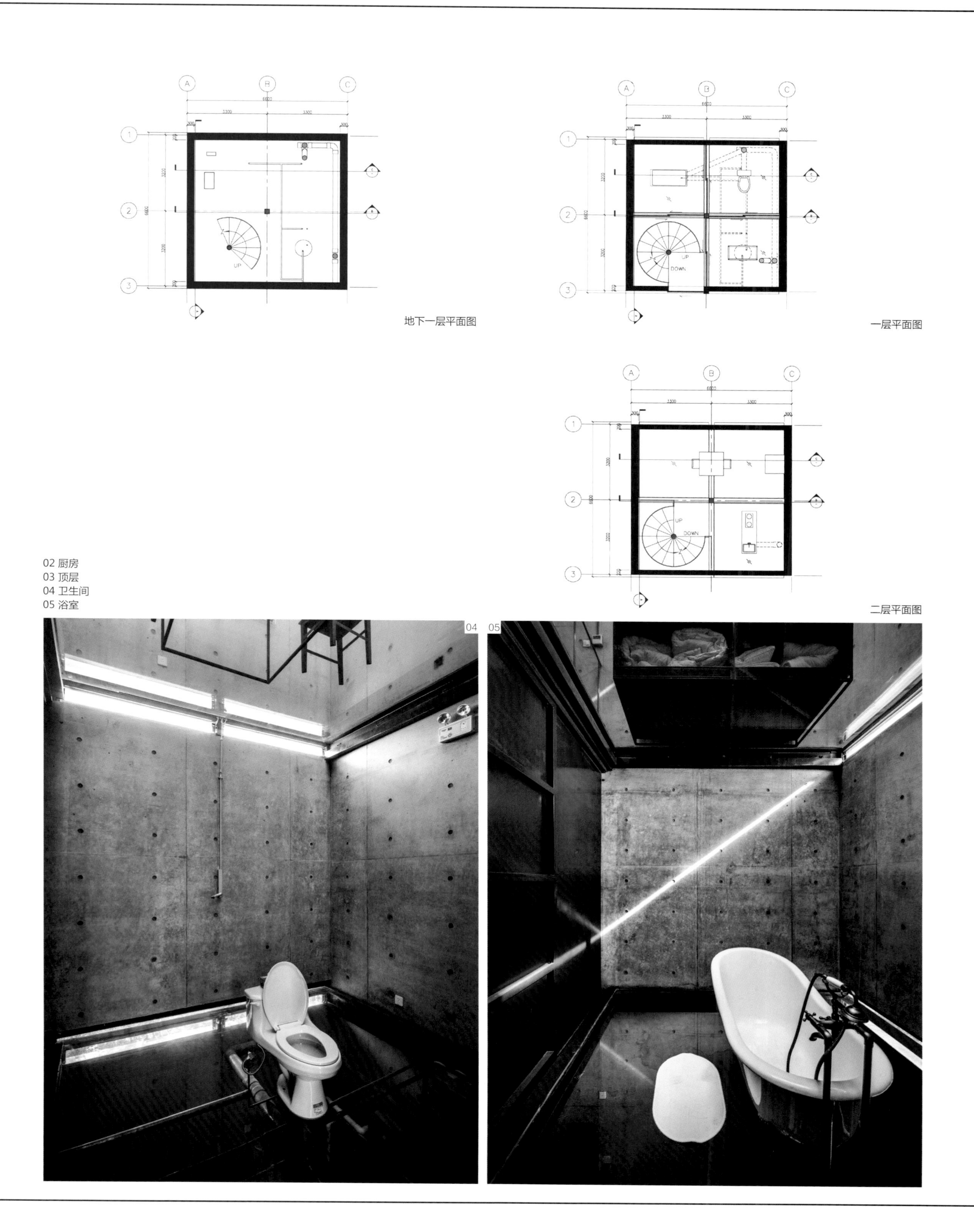

02 厨房
03 顶层
04 卫生间
05 浴室

CHONGQING LONGXIN HONGFU RESIDENTIAL AREA

重庆隆鑫鸿府居住区

项目地点：重庆渝北区
项目进度：2013 年建成
建筑面积：367 617 平方米
建筑设计：ZNA | 泽碧克建筑设计事务所

关键词
中式风格
庭院空间

项目概况

该项目用地位于重庆市渝北区农业园区内，毗邻机场道路（201 国道），西面是渝北区经开大道，北距机场约 6 公里，南距江北观音桥约 8 公里。项目总占地面积 37.36 万平方米。

设计理念

设计在尊重当地气候与环境的基础上，集合地貌特征，充分利用地形建造了富有韵味的中式灰调建筑特色空间。同时，讲求建筑组团间庭院空间的设计，结合景观和花园设计，实现公共绿地和私家花园的有机结合，通过软硬兼顾的景观设计，将社区景观与建筑有机融为一体，创造花园式宜居社区。

01 住宅外立面

设计特色

规划布局

项目划分为A1、A2两部分。A1区主要以水平方向排布的多层住宅为主，规划避免将建筑的主采光面朝向机场路，注重加长快速路一侧的城市观感，用建筑语言同时结合山地地形，刻画出动感活跃、层次丰富的天际线。

A2区沿街布置展开长度约500米的商业配套设施，即服务社区，也辐射至两江新区周围10平方公里的经济发展带。商业区规划出两个面向公众开放的商业围合城市广场，并由一条街道型商业街串联，商业内容丰富，建筑形式多样，有效地提升了此区域的生活品质。

此外，合理布置各种配套服务设施，使其功效最大化，充分考虑消防、停车、幼托、物管、社区商业用房、变电房等设施的布置。

建筑造型

建筑造型采用灰色调的中式风格，通过简洁的建筑线条、庄重的建筑色彩和独特的风格，探讨新巴渝风的朴素建筑，使整个建筑群体呈现出与当地自然、人文共荣的和谐韵味。同时又以抽象画的处理方式和谐调的尺度比例与体量组合，体现建筑一定的内在美感。

景观设计

项目采用软硬兼顾的景观设计，即建筑化的景观（硬景）和自然化的景观（软景）合理结合，既考虑了经济性又达到了很好的效果。这些景观除了具备功能因素，还可供观看、欣赏，这样，项目做专业景观时也无需太多额外的小品。建筑本身已经把建筑和景观连成一体，景观是建筑空间的延伸，建筑也演绎了景观。

户型设计

户型设计方正实用，所有卫生间均能对外开窗，符合当今强调健康住宅的潮流。功能结构和分区设计合理，厨房、入口和餐厅相结合，卫生间和卧室划分一处，避免动线交叉。入口处设置灰空间作为室内外过渡空间。此外，简化结构，整理建筑外形，尽量墙柱拉齐，外墙方整，以利于结构体系规整，节省造价。每户都有前后花园，主卧室带大露台。

北立面图

东立面图

02 住宅庭院
03 住宅外立面
04 会所日景
05 会所中的景观设计

02

03

04

05

06

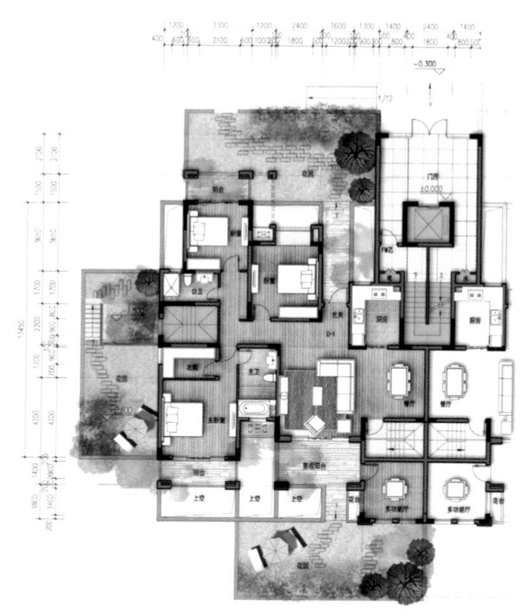

住宅一层平面图

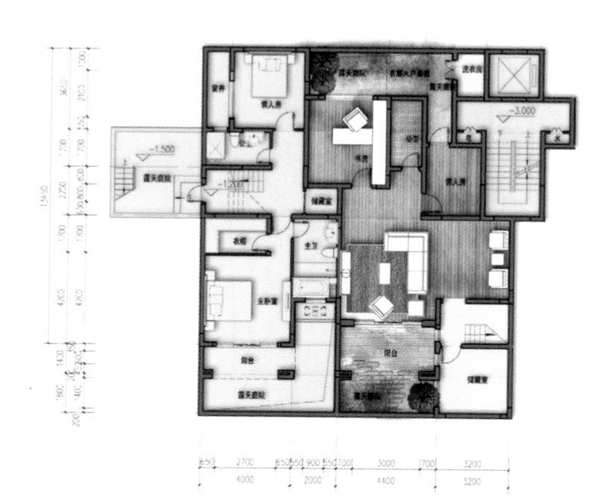

住宅地下一层平面图

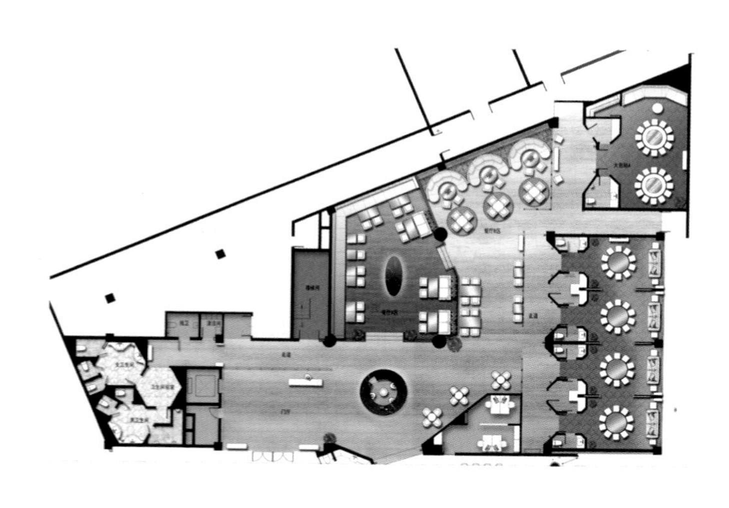

会所一层平面图

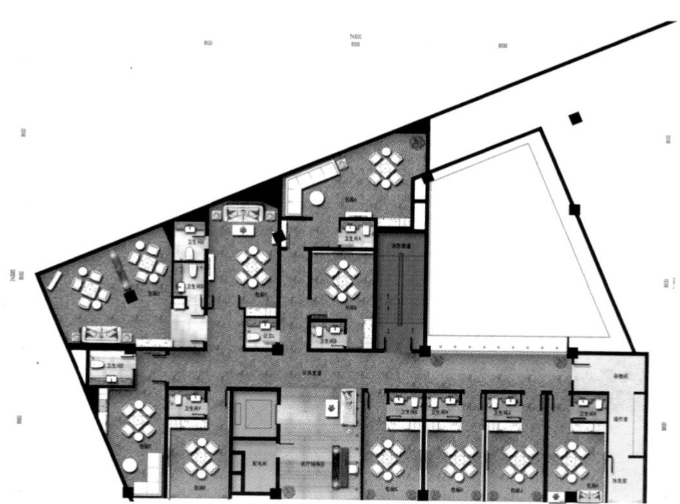

会所二层平面图

06 会所中的景观设计
07 住宅室内
08 会所室内

XUHUI ZHONGKAI CITY LIGHT
徐汇中凯城市之光

项目地点：上海徐汇区
项目进度：2013 年建成
建筑面积：150 000 平方米
主要材料：墙面砖、铝幕墙、石材、玻璃、金属板
建筑设计：上海中房建筑设计有限公司

关键词
立面

项目概况

项目用地属于城市拆迁改造地块，用地呈不规整的矩形，南北向较长，东西向较窄。西北角残缺，为东方时空公寓用地。住宅用地及商业办公用地的规划定位为高层豪华公寓住宅及超高层甲级办公楼。

设计特色

规划布局

项目用地的总体布局基于年年有余（鱼）这一吉祥含义的构思。规划结构由景观水系串联各建筑，形成鱼身形态的总体布局，鱼头朝向南丹路，鱼尾指向虹桥路。鱼身由一组不超过 100 米的跌落的流线型的高层住宅围合而成。

办公建筑及配套的商业用房布置在虹桥路一侧，独立对外，充分依托虹桥路城市主干道的地理区位优势，同时隔离了城市干道交通噪音对本小区住宅的干扰。按照城市规划设计的要求，在虹桥路、徐虹北路的交叉口提供了面向徐家汇中心区域的城市开放空间。

高层住宅小区的用地位于商业办公用地的南面，与商业办公用地毗邻，由四栋高度有序跌落的流线型高层住宅围合而成。

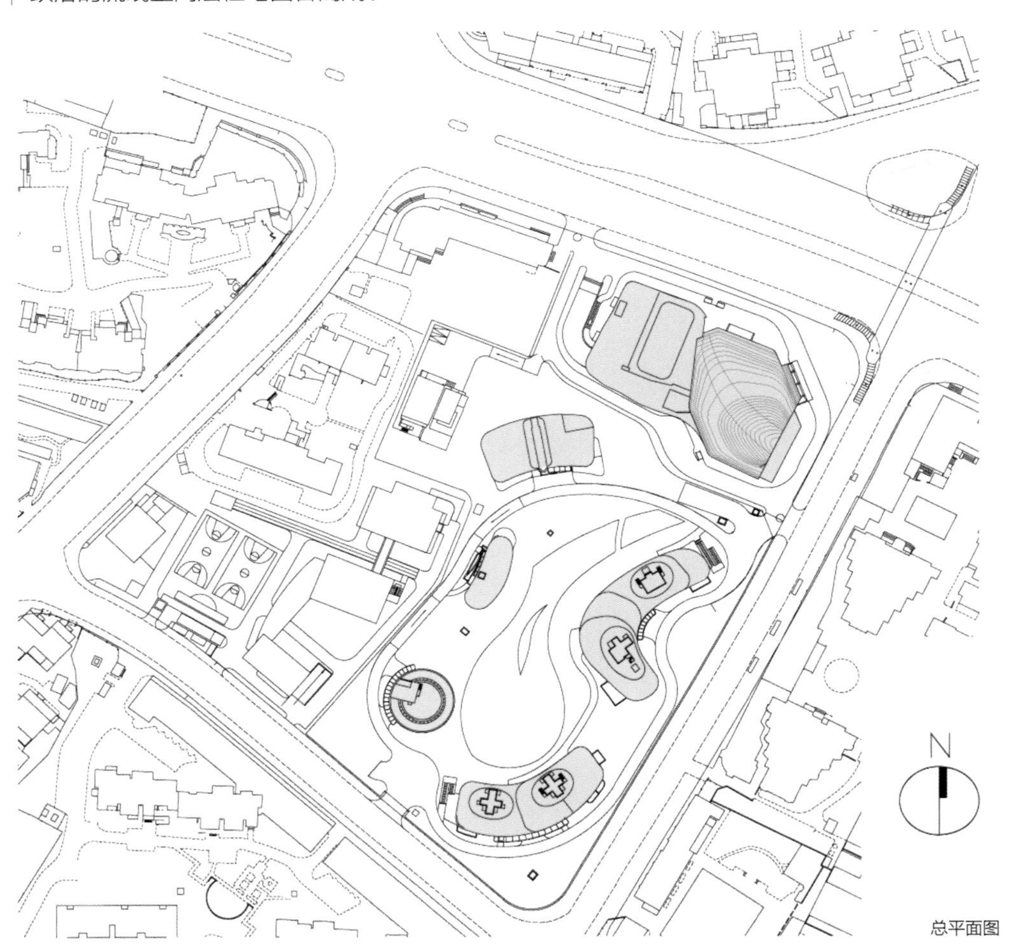

总平面图

居住小区内以“鱼”身作为景观水系构架，通过动感的空间组织和竖向的高度变化，营造出富有趣味的户外环境，创造出雅致、舒适、赏心悦目的居住氛围。

地下车库上部平均覆土达到 1.5 米，为景观设计尽量多创造有利条件，使小区居民可以在家门口享受到更多的绿地景观。居住小区绿地率达到 35.1%。

建筑设计

住宅为一组不超过 100 米的跌落的流线型的高层住宅，体型丰富。立面造型设计以横线条为主，简洁典雅，富有节奏和韵律感。住宅楼的外墙材料采用高档墙面砖及以强调水平线条的铝幕墙；一、二层的基座部分采用干挂石材，在石材的水平分缝中间镶嵌一条金属铜条。整体色调呈现温暖、庄重的气息，深褐色的墙面砖，香槟色的铝幕墙，黑色的石材基座。并且通过材质的细部刻画，塑造出高端住宅应有的高贵、典雅的品质。

办公楼的设计受到限高、退界、日照等诸多因素的限制，经多方案比较，最终选择整体化的设计手法。在形体设计上结合限制因素，形成流线型体型，并进行了局部切割，使其显得更加挺拔，主入口处巧妙地利用日照要求，部分形体向外掀起，底部形成入口雨棚，使得体型既有所变化，又满足了功能要求。在立面设计上，主要采用玻璃与金属板两种材料，结合形体变化进行材料的选择与搭配，被切割部分为通透的玻璃，流线型部分为玻璃与金属板的组合，通过金属板外挑及长短不同形成“菱”形图案，同时外挑的金属板还有一定的遮阳作用。

01 全景图

01

02